程 杰 曹辛华 王 强 主编

中国花卉审美文化研究丛书

14

古代文学竹意象研究

王三毛 著

北京燕山出版社

图书在版编目（ＣＩＰ）数据

古代文学竹意象研究 / 王三毛著 . -- 北京 : 北京
燕山出版社 , 2018.3
ISBN 978-7-5402-5100-0

Ⅰ . ①古… Ⅱ . ①王… Ⅲ . ①竹－审美文化－研究－
中国－古代②中国文学－古典文学研究 Ⅳ . ① S795
② B83-092 ③ I206.2

中国版本图书馆 CIP 数据核字 (2018) 第 087770 号

ISBN 978-7-5402-5100-0

9 787540 251000 >

古代文学竹意象研究

责 任 编 辑：李涛
封 面 设 计：王尧
出 版 发 行：北京燕山出版社
社　　　址：北京市丰台区东铁营苇子坑路 138 号
邮　　　编：100079
电 话 传 真：86-10-63587071（总编室）
印　　　刷：北京虎彩文化传播有限公司
开　　　本：787×1092 1/16
字　　　数：267 千字
印　　　张：23
版　　　次：2018 年 12 月第 1 版
印　　　次：2018 年 12 月第 1 次印刷
ISBN 978-7-5402-5100-0
定　　　价：800.00 元

版权所有　侵权必究

内容简介

本专著《古代文学竹意象研究》为《中国花卉审美文化研究丛书》之第 14 种，由作者博士学位论文《中国古代文学竹子题材与意象研究》下编及绪论、结论、参考文献、后记等部分增订而成。本专著以竹题材的文学研究为主，兼顾相关竹文化内涵。全书共五章。前两章分别论述竹笋、竹林的品种资源、美感特点及文学文化内涵。第三章研究了竹的各种比德意义及其生成原因。第四章研究了竹的离别内涵与成因，以及"临窗竹""风动竹"的性别象征意义与成因。第五章考察"竹叶羊车"传说、孟宗哭竹生笋故事以及湘妃竹传说的历史演变和文学表现等方面的情况。

作者简介

王三毛，男，1974 年 1 月生，安徽枞阳人。
2010 年毕业于南京师范大学文学院中国古代文学专
业，获文学博士学位，现为湖北民族学院文学与传
媒学院副教授。主要研究方向为中国古代文学与中
国花卉文化。主持国家社科基金项目"中国古代竹
文化史研究"、湖北省教育厅项目"中国古代文学
植物隐喻生命研究"等。在《文献》《图书馆杂志》《贵州文史丛刊》《阅
江学刊》等刊物发表学术论文十余篇，出版专著《南宋王质研究》（凤
凰出版社，2012 年）、《中国古代文学竹子题材与意象研究》（花木兰文
化出版社，2014 年）、《全芳备祖》（与程杰合作点校，浙江古籍出版社，
2014 年）。

《中国花卉审美文化研究丛书》前言

所谓"花卉",在园艺学界有广义、狭义之分。狭义只指具有观赏价值的草本植物;广义则是草本、木本兼而言之,指所有观赏植物。其实所谓狭义只在特殊情况下存在,通行的都应为广义概念。我国植物观赏资源以木本居多,这一广义概念古人多称"花木",明清以来由于绘画中花卉册页流行,"花卉"一词出现渐多,逐步成为观赏植物的通称。

我们这里的"花卉"概念较之广义更有拓展。一般所谓广义的花卉实际仍属观赏园艺的范畴,主要指具有观赏价值,用于各类园林及室内室外各种生活场合配置和装饰,以改善或美化环境的植物。而更为广义的概念是指所有植物,无论自然生长或人类种植,低等或高等,有花或无花,陆生或海产,也无论人们实际喜爱与否,但凡引起人们观看,引发情感反应,即有史以来一切与人类精神活动有关的植物都在其列。从外延上说,包括人类社会感受到的所有植物,但又非指植物世界的全部内容。我们称其为"花卉"或"花卉植物",意在对其内涵有所限定,表明我们所关注的主要是植物的形状、色彩、气味、姿态、习性等方面的形象资源或审美价值,而不是其经济资源或实用价值。当然,两者之间又不是截然无关的,植物的经济价值及其社会应用又经常对人们相应的形象感受产生影响。

"审美文化"是现代新兴的概念,相关的定义有着不同领域的偏倚和形形色色理论主张的不同价值定位。我们这里所说的"审美文化"不具有这些现代色彩，而是泛指人类精神现象中一切具有审美性的内容，或者是具有审美性的所有人类文化活动及其成果。文化是外延，至大无外，而审美是内涵，表明性质有限。美是人的本质力量的感性显现，性质上是感性的、体验的，相对于理性、科学的"真"而言；价值上则是理想的、超功利的，相对于各种物质利益和社会功利的"善"而言。正是这一内涵规定，使"审美文化"与一般的"文化"概念不同，对植物的经济价值和人类对植物的科学认识、技术作用及其相关的社会应用等"物质文明"方面的内容并不着意，主要关注的是植物形象引发的情绪感受、心灵体验和精神想象等"精神文明"内容。

将两者结合起来，所谓"花卉审美文化"的指称就比较明确。从"审美文化"的立场看"花卉"，花卉植物的食用、药用、材用以及其他经济资源价值都不必关注，而主要考虑的是以下三个层面的形象资源：

一是"植物"，即整个植物层面，包括所有植物的形象，无论是天然野生的还是人类栽培的。植物是地球重要的生命形态，是人类所依赖的最主要的生物资源。其再生性、多样性、独特的光能转换性与自养性，带给人类安全、亲切、轻松和美好的感受。不同品种的植物与人类的关系或直接或间接，或悠久或短暂，或亲切或疏远，或互益或相害，从而引起人们或重视或鄙视，或敬仰或畏惧，或喜爱或厌恶的情感反应。所谓花卉植物的审美文化关注的正是这些植物形象所引起的心理感受、精神体验和人文意义。

二是"花卉"，即前言园艺界所谓的观赏植物。由于人类与植物尤其是高等植物之间与生俱来的生态联系，人类对植物形象的审美意识可以说是自然的或本能的。随着人类社会生产力的不断提高和社会财富的不断积累，人类对植物有了更多优越的、超功利的感觉，对其物色形象的欣赏需求越来越明确，相应的感受、认识和想象越来越丰富。世界各民族对于植物尤其是花卉的欣赏爱好是普遍的、共同的，都有悠久、深厚的历史文化传统，并且逐步形成了各具特色、不断繁荣发展的观赏园艺体系和欣赏文化体系。这是花卉审美文化现象中最主要的部分。

三是"花"，即观花植物，包括可资观赏的各类植物花朵。这其实只是上述"花卉"世界中的一部分，但在整个生物和人类生活史上，却是最为生动、闪亮的环节。开花植物、种子植物的出现是生物进化史的一大盛事，使植物与动物间建立起一种全新的关系。花的一切都是以诱惑为目的的，花的气味、色彩和形状及其对果实的预示，都是为动物而设置的，包括人类在内的动物对于植物的花朵有着各种各样本能的喜爱。正如达尔文所说，"花是自然界最美丽的产物，它们与绿叶相映而惹起注目，同时也使它们显得美观，因此它们就可以容易地被昆虫看到"。可以说，花是人类关于美最原始、最简明、最强烈、最经典的感受和定义。几乎在世界所有语言中，花都代表着美丽、精华、春天、青春和快乐。相应的感受和情趣是人类精神文明发展中一个本能的精神元素、共同的文化基因；相应的社会现象和文化意义是极为普遍和永恒的，也是繁盛和深厚的。这是花卉审美文化中最典型、最神奇、最优美的天然资源和生活景观，值得特别重视。

再从"花卉"角度看"审美文化"，与"花卉"相关的"审美文化"则又可以分为三个形态或层面：

一是"自然物色"，指自然生长和人类种植形成的各类植物形象、风景及其人们的观赏认识。既包括植物生长的各类单株、丛群，也包括大面积的草原、森林和农田庄稼；既包括天然生长的奇花异草，也包括园艺培植的各类植物景观。它们都是由植物实体组成的自然和人工景观，无论是天然资源的发现和认识，还是人类相应的种植活动、观赏情趣，都体现着人类社会生活和人的本质力量不断进步、发展的步伐，是"花卉审美文化"中最为鲜明集中、直观生动的部分。因其侧重于植物实体，我们称作"花卉审美文化"中的"自然美"内容。

二是"社会生活"，指人类社会的园林环境、政治宗教、民俗习惯等各类生活中对花卉实物资源的实际应用，包含着对生物形象资源的环境利用、观赏装饰、仪式应用、符号象征、情感表达等多种生活需求、社会功能和文化情结，是"花卉"形象资源无处不在的审美渗透和社会反应，是"花卉审美文化"中最为实际、普遍和复杂的现象。它们可以说是"花卉审美文化"中的"社会美"或"生活美"内容。

三是"艺术创作"，指以花卉植物为题材和主题的各类文艺创作和所有话语活动，包括文学、音乐、绘画、摄影、雕塑等语言、图像和符号话语乃至于日常语言中对花卉植物及其相应人类情感的各类描写与诉说。这是脱离具体植物实体，指用虚拟的、想象的、象征的、符号化植物形象，包含着更多心理想象、艺术创造和话语符号的活动及成果，统称"花卉审美文化"中的"艺术美"内容。

我们所说的"花卉审美文化"是上述人类主体、生物客体六个层面的有机构成，是一种立体有机、丰富复杂的社会历史文化体系，包含着自然资源、生物机体与人类社会生活、精神活动等广泛方面有机交融的历史文化图景。因此，相关研究无疑是一个跨学科、综合性的工作，需要生物学、园艺学、地理学、历史学、社会学、经济学、美学、文学、艺术学、文化学等众多学科的积极参与。遗憾的是，近数十年相关的正面研究多只局限在园艺、园林等科技专业，着力的主要是园艺园林技术的研发，视角是较为单一和孤立的。相对而言，来自社会、人文学科的专业关注不多，虽然也有偶然的、零星的个案或专题涉及，但远没有足够的重视，更没有专门的、用心的投入，也就缺乏全面、系统、深入的研究成果，相关的认识不免零散和薄弱。这种多科技少人文的研究格局，海内海外大致相同。

我国幅员辽阔、气候多样、地貌复杂，花卉植物资源极为丰富，有"世界园林之母"的美誉，也有着悠久、深厚的观赏园艺传统。我国又是一个文明古国和世界人口、传统农业大国，有着辉煌的历史文化。这些都决定我国的花卉审美文化有着无比辉煌的历史和深厚博大的传统。植物资源较之其他生物资源有更强烈的地域性，我国花卉资源具有温带季风气候主导的东亚大陆鲜明的地域特色。我国传统农耕社会和宗法伦理为核心的历史文化形态引发人们对花卉植物有着独特的审美倾向和文化情趣，形成花卉审美文化鲜明的民族特色。我国花卉审美文化是我国历史文化的有机组成部分，是我国文化传统最为优美、生动的载体，是深入解读我国传统文化的独特视角。而花卉植物又是丰富、生动的生物资源，带给人们生生不息、与时俱新的感官体验和精神享受，相应的社会文化活动是永恒的"现在进行时"，其丰富的历史经验、人文情趣有着直接的现实借鉴和融入意义。正是基于这些历史信念、学术经验和现实感受，我们认为，对中国花卉审美文化的研究不仅是一项十分重要的文化任务，而且是一个前景广阔的学术课题，需要众多学科尤其是社会、人文学科的积极参与和大力投入。

我们团队从事这项工作是从 1998 年开始的。最初是我本人对宋代咏梅文学的探讨，后来发现这远不是一个咏物题材的问题，也不是一个时代文化符号的问题，而是一个关乎民族经典文化象征酝酿、发展历程的大课题。于是由文学而绘画、音乐等逐步展开，陆续完成了《宋代咏梅文学研究》《梅文化论丛》《中国梅花审美文化研究》《中国梅花名胜考》《梅谱》（校注）等论著，对我国深厚的梅文化进行了较为全面、系统的阐发。从1999年开始，我指导研究生从事类似的花卉审美文化专题研究，俞香顺、石志鸟、渠红岩、张荣东、王三毛、王颖等相继完成了荷、杨柳、桃、菊、竹、松柏等专题的博士学位论文，丁小兵、董丽娜、朱明明、张俊峰、雷铭等20多位学生相继完成了杏花、桂花、水仙、蘋、梨花、海棠、蓬蒿、山茶、芍药、牡丹、芭蕉、荔枝、石榴、芦苇、花朝、落花、蔬菜等专题的硕士学位论文。他们都以此获得相应的学位，在学位论文完成前后，也都发表了不少相关的单篇论文。与此同时，博士生纪永贵从民俗文化的角度，任群从宋代文学的角度参与和支持这项工作，也发表了一些花卉植物文学和文化方面的论文。俞香顺在博士论文之外，发表了不少梧桐和唐代文学、《红楼梦》花卉意象方面的论著。我与王三毛合作点校了古代大型花卉专题类书《全芳备祖》，并正继续从事该书的全面校正工作。目前在读的博士生张晓蕾、硕士生高尚杰、王珏等也都选择花卉植物作为学位论文选题。

以往我们所做的主要是花卉个案的专题研究，这方面的工作仍有许多空白等待填补。而如宗教用花、花事民俗、民间花市，不同品类植物景观的欣赏认识、各时期各地区花卉植物审美文化的不同历史情景，以及我国花卉审美文化的自然基础、历史背景、形态结构、发展规律、民族特色、人文意义、国际交流等中观、宏观问题的研究，花卉植物文献的调查整理等更是涉及无多，这些都有待今后逐步展开，不断深入。

"阴阴曲径人稀到，一一名花手自栽"（陆游诗），我们在这一领域寂寞耕耘已近 20 年了。也许我们每一个人的实际工作及所获都十分有限，但如此络绎走来，随心点检，也踏出一路足迹，种得半畦芬芳。2005 年，四川巴蜀书社为我们专辟《中国花卉审美文化研究书系》，陆续出版了我们的荷花、梅花、杨柳、菊花和杏花审美文化研究五种，引起了一定的社会关注。此番由同事曹辛华教授热情倡议、积极联系，北京采薇阁文化公司王强先生鼎力相助，继续操作这一主题学术成果的出版工作。除已经出版的五种和另行单独出版的桃花专题外，我们将其余所有花卉植物主题的学位论文和散见的各类论著一并汇集整理，编为 20 种，统称《中国花卉审美文化研究丛书》，分别是：

1.《中国牡丹审美文化研究》（付梅）；

2.《梅文化论集》（程杰、程宇静、胥树婷）；

3.《梅文学论集》（程杰）；

4.《杏花文学与文化研究》（纪永贵、丁小兵）；

5.《桃文化论集》（渠红岩）；

6.《水仙、梨花、茉莉文学与文化研究》（朱明明、雷铭、程杰、程宇静、任群、王珏）；

7.《芍药、海棠、茶花文学与文化研究》（王功绢、赵云双、孙培华、付振华）；

8.《芭蕉、石榴文学与文化研究》（徐波、郭慧珍）；

9.《兰、桂、菊的文化研究》（张晓蕾、张荣东、董丽娜）；

10.《花朝节与落花意象的文学研究》（凌帆、周正悦）；

11.《花卉植物的实用情景与文学书写》（胥树婷、王存恒、钟晓璐）；

12.《〈红楼梦〉花卉文化及其他》（俞香顺）；

13.《古代竹文化研究》（王三毛）；

14.《古代文学竹意象研究》（王三毛）；

15.《蘋、蓬蒿、芦苇等草类文学意象研究》（张俊峰、张余、李倩、高尚杰、姚梅）；

16.《槐桑樟枫民俗与文化研究》（纪永贵）；

17.《松柏、杨柳文学与文化论丛》（石志鸟、王颖）；

18.《中国梧桐审美文化研究》（俞香顺）；

19.《唐宋植物文学与文化研究》（石润宏、陈星）；

20.《岭南植物文学与文化研究》（陈灿彬、赵军伟）。

我们如此刈禾聚把，集中摊晒，敛物自是快心，乱花或能迷眼，想必读者诸君总能从中发现自己喜欢的一枝一叶。希望我们的系列成果能为花卉植物文化的学术研究事业增薪助火，为全社会的花卉文化活动加油添彩。

程　杰

2018 年 5 月 10 日

于南京师范大学随园

目 录

绪　论

竹是古代文学最为重要的植物题材和意象之一。相关作品数量繁多，历史地位显著，构成古代文学的重要组成部分。

一、古代文学竹题材的繁盛状况

古代文学创作中的竹题材和竹意象毕竟是分散的、零星的，为了尽可能有较为直观的印象，下面试从几方面进行说明：

（一）各种总集的统计数据

目前文学作品总集的编纂已有不少成果，如逯钦立辑校《先秦汉魏晋南北朝诗》、清严可均辑《全上古三代秦汉三国六朝文》、清彭定求等编《全唐诗》、清董诰编《全唐文》，北京大学古文献研究所编《全宋诗》与曾枣庄、刘琳主编《全宋文》，这些诗文总集汇聚众多作品于一帙，方便查检统计。北京大学《全唐诗》《全宋诗》检索系统与南京师范大学《全唐五代词》《全宋词》《全金元词》电子版，也为作品统计或意象检索提供了方便。

我们试分文体对宋代及以前竹题材文学作品进行统计：唐前，诗18首，文13篇；唐代，诗324首[①]，文16篇；宋代，诗约3000

---

① 据北京大学《全唐诗分析系统》检索，诗题含"竹"的有377首，除去重复（如乐府诗与各诗人别集中诗重复）及与咏竹无关者，约302首。诗题含"筱""筼""笋"者分别为2首、3首、17首，合计约324首。此统计仅包括诗题含相关关键词者，诗题不含相关关键词而实际咏竹的，为数不少，如高适《赠马八效古见赠》等。统计时《竹枝词》未计入，因《竹枝词》数量较多且所咏内容多与竹无关。

首①，词 13 首，文未及统计；元代，《全元文》相关文 255 篇②。以上粗略的统计仅限于题目中含"竹"或以竹为主要表现内容的诗文，还不包括诗文中仅出现竹意象的情况，因此可以毫不夸张地说，竹意象在古代文学中的实际存在还要更多。

宋代以后的断代文学总集如《全元诗》《全明词》《全清词 (顺康卷、雍乾卷)》也已编成，在浩瀚的文学文献中，竹题材文学作品如沧海一粟，显得极其单薄，但其总数也可能很庞大。

(二) 与其他花木题材的比较

宋初李昉《文苑英华》编集《昭明文选》以来迄五代的文学作品，其中"花木类"诗歌七卷，按所收作品数量多少排列，主要有：竹 (含笋) 54 首，松柏 39 首，杨柳 32 首，牡丹 27 首，梅 21 首，桃 17 首，荷 (含莲、藕) 16 首，菊 12 首，梧桐、石榴、樱桃、橘各 10 首。竹居第一。

清康熙间所编《御定佩文斋咏物诗选》选辑汉魏以迄清初的作品，其中植物类数量突出的依次有：梅 (含红梅、蜡梅等) 234 首，竹 (含笋) 198 首，杨柳 195 首，荷 125 首，松柏 97 首，菊 78 首，桃 75 首，牡丹 70 首，桂 66 首，柑 (含橘、橙) 64 首③。竹仅次于梅花、杨柳，居第三。

据李昉主编的《文苑英华》"花木门"统计，其中收录咏杨柳诗文 74 篇，咏松柏诗文 61 篇，咏荷莲诗文 47 篇，咏梅诗文 34 篇，咏牡

---

① 据北京大学《全宋诗》电子版检索，诗题含"竹"的计 2603 首，含"篁""篠""筍""笋"分别为 19 首、10 首、206 首、110 首，合计约 3000 首。

② 据北京师范大学网站《全元文篇名作者索引》检索系统统计，篇名含"竹""笋""篁"分别为 241 篇、7 篇、7 篇。

③ 参考程杰《论中国古代文学中杨柳题材创作的繁荣与原因》，《文史哲》2008 年第 1 期。

绪 论

竹是古代文学最为重要的植物题材和意象之一。相关作品数量繁多，历史地位显著，构成古代文学的重要组成部分。

一、古代文学竹题材的繁盛状况

古代文学创作中的竹题材和竹意象毕竟是分散的、零星的，为了尽可能有较为直观的印象，下面试从几方面进行说明：

（一）各种总集的统计数据

目前文学作品总集的编纂已有不少成果，如逯钦立辑校《先秦汉魏晋南北朝诗》、清严可均辑《全上古三代秦汉三国六朝文》，清彭定求等编《全唐诗》、清董诰编《全唐文》，北京大学古文献研究所编《全宋诗》与曾枣庄、刘琳主编《全宋文》，这些诗文总集汇聚众多作品于一帙，方便查检统计。北京大学《全唐诗》《全宋诗》检索系统与南京师范大学《全唐五代词》《全宋词》《全金元词》电子版，也为作品统计或意象检索提供了方便。

我们试分文体对宋代及以前竹题材文学作品进行统计：唐前，诗 18 首，文 13 篇；唐代，诗 324 首①，文 16 篇；宋代，诗约 3000

---

① 据北京大学《全唐诗分析系统》检索，诗题含"竹"的有 377 首，除去重复（如乐府诗与各诗人别集中诗重复）及与咏竹无关者，约 302 首。诗题含"篠""篁""笋"者分别为 2 首、3 首、17 首，合计约 324 首。此统计仅包括诗题含相关关键词者，诗题不含相关关键词而实际咏竹的，为数不少，如高适《赠马八效古见赠》等。统计时《竹枝词》未计入，因《竹枝词》数量较多且所咏内容多与竹无关。

首①，词13首，文未及统计；元代，《全元文》相关文255篇②。以上粗略的统计仅限于题目中含"竹"或以竹为主要表现内容的诗文，还不包括诗文中仅出现竹意象的情况，因此可以毫不夸张地说，竹意象在古代文学中的实际存在还要更多。

宋代以后的断代文学总集如《全元诗》《全明词》《全清词(顺康卷、雍乾卷)》也已编成，在浩瀚的文学文献中，竹题材文学作品如沧海一粟，显得极其单薄，但其总数也可能很庞大。

(二) 与其他花木题材的比较

宋初李昉《文苑英华》编集《昭明文选》以来迄五代的文学作品，其中"花木类"诗歌七卷，按所收作品数量多少排列，主要有：竹(含笋)54首，松柏39首，杨柳32首，牡丹27首，梅21首，桃17首，荷(含莲、藕)16首，菊12首，梧桐、石榴、樱桃、橘各10首。竹居第一。

清康熙间所编《御定佩文斋咏物诗选》选辑汉魏以迄清初的作品，其中植物类数量突出的依次有：梅(含红梅、蜡梅等)234首，竹(含笋)198首，杨柳195首，荷125首，松柏97首，菊78首，桃75首，牡丹70首，桂66首，柑(含橘、橙)64首③。竹仅次于梅花、杨柳，居第三。

据李昉主编的《文苑英华》"花木门"统计，其中收录咏杨柳诗文74篇，咏松柏诗文61篇，咏荷莲诗文47篇，咏梅诗文34篇，咏牡

---

① 据北京大学《全宋诗》电子版检索，诗题含"竹"的计2603首，含"篁""筱""筍""笋"分别为19首、10首、206首、110首，合计约3000首。
② 据北京师范大学网站《全元文篇名作者索引》检索系统统计，篇名含"竹""笋""篁"分别为241篇、7篇、7篇。
③ 参考程杰《论中国古代文学中杨柳题材创作的繁荣与原因》，《文史哲》2008年第1期。

丹诗文 31 篇，咏桃诗文 19 篇，咏兰诗文 18 篇，而咏竹诗文是 70 篇，在所有花木中居第二。

据清代陈梦雷主编的《古今图书集成》统计，其中收录诗文词三种文体的各花木依次是，梅 618 篇，竹 456 篇，莲荷 411 篇，牡丹 330 篇，松柏 295 篇，菊花 267 篇，海棠 239 篇，桃 205 篇，桂 203 篇，梨 127 篇。从诗词文总数看，竹仅次于梅，居第二。

赋是咏物文学尤其花木题材文学的重要表现文体。清《御定历代赋汇》草木赋十三卷中，所收作品数量依次为：竹 25 篇；荷 22 篇；松柏、梅均 17 篇；杨柳 12 篇；兰 11 篇；菊 9 篇。竹居第一。

不仅咏竹诗文数量繁多，在同类题材中居于前列，竹意象也被频繁使用。

据北京大学《全唐诗》电子检索系统统计，《全唐诗》诗题及内容出现关键词合并计算，杨柳 4992 次，竹 4281 次，松柏 4232 次，莲荷 3020 次，兰蕙 2055 次，桃 1696 次，苔藓 1676 次，桂 1538 次，蓬 1244 次，梅 1203 次[①]，竹居第二。考虑到古诗中多称竹的品种与别名如筱、篁、箘簬、湘妃（竹）等，竹意象在诗歌中的实际存在要大于统计数字，其数量优势是非常明显的。

据南京师范大学《全宋词》电子检索系统统计词序及词文[②]，出现

---

① 按，此统计数据已考虑到同名异称情况，如统计"杨柳"在《全唐诗》诗题出现次数，杨 725 次，柳 624 次，扣除杨柳 234 次、柳州 16 次、杨州 4 次，得 1095 次；统计"杨柳"在《全唐诗》诗内容出现次数，杨 1374 次，柳 3005 次，扣除杨柳 475 次，柳州 6 次，杨州 1 次，得 3897 次，合计 4992 次。
② 按，该检索系统收词 21085 首（不包括存目词）。统计时包括词正文及序中出现关键词的次数，同类植物合并统计，如杨、柳分别统计再扣除"杨柳"一词的出现次数；统计词序时未计词牌名中的出现次数，如统计"兰"时，词牌《木兰花》中"兰"不计。

次数前十位的分别是：杨柳 3729 次，梅 3603 次，草 2856 次，兰蕙 1972 次，竹（含笋、篁、筱）1867 次，桃 1862 次，莲（含荷、藕、菡）1732 次，松柏 1154 次，李 840 次，蓬 834 次，竹居第五。

据清张廷玉主编的辞书《御定骈字类编》"草木门"统计，按词条数量多少排列，前十位是：竹类 454 条，兰蕙类 387 条，松柏类 350 条，杨柳类 292 条，草类 284 条，莲荷（含藕）类 283 条，茶（含茗）类 274 条，梅类 220 条，桂类 216 条，桑类 177 条，竹列第一。

《佩文韵府》所收植物为主字的词汇，前十位是：草类 701 条，松柏 420 条，竹类 388 条，杨柳 320 条，莲（含荷藕）288 条，茶（含茗）272 条，兰蕙 214 条，桃 190 条，桂 180 条，梧桐 160 条。含"竹"字的词汇居第三位。

《骈字类编》齐句首之字，《佩文韵府》齐句尾之字，两书所收词条互为补充。词汇是文学创作的侧面反映，从中也可看出竹题材文学创作的繁荣情况与文化内涵的丰厚积淀。

以上几组数据有选集有总集，也有辞书条目，涉及诗词文等各种文学体裁，能够大致反映文学中各种花木题材与意象的客观存在与实际影响。在所有花木题材中竹的地位略与梅、杨柳、兰蕙、松柏、莲荷相当，远高于梧桐、槐、桂、桃、杏、菊等，是古代文学中最重要的植物题材与意象之一。正如程杰先生所说，竹可与松、梅、杨柳等并称为古代文学植物题材"四强"①。

（三）名家与名作

咏竹文学的繁荣不仅表现在相关题材作品的数量上，还体现在作

---

① 程杰《论中国古代文学中杨柳题材创作繁盛的原因与意义》，《文史哲》2008 年第 1 期，第 114 页。

品的质量上。从文学成就来说，历史上有不少咏竹大家和名家。试以唐宋文学家为例。杜甫、白居易、苏轼、陆游等是咏竹大家，他们不仅创作了大量咏竹诗，而且在咏竹文学创作中开风气之先，启后人之门，或提高了竹在文学题材中的地位，或深化了竹意象的文化内涵。还有不少咏竹名家，如谢朓、李贺、李商隐、韩愈、王安石、黄庭坚等，也都有不少关于竹意象的经典表述。此外，还有数量可观的咏竹代表作。

下面试对重要选集中竹题材作品进行统计：

表 1　重要选本及类书中竹题材作品数量统计[①]

编者及书名	诗	文	词	总数（在该书花木类名次）
梁萧统《文选》		41		41（5）
宋李昉等《文苑英华》		70		70（2）
宋陈景沂《全芳备祖》	191（含整诗及散句）	23	5	219（4）
《佩文斋咏物诗选》	162			162（3）
清陈元龙《历代赋汇》		24		24（1）
清陈梦雷《古今图书集成》	381 首	69	6	456（3）

以上各书的选目或依文体或依题材，所选多为名篇，具有传播及影响上的优势。由上表统计可知，经过历史的淘洗与选择，竹题材诗文名篇的数量仍较多，如果也计算诗文中关于竹意象的名句，则数量更多。

咏竹文学源远流长，但繁荣时期还是唐宋两代，繁荣的主要表现是众多名家及名篇。以赋这种文体为例，《御定历代赋汇》汇集历代重

---

① 统计时含"竹""笋"。

要赋作，卷一一八收竹相关题材赋。表2是统计结果：

表2 《御定历代赋汇》所收竹类相关赋作统计

朝代	作者及赋题	篇数
唐前	晋江逌《竹赋》、齐王俭《灵丘竹赋》、梁江淹《灵丘竹赋》、梁简文帝《修竹赋》、梁任昉《静思堂秋竹赋》、陈顾野王《拂崖篠赋》、隋萧大圜《竹花赋》	7
唐代	许敬宗《竹赋》、吴筠《竹赋》、阙名《竹赋》、阙名《慈竹赋》、乔琳《慈竹赋》、阙名《孤竹赋》、高无际《大明西垣竹赋》、李程《竹箭有筠赋》、蒋防《湘妃泣竹赋》	9
宋代	王炎《竹赋》、蔡襄《慈竹赋》、薛士隆《种竹赋》、黄庭坚《对青竹赋》、郑刚中《感雪竹赋》、李知微《松竹林赋》、黄庭坚《苦笋赋》	7
元代	赵孟頫《修竹赋》、贡师泰《小篔筜赋》	2
明清	—	0

可见唐宋时期相关赋作在数量上的优势，因此也占有传播及影响上的优势。历代名家名作在选本中有一定的沿袭性，如《御定历代赋汇》唐代部分的选目全取《文苑英华》选目，一定程度上巩固和强化了所选篇目的影响。

综合以上统计数据，我们可以强烈感受到竹题材文学的繁荣情形，感受到其在古代植物题材文学中的比重。数量上堪称洋洋大观，质量上不乏名家名篇，因此可以说竹是最受古代作家青睐的植物题材之一。

二、本论题研究现状

在关注竹文化的同时，如果将目光转向古代竹题材文学研究，就会发现两个"滞后"：一是当前竹文化较热，竹文化研究也较热，而竹题材文学研究相对较"冷"，显得滞后；二是古代竹题材文学创作繁盛，留下大量相关作品，而研究成果较为薄弱，显得滞后。

究其原因，还是竹题材文学研究未能引起相应的重视。一方面，文学研究界较为重视作家作品、风格流派、主题思想、人物形象、经典文本解读等主流的研究模式或视角，而对文学的题材意象研究开拓不足。即就文学题材研究来说，虽然政治、边塞、山水、田园、科举、咏史、咏物、宗教等类题材文学受到一定程度关注，但系统而成规模的研究尚不多见。何况题材不同待遇不等，其中咏物文学算是较受重视的题材，但"咏物"二字包罗万象，固然有利于对咏物文学的宏观把握，却无助于重要植物题材与意象的个案梳理。另一方面，文化研究界目光较为宽泛，植物题材文学研究不是他们的本分，即使偶有涉及也多泛谈，缺乏系统的文献占有和理论梳理。因此就出现了当前竹文化及相关研究较热而竹题材文学研究又太冷清的状况。

文化视野中的古典文学研究近年来渐趋兴盛。20世纪80年代以来，涌现出多部研究竹文化的专著和大量学术论文。本课题尚未见国外专著，仅日本学者有一些论文涉及。已有的研究成果，主要集中在竹文化、竹与园林、竹崇拜等方面，为我们从事竹题材文学研究提供了必要的学术积累。以下试做分类介绍：

（一）文献整理类

文献整理是学术研究的基础性工作。竹相关文献的整理，如徐振维、吴春荣编注《松竹梅诗词选读》(1985)，刘星亮、曹毅前编《咏竹联集粹》(1994)，雷梦水等编《中华竹枝词》(1997)，周芳纯选注《中国竹诗词选集》(2001)，陈维东、邵玉铮主编《中华梅兰竹菊诗词选·竹》(2003)，盛星辉编著《竹文化联》(2003)，王利器等编《历代竹枝词》(2003)、成乃凡编《历代咏竹诗丛》(2004)，彭镇华、江泽慧编著《中国竹文化:绿竹神气》(2005),马成志编《梅兰竹菊题画诗》(2006),吴庆峰、张金霞整理《竹谱详录》(2006),潘超等主编《中华竹枝词全编》(2007),徐小飞辑《竹君流韵:中国历代咏竹文赋画论》(2008)。

这些著作涉及咏竹文学文献的许多方面,或按文体选编,或按时代选编,或与其他花木文学作品同编,为咏竹作品的搜集传播起到了良好作用。但是以上著作的局限也很明显,多关注诗词搜集,如对历代《竹枝词》文献的搜集较为完备,而对竹题材文、赋等较少关注。

(二)研究著作类

现有的竹相关专著不少,内容多以竹文化研究为主,兼及文学研究。一般仅用一章泛论竹题材文学,有的甚至毫不涉及。这些著作中最具学术价值的是何明、廖国强著《中国竹文化研究》(1994)①,下编《赋竹赞竹,寓情于竹——竹文学符号》《凌云浩然之气,淡远自然之趣——竹人格符号》等章,从一些主要方面对竹意象进行阐释。

(三)博硕士学位论文类

据笔者的有限见闻,较多涉及竹题材文学研究的仅五篇,是孟庆东《中国古典文学中"竹"的审美意象》(东北师范大学2008年)、马利文《唐代咏竹诗研究》(南京师范大学2008年)、李文艺《先秦至魏晋南北朝竹文学研究》(福建师范大学2010年)、郑洁《竹词语及其修辞文化阐释》(福建师范大学2008年)、李受泫《汉语动植物词语象征性研究》(东北师范大学2009年)。博士学位论文也很少关注竹题材文学,如邱尔发《我国南方城市竹子绿化及其竹种选择研究》(中国林业科学研究院2005年,博士后)以南方城市竹子绿化及竹种选择为研究对象。

---

① 该书曾再版,题名《中国竹文化》,人民出版社2007年版。

图 01　浙江安吉县竹海。图片由网友提供。（图片引自网络。以下但凡从网络引用图片，除查实作者或明确网站外，均只称"图片由网友提供"。因本书为学术论著，所有图片均为学术引用，非营利性质，所以不支付任何报酬，敬祈图片的拍摄者、作者谅解。在此谨向图片的拍摄者、作者和提供者致以最诚挚的敬意和谢意）

（四）竹类刊物、论文集及单篇论文

涉及竹题材文学研究的主要是王立、何明、屈小强等先生的专题论文，进行文学主题学乃至文化学的探讨。王立是较早从主题学角度研究竹题材文学创作的学者，其研究成果主要有：《心灵的图景：文学意象的主题史研究》第二章《百代高标志节存——中国古典文学中的竹意象》[1]，单篇论文如《我国现存第一首咏竹诗和咏梅诗》[2]、《竹与中国

---

[1]　王立著《心灵的图景：文学意象的主题史研究》，学林出版社 1992 年版。
[2]　《临沂师范学院学报》1989 年第 3 期。

文学——传统文化物我关系一瞥》^①《竹的神话原型与竹文学》^②《竹意象的产生及文化内蕴》^③《古典文学中竹意象的神话原型寻秘》^④等。

综观近百年来的古代文学竹意象研究，其中关于竹之文学题材与意象的成果还较少，且多为宏观探讨，缺乏细致深入的分析，这种研究现状与竹意象在古代文人心目中的地位、与古代文学竹意象实际创作的分量相比，都是不相称的，这不能不说是令人遗憾的事情。

三、本论题的研究目的、意义与方法

基于农耕文化的中国古代文学，自然植物意象极其普遍，竹是其中较为重要的题材之一。与其他植物题材相比，竹题材文学有自身特点：

首先，竹成为文学题材与意象的时间较早，先秦文学中已经出现竹意象，魏晋时期随着对竹之物色美感的倡扬，竹成为诗赋中重要的植物题材之一。其后竹题材创作渐趋繁盛。

其次，相比其他重要植物如松、梅、杨柳等，竹的经济价值、文化价值与观赏价值并重，其经济及文化应用较为广泛。丰富的竹文化内涵成为竹题材文学的重要表现内容，又涉及诗、文、词、曲、笔记、对联、民歌等各种文学体裁。本论题的研究目的就是要揭示古代文学竹之题材与意象的这些特点与内涵。竹题材文学研究是竹文化研究的题中应有之义，也与当前的竹文化热相呼应，因此本研究不仅具有文学和文化的价值，也具有历史与现实的意义。

本书采用以下研究方法：

（一）题材类型、主题史、意象史等专题的梳理。传统的文学研

---

① 《许昌学院学报》1990 年第 2 期。

② 《浙江师范大学学报（社会科学版）》1991 年第 2 期。

③ 《中国典籍与文化》1997 年第 1 期。

④ 《大连大学学报》2006 年第 5 期。

究中作家作品、体派风格、思潮运动等较受重视，而主题史、意象史、题材类型等新视角拓展不够。宇文所安说："按照朝代进行分期的文学史，是文学中的博物馆形式。我们已经拜访了很多这样的博物馆，它们是我们整理阅读经验的熟悉模式。这种理解模式并不算坏，但是只有从一个陌生的角度进行观察，我们才能看到新东西。"①

本书某种程度上也是对新研究模式的试探。竹是古代文学中最重要的植物题材之一，历史悠久，内涵丰富，但是一直缺乏深入的专题探讨和综合的考察视角，已有的研究成果多关注竹文化，其中涉及文学研究的部分显得零碎和浅显，缺少理论深度与文献基础，学术含量不够。鉴于目前竹文化较"热"而竹题材文学研究相对较"冷"的现状，本书以竹题材文学为研究对象，希望能弥补这个缺憾。在梳理竹的美感特点与文化内涵的同时，打破各种文体的界限，全面考察诗、词、文、赋，既重视传统文体（诗文、笔记、戏曲、小说），也注重泛文学体裁（史书、方志、地理书、楹联等）。

（二）文化研究与文学研究相结合的方法。我们研究的对象是文学，文学既是一种社会现象，也是一种审美意识形态。作为文学产生背景的文化是一种巨大的潜藏。文化研究对于文学研究的意义是巨大的，特别是在学术视野和方法论方面。20世纪二三十年代以来，闻一多、朱自清、鲁迅以及刘师培、陈寅恪等学术大师都不同程度地实践过这一方法。它的特点是，不单纯停留在搜集整理并分析材料，更关注流动变易的文化背景，通过分析揭示对文学发展有重要影响的历史现象、文化氛围和精神气象，以有助于阐释相关文学现象。当代学术界

---

① ［美］宇文所安著，陈引驰、陈磊译《中国"中世纪"的终结：中唐文学文化论集》前言，生活·读书·新知三联书店2006年版，第2页。

图02 [元] 李衎《四季平安图》。（立轴，绢本，墨笔。纵131.4厘米，横51.1厘米。台北故宫博物院藏。画修竹四竿，寓意四季平安）

也有这种明确的研究意识和视角，如2005年上海举办"中国传统文学与经济生活"学术研讨会并出论文集①。

本书并不局限于文学形象及其流变的研究，而是在对竹的题材、意象研究的基础上，透视其所反映的文化内涵与社会背景，如考察竹生殖崇拜对于竹意象性别象征的影响，考察道教、佛教等宗教内涵及其对文学的影响，梳理竹的人格象征内涵的形成与竹的植物特性、品种、材用之间的联系等。在这一意义上，本研究是文学与文化的交叉综合的研究。

（三）学术研究和现实文化建设相结合的人文意识。花木审美是社会文明进步的重要表现，花木本身所积淀的文化内涵、花木与其他艺术的结合都使花木审美具有广泛性和深刻性，发掘和阐释蕴含于其中的文化内涵就很有必要。

中国是竹子的原产地和主要分布地区，竹子利用水平处于世界领先地位，近年兴起的竹文化热呼唤竹文化的理论研

---

① 2005年上海财经大学人文学院与中国社会科学院文学研究所《文学评论》编辑部，在上海联合举办"中国传统文学与经济生活"学术研讨会，并出版论文集，参见许建平、祁志祥主编《中国传统文学与经济生活》，河南人民出版社2006年版。

究，以提高人们的花木审美水平，多部竹文化研究著作的出版即是最好的说明，而作为竹文化重要组成部分的竹题材文学，理应受到重视与研究。本书立足文学，旁涉文化领域，把竹题材文学研究引向综合的审美文化研究，文学研究与文化阐释有机统一，传统文化研究与现实文化建设相沟通，体现了古代文学研究的开放意识和当代意识。

鉴于主题史或题材史的叙述视角难以面面俱到，有的问题难免略而不明；而具体意象的微观研究常为选题所限，难免失于琐屑，因此本书兼用宏观研究与微观考察两种方法，没有采取史的叙述视角，而采取专题研究的形式，涉及竹笋与文学、竹林与文学、竹子比德意义等专题。在章节设置上，各章力求采取宏观视角，部分章节也可能考察非常琐屑的小问题。

最后对本书所用"题材"与"意象"的概念略作交代。"意象"是与"物象""形象"相对的概念，是"意"与"象"的融合体[①]，是较小的单位。

---

① 袁行霈说："物象是客观的，它不依赖人的存在而存在，也不因人的喜怒哀乐而发生变化。但是物象一旦进入诗人的构思，就带上了诗人的主观的色彩。这时它要受到两方面的加工：一方面，经过诗人审美经验的淘洗与筛选，以符合诗人的美学理想和美学趣味；另一方面，又经过诗人思想感情的化合与点染，渗入诗人的人格和情趣。经过这两方面加工的物象进入诗中就是意象。诗人的审美经验和人格情趣，即是意象中那个意的内容。因此可以说，意象是融入了主观情意的客观物象，或者是借助客观物象表现出来的主观情意。"（袁行霈著《中国诗歌艺术研究》，北京大学出版社 2009 年版，第 54 页）张伯伟《禅宗思维方式与意象批评》："与'形象'一词相比，'意象'之'象'更偏重主观意念……而'形象'之'象'则偏重客观形状。"（《禅与诗学》增订版，人民文学出版社 2008 年版，第 146 页）因此意象通常理解为"意"与"象"相融为一的复合体，它"包含着内外两个层面，内层是'意'，是诗人主体理性与感情的复合或'情结'，外层则是'象'，是一种形象的'呈现'，两层缺一不可"（朱立元《当代西方文艺理论》，华东师范大学出版社 1997 年版，第 21 页）。

意象又有隐喻与象征功能①。陈鹏祥指出："意象除了提供视听等效果外，最重要的是它们所潜藏包括的意义功能。"②"主题学探索的是相同主题（包含套语、意象和母题等）在不同时代以及不同的作家手中的处理，据此来了解时代的特征和作家的'用意'（intention）。"③因此，文化象征内涵研究对于文学作品的正确解读是必要的。正如中岛敏夫所说："无论研究有多么高深，也不问直接还是间接，所有工作最终总会归结到诗的鉴赏上。"④为求得对诗文的正确解读，就要挖掘其中潜藏的文化信息。

四、本论题的创新与不足

本书的创新之处在于研究方法和研究视角的创新，对竹题材史的梳理是一个全新的探索过程，随时会涉及竹子与其他门类文化艺术的千丝万缕的联系，这样就把文学研究与综合的审美和文化研究相结合，对文学与艺术、宗教、园林以及社会生产生活等广泛领域进行综合审视。

本书的创新之处主要表现在：

1. 第一次系统地对古代文学中竹的题材与意象进行综合研究。

2. 对于文学中的竹笋、竹林题材，对于竹子比德意义、性别象征、

① 美国学者韦勒克和沃伦指出"意象"隐喻与象征功能的区别："我们认为'象征'具有重复和持续的意义。一个'意象'可以被转换成一个隐喻一次，但如果它作为呈现与再现不断重复，那就便成了一个象征，甚至是一个象征（或者神话）系统的一部分。"（雷·韦勒克、奥·沃伦撰，刘象愚等译《文学理论》，生活·读书·新知三联书店1984年版，第204页）
② 陈鹏祥《主题学研究与中国文学》，转引自陈向春著《中国古典诗歌主题研究》，高等教育出版社2008年版，第8页。
③ 陈鹏祥《主题学研究与中国文学》，转引自陈向春著《中国古典诗歌主题研究》第2页。
④ ［明］张之象编、［日］中岛敏夫整理《唐诗类苑》前言，上海古籍出版社2006年版，第一册第2页。

离别内涵以及相关传说等进行研究，已有成果多未专门研究这些论题，或有涉及也缺乏系统观照和源流梳理。

本书在构思时虽力求全面，因学力所限，终于未能面面俱到，一些重要专题未能涉及，已涉及的有些专题也因时间紧迫而未能深入。本书的不足之处主要表现在：

1.古代相关文学作品繁多，人文内涵与文化意义较为丰厚，因而课题的纵、横跨度大，涉及面广。本书展开不够充分、彻底，竹意象史未能涉及，历代重要作家作品的竹意象等未及讨论。参考及引用的文献也以宋代及宋以前的居多。

2.竹是古代文学中最重要的植物题材与意象之一。将竹与其他植物意象进行横向比较，以把握其演变规律及在文学史、文化史上的特殊地位，也是非常有意义的，本书对此尚付阙如。

3.对古代文学竹的题材与意象的历史演变进行梳理，是题中应有之义。但本书未能进行这种历时研究。

最后，对本书的叙述体例略作说明。凡引用文献，第一次出现详注著者及版本、卷次等信息，以后出现尽量从简。

第一章　古代文学笋意象研究

竹笋的食用与栽培历史悠久，经济价值显著。笋又可观赏，在菜蔬中是兼具食用性与观赏性的植物之一。反映在文学中，除了借助竹子的连带影响，笋本身也以其独特的形态美感和季节属性，成为文学家欣赏、嗜食并乐于表现的对象，积淀了深厚的认识价值和审美价值。

本章探讨了竹笋题材的文学地位与创作历程，以获得关于竹笋题材文学的整体印象。竹笋既有整体美感，笋鞭、笋芽、笋箨等也各具美感，竹笋的美感还被用于比拟佳人纤指美足。竹笋的食用事象较为丰富，涉及道士、僧人、文人等不同群体与品种、采摘、烹调等相关背景，也涉及"樱笋厨"、笋蕨等文化应用。苦笋是别具风味的一类，成为贬谪文学或落魄士人爱用的意象，形成苦况、苦心、苦节及苦谏等意蕴。

第一节　笋题材的文学地位与创作历程

笋是竹子幼芽，美感特色鲜明，成为文学中较为常见的题材与意象。竹笋在先秦时代即已成为菜肴并进入诗歌题材，文学表现历史可谓悠久。相应地，文学中所表现的竹笋美感特色和象征意蕴也较为丰厚，几乎可以从竹题材中独立出来。以下试探讨竹笋品种与别名、竹笋题材的文学地位及创作历程。

一、笋的品种与别名

竹笋品种非常多，载于竹谱笋谱的就不少。晋戴凯之作《竹谱》。《初学记》载："戴凯之《竹谱》曰：竹之别类，有六十一焉。"①段成式《酉阳杂俎》卷一八也云："《竹谱》，竹类有三十九。"②今本实际只有30多种。宋代僧人赞宁作《笋谱》，"记述竹笋九十五种（一说九十八种），多为长江以南诸省所产散生竹、丛生竹，而以吴越国所产（即今苏南、浙江和闽地产者）为主，尤重于竹笋的经济利用"③。元代李衎作《竹谱》，分画竹谱、墨竹谱、竹态谱和竹品谱四门。张钧成描述《竹品谱》云：

> 竹品则涉及竹类的品种，此谱将"宜入图画者为全德品，以形态诡怪者为异形品，以颜色不同之为异色品，以神异非常者为神异品，又有似是而非者？有竹名而非竹者，通为六品"。其中全德品七十五种，附有七图；异形品一百五十八种，附有二十五图；异色品六十三种，附有七图；神异品三十八种，附有六图；似是而非品二十三种，附有八图；有名而非竹品二十二种，附有十图。共三百七十九条，除去似是而非品和有名而非竹品，属于竹类共三百三十四条。④

到明清时代，《竹谱》多属画谱性质，竹笋品种则多载于地方志

---

① ［唐］徐坚等撰《初学记》卷二八《竹第十八》，中华书局1962年版，第3册第694页。
② ［唐］段成式撰《酉阳杂俎》卷一八"广动植之三·木篇"，丁如明、李宗为、李学颖等校点《唐五代笔记小说大观》，上海古籍出版社2000年版，上册第691页。
③ 苟萃华作《笋谱》百川学海影刻宋咸淳本提要，载任继愈主编《中国科学技术典籍通汇·生物卷》，河南教育出版社1993年版，第1册第113页。
④ 张钧成作《竹谱》提要，载任继愈主编《中国科学技术典籍通汇·生物卷》，第2册第2页。

的物产门。

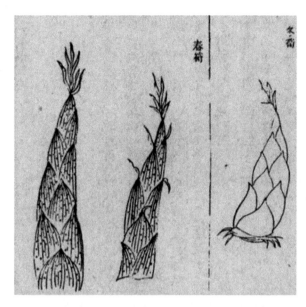

图 03　猫头竹"冬笋""春笋"图。

（［元］李衎述《竹谱详录》卷四，商务印书馆
1936 年版，第 51 页）

竹笋为不同阶层人群所喜食，又是重要而常见的绘画题材，可谓美感价值与经济价值并重。但竹笋的食用价值要超过其美感价值，画作与画谱对竹笋品种的载录还较少，有时甚至并不计较竹笋品种，而笋谱与文人歌咏所涉及的竹笋品种则较多。可食用的竹笋品种，诗文及山经地志多有记载。戴凯之《竹谱》云："棘竹骈深，一丛为林。根如推轮，节若束针。亦曰笆竹，城固是任。篾笋既食，鬓发则侵。"这种竹笋"笋味落人须发"[1]，可见并非佳肴。《竹谱》又载：

> 般肠实中，与笆相类。于用寡宜，为笋殊味。般肠竹生东郡缘海诸山中，其笋最美。

> 鸡胫似篁，高而笋脆。鸡胫，篁竹之类，纤细，大者不过如指，疎叶，黄皮，强肌，无所堪施，笋美，青班色绿，沿江山冈所饶也。

> 篃亦箘徒，概节而短。江汉之间，谓之竹篍（kuài）。《山海经》云，其竹名篃，生非一处，江南山谷所饶也，故是箭竹类。

---

[1]　［晋］戴凯之撰《竹谱》，《影印文渊阁四库全书》第 845 册第 174 页下栏。

一尺数节，叶大如履，可以作篷，亦中作矢，其笋冬生。《广志》云，魏时汉中太守王图每冬献笋，俗谓之篏筹。

肃肃答篽（duò），旻旻攒植。擢笋于秋，冬乃成竹。无大无小，千万修直。篱（lǐ）幕内蒿，绣文外虓。答篽竹，大如脚指，坚厚修直，腹中白膜阑隔，状如湿面生衣，将成竹而笋皮未落，辄有细虫啮之，陨箨之后，虫啮处往往成赤文，颇似绣画可爱。南康所生，见沈志也。

浮竹亚节，虚软厚肉。临溪覆潦，栖云荫木。洪笋滋肥，可为旨蓄。浮竹长者六十尺，肉厚而虚软，节阔而亚，生水次，彭蠡以南、大岭以北遍有之，其笋未出时掘取，以甜糟藏之，极甘脆，南人所重旨蓄，谓草莱甘美者可蓄藏之，以候冬，诗曰：我有旨蓄，可以御冬。①

所载可食竹笋计有般肠、鸡胫、簹竹、答篽、浮竹五种，其中"答篽"侧重笋皮绣文的美感特点，未言可食，但既然有"虫啮处"，当也可食。段公路《北户录》云："湘源县，十二月食斑皮竹笋，滋味与北中七八月笋牙小类，但甜脆过之，诸笋无以及之。"②这种笋也是斑皮，且笋味甜脆，未知是否答篽笋。

宋代出现名贵竹笋如猫头笋等。韩维《玉汝惠猫头笋》："汉臣问鹏曾游地，腊祭迎猫始出林。"③可知猫头笋属于冬笋。苏轼《与杜孟

---

① ［晋］戴凯之撰《竹谱》，《影印文渊阁四库全书》第845册第175页下、177页上、177页下、178页下、179页上。

② ［唐］段公路《北户录》卷二"斑皮竹笋"条，《影印文渊阁四库全书》第589册第51页下栏左。

③ 北京大学古文献研究所编、傅璇琮等主编《全宋诗》，北京大学出版社1991—1998年版，第8册第5287页。

图 04　毛竹笋。吴棣飞摄于浙江温州。（图片引自中国植物图像库，网址：http://www.plantphoto.cn/tu/2815653）

坚尺牍》："朱守饷笋，云潭州来，岂所谓猫头之稗者乎？"知潭州产猫头笋。

玉版笋也是名贵竹笋。惠洪《冷斋夜话》载："（苏轼）尝要刘器之同参玉版和尚，器之每倦山行，闻见玉版，欣然从之。至廉泉寺，烧笋而食，器之觉笋味胜，问：'此笋何名？'东坡曰：'即玉版也。此老师善说法，要能令人得禅悦之味。'于是器之乃悟其戏，为大笑。"① 苏轼并有诗记此事："丛林真百丈，法嗣有横枝。不怕石头路，来参玉版师。聊凭柏树子，与问箨龙儿。瓦砾犹能说，此君那不知。"② 苏轼虽是戏言，笋名玉版却是实有，并非杜撰。苏轼同时稍早诗人即已歌咏，如陶弼《三山亭》："玉版淡鱼千片白，金膏盐蟹一团红。"③ 徐积《谢张尉》："鱼菹乃以玉版名，可将苦酒试光明。"④ 罗大经《鹤林玉露》卷一一：

杨东山尝为余言："昔周益公、洪容斋尝侍寿皇宴。因谈

---

① ［宋］释惠洪撰、陈新点校《冷斋夜话》卷七"东坡戏作偈语"条，中华书局 1988 年版，第 54—55 页。

② 苏轼《器之好谈禅不喜游山山中笋出戏语器之可同参玉版长老作此诗》，《全宋诗》第 14 册第 9585 页。

③《全宋诗》第 8 册，第 4991 页。

④《全宋诗》第 11 册，第 7620 页。

肴核，上问容斋：'卿乡里何所产？'容斋，番易人也。对曰：

'沙地马蹄鳖，雪天牛尾狸。'又问益公。公庐陵人也。对曰：

'金柑玉版笋，银杏水晶葱。'"①

知玉版笋产于江西吉安。其名玉版，当得自皮色洁白如玉，如"剡藤玉版开雪肤"（苏轼《六观堂老人草书》）②、"玉版烹雪笋，金苞擘双柑"（陆游《村舍小酌》）③，都借雪形容色白。

不同品种竹笋的出笋期各不相同。早笋一般生于冬末春初。嵇含《南方草木状》："思摩竹，如竹大，而笋生其节。笋既成竹，春而笋复生节焉，交广所在有之。"④可见南方交广之地也以春笋为常见。在特定气候条件下，竹笋也会冬生。扬雄《蜀都赋》："盛冬育笋。"⑤扬雄所言为蜀地，温暖湿润的四川盆地冬季不太严寒，故而盛冬发笋。岭南冬笋更为常见，如"岭南信地暖，穷冬竹萌卖"（黄公度《谢傅参议彦济惠笋用山谷韵》）⑥。但北方也有冬笋。杜甫《发秦州》云："密竹复冬笋，清池可方舟。"冬笋又称腊笋，如"破腊初挑箘，夸新欲比琼"（梅尧臣《腊笋》）⑦。物以稀为贵，冬笋在冬季素肴中是珍品，颇受人们喜爱。

春雷响后，春雨霏霏，"薰风起箨龙"（魏了翁《南柯子》），江南

---

① ［宋］罗大经撰、王瑞来点校《鹤林玉露》乙编卷之五"肴核对答"条，中华书局 1983 年版，第 205 页。

② 《全宋诗》第 14 册第 9448 页。

③ 《全宋诗》第 39 册第 24526 页。

④ 此条据上海古籍出版社编《汉魏六朝笔记小说大观》，上海古籍出版社 1999 年版，第 267 页。

⑤ 费振刚、仇仲谦、刘南平校注《全汉赋校注》，广东教育出版社 2005 年版，上册第 214 页。

⑥ 《全宋诗》第 36 册第 22501 页。

⑦ 《全宋诗》第 5 册第 2978 页。

早笋破土而出，迎来了早笋的丰收季节。竹笋毕竟是时蔬，过时就老而不可食，所以诗人多劝人及时食笋，如白居易说"且食勿踟蹰，南风吹作竹"（《食笋》），杨万里也说"不须咒笋莫成竹，顿顿食笋莫食肉"（《晨炊杜迁市煮笋》）①。

图05　早竹的笋。徐克学摄于浙江杭州天目山上山公路。（图片引自中国植物图像库，网址：http://www.plantphoto.cn/tu/44944）

迟笋初夏才生。张衡《南都赋》："春卵夏笋，秋韭冬菁。"②四月生，可谓夏笋。方干《山中》云："窗竹未抽今夏笋，庭梅曾试当年花。"云"未抽今夏笋"，可知是曾抽夏笋。还有秋笋。《诗经·韩奕》："其蔌维何？维笋及蒲。"陆玑《疏》云："笋，竹萌也。皆四月生。唯巴竹笋八月、

---

① 《全宋诗》第42册第26533页。
② 《全汉赋校注》下册第727页。

九月生。始出地，长数寸，釁以苦酒，豉汁浸之，可以就酒及食。"①《永嘉记》："含隋竹笋，六月生，迄九月，味与箭竹笋相似。"②宋祁《慈竹赞》："笋生夏秋……笋不时萌。"③《竹谱详录》载："方竹，两浙江广处处有之。枝叶与苦竹相同，但节茎方正如益母草状，深秋出笋，经岁成竹。"④以上这些都是出笋期在夏秋季节的品质。

除品种不同导致出笋期不同外，同一品种竹笋也会因地理环境不同而出笋时间有异。如沈括为说明地势高下不同导致植物开花结果时间不同，举例说："筀竹笋，有二月生者，有四月生者，有五月而方生者，谓之晚筀。"⑤江南四时皆有竹笋。《齐民要术》："二月食淡竹笋，四月、五月，食苦竹笋。"⑥《永嘉记》云："明年应上今年十一月笋，土中已生，但未出，须掘土取；可至明年正月出土讫。五月方过，六月便有含隋笋。含隋笋迄七月、八月。九月已有箭竹笋，迄后年四月。竟年常有笋不绝也。"⑦可谓全年皆有笋可食。竹笋为素食之上品，故称"美甲诸蔬"。但竹笋一年四季皆有，故价格便宜，所谓"一日偶无慵下箸，四时都有不论钱"（冯时行《食笋》）⑧。

① 《十三经注疏》整理委员会整理、李学勤主编《毛诗正义》卷一八之四，北京大学出版社 1999 年版，第 1234 页。
② ［后魏］贾思勰著、缪启愉校释《齐民要术校释》卷五，农业出版社 1982 年版，第 260 页。
③ 曾枣庄、刘琳主编《全宋文》，上海辞书出版社、安徽教育出版社 2006 年版，第 25 册第 34 页。
④ ［元］李衎著，吴庆峰、张金霞整理《竹谱详录》卷四《异形品上》，山东画报出版社 2006 年版，第 69 页。
⑤ ［宋］沈括撰、胡道静校注《新校正梦溪笔谈》卷二六，中华书局 1957 年版，第 265 页。
⑥ 《齐民要术校释》卷五，第 259 页。
⑦ 《齐民要术校释》卷五，第 260 页。
⑧ 《全宋诗》第 34 册第 21636 页。

竹笋别名非常多。《尔雅·释草》称："笋，竹萌。"邢昺疏："孙炎曰：'竹初萌生谓之笋。'凡草木初生谓之萌，笋则竹之初生者，故曰：笋，竹萌也。"[1] 东汉许慎《说文解字》称："笋，竹胎也。"[2] 均阐述了竹笋之名的来历，即笋是初生之竹。赞宁《笋谱》列举笋、萌、箹竹、薹(tái)、虉芦、竹胎、竹牙、茁、初篁、竹子等名称。

陆佃《埤雅》云："筍（"笋"的异体字）从竹从日，勹之日为笋，解之日为竹。一曰从旬，旬内为笋，旬外为竹。今俗呼竹为'妒母草'，言笋旬有六日而齐母。"[3] "妒母草"之名反映竹笋生长快的特点。李衎《竹谱详录》说："笋初出土者谓之萌，又名藦，又名簵，又名竹胎。稍长谓之牙，渐长名笛，又名薋，又名子，又名笣，又名箘。过母名篔，别称曰箖龙，曰锦绷儿，曰玉版师。"[4] 明代彭大翼罗列竹笋之名："笋一名竹胎，一名初篁，一名竹萌，一名箬，一名箖龙，一名龙孙。"[5] 可见不少竹笋名称得自形象化的比喻，如带"龙"字的别名反映了竹子龙崇拜的文化印痕。传说也会影响到竹笋名称，如赞宁《笋谱》据夜郎竹王传说列"竹王林笋"，就并非严格的竹笋品种。

不少竹笋别名是根据竹笋的生长状态命名的。如《叩头录》云："皮藩去北而复来鄱阳，食竹笋，曰：'三年不见羊角，衰矣。'"[6] 竹笋名"羊

---

① 李学勤主编《尔雅注疏》，北京大学出版社 1999 年版，第 236 页。
② ［汉］许慎撰、［清］段玉裁注《说文解字注》，上海古籍出版社 1981 年版，第 189 页下栏右。
③ ［宋］陆佃著、王敏红校点《埤雅》卷一五"竹"条，浙江大学出版社 2008 年版，第 146 页。
④ ［元］李衎著，吴庆峰、张金霞整理《竹谱详录》卷二《竹态谱》，第 27 页。
⑤ ［明］彭大翼撰《山堂肆考》卷二〇三，《影印文渊阁四库全书》第 978 册，第 165 页上栏右。"箖龙"一词初见于卢仝《寄男抱孙》。
⑥ ［宋］潘自牧撰《记纂渊海》卷九六引，《影印文渊阁四库全书》第 932 册第 748 页上栏。

角"，是取其形似。竹笋别名不仅得自对动物的比拟，也有来自对人类的譬喻。《神异经》云："(涕竹) 其笋甘美，煮食之可以止创疠。"张华注云："子，笋也。"① "子"是象形字，本指幼儿。可知"竹子"晋代即已成词，语尾"子"字还未虚泛化，不同于后来以"竹子"泛称竹②。竹笋又名"稚子"，《冷斋夜话》云：

> 老杜诗曰："竹根稚子无人见，沙上凫雏并母眠。"世或不解"稚子无人见"何等语。唐人《食笋》诗曰："稚子脱锦绷(běng)，骈头玉香滑。"则稚子为笋明矣。赞宁《杂志》曰："竹根有鼠，大如猫，其色类竹，名竹豚，亦名稚子。"予问韩子苍，子苍曰："笋名稚子，老杜之意也，不用《食笋》诗亦可耳。"③

宋代朱翌《猗觉寮杂记》也云："杜云：'竹根稚子无人见。'稚子即笋。或以为竹鿠 (liú)，非也。牧之云：'幽笋稚相携，小莲娃欲语。'以莲比娃，以笋比稚子，与子美同意。"④

竹笋别名还与地域因素有关。何休注公羊："笋音峻。笋者，竹箈，一名编，齐、鲁已北名为笋。"⑤可见竹笋名称繁多也因为地域因素导

---

① ［汉］东方朔撰《神异经》，《影印文渊阁四库全书》第 1042 册第 268 页上栏右。
② 加词缀"子"是魏晋时期普遍用法，类似的植物名词，如桃子、李子。《世说新语·雅量》："树在道边而多子，此必苦李。"但"竹子"词缀"子"的虚化则较迟，较早的例证是《乐府诗集·清商曲辞四·黄竹子歌》"江边黄竹子，堪作女儿箱"。这是《汉语大词典》所举例证。既然"堪作女儿箱"，此"竹子"显然不是竹笋。《乐府诗集》注："唐李康成曰：《黄竹子歌》、《江陵女歌》，皆今时吴歌也。"可见至迟唐代已称竹为"竹子"。唐樊绰撰《蛮书》卷一也云："第七程至竹子岭，岭东有暴蛮部落，岭西有卢鹿蛮部落。"
③ 《冷斋夜话》卷二"稚子"条，第 22 页。
④ ［宋］朱翌撰《猗觉寮杂记》卷上，中华书局 1985 年版，第 26 页。
⑤ ［汉］司马迁撰、［南朝宋］裴骃集解、［唐］司马贞索隐、［唐］张守节正义《史记》卷八九《陈余传》，中华书局 1959 年版，第 8 册第 2585 页。

致的各地方言差异。再如《广东通志》卷五二载："马竹笋大如盘，长有二尺余，出从化。银竹笋长三四尺，肥白而脆，产西宁。圣笋出增城。春不老亦笋名，出阳山。龙牙、油筒，竹之笋也。甜竹笋、箽竹笋，所在有之，皆笋之甜味而美者。柔筒笋小而佳，出新兴、阳春山谷中。"[①]这仅是广东竹笋别名的不完全统计，全国范围历代文献所记竹笋别名应相当繁多。

竹笋之产主要在南方。古有笑话云：汉人适吴，吴人设笋。问是何物。曰："竹也。"归煮竹席不熟，曰："吴人欺我哉！"这一类型故事初见于三国魏邯郸淳撰《笑林》[②]。笑话中所煮竹笋可能是笋干，因其外形更像竹子的切片。笑话不能当真，更不能以之推测古代竹笋的分布。笑话虽揭示汉人愚蠢，却也暗示竹笋味美，因此诗人感慨"此君风味殊不薄，莫笑当年煮簀人"（唐士耻《笋干》）[③]。实际上，竹子的分布远远不仅长江流域。如左思《魏都赋》："淇洹之笋，信都之枣。"[④]可见古代北方的河南产笋。

弄清竹笋的品种与别名是进行竹笋题材文学研究的基础性工作。竹笋得名不仅来自竹子品种，还源自竹笋的生长形态、滋味及出笋时间、地域因素等，因此别名极多，难以全部罗列考证，以上仅是挂一漏万地略述常见品种与别名。

二、笋题材的文学地位

古代文学中的植物题材与意象较为丰富，笋处于怎样的地位呢？

---

① 《广东通志》卷五二"物产志"，《影印文渊阁四库全书》第 564 册第 449 页上栏。
② 祁连休著《中国古代民间故事类型研究》卷上，河北教育出版社 2007 年版，第 191 页。
③ 《全宋诗》第 60 册第 37835 页。
④ ［清］严可均辑《全上古三代秦汉三国六朝文》全晋文卷七四，中华书局 1958 年版，第 2 册第 1889 页上栏左。

我们通过一些文献的检索数据来了解：

（一）《全唐诗》篇名所见各植物的篇数前30位依次为：杨柳（1095，此为具体数量，下同）、竹（380）、松柏（368）、莲荷（245）、梅（153）、桃（143）、兰蕙（139）、牡丹（137）、茶（123）、菊（108）、杏（98）、桂（94）、桑（88）、梧桐（79）、樱桃（57）、榴（54）、蔷薇（51）、蒲（40）、麻（37）、芦苇（34）、海棠（34）、橘（32）、葛（28）、梨（26）、芝（25）、蓬（23）、苔藓（21）、葵（19）、蕉（17）、枫（17）、笋（17）、茱萸（14）、槐（13）。

（二）《全宋词》正文单句所含各植物的句数前30位依次为：杨柳（3529）、梅（2953）、桃（1755）、竹（1571）、莲荷（1551）、兰蕙（1302）、松柏（1080）、蓬（802）、菊（696）、桂（660）、李（558）、杏（554）、梧桐（504）、萍（442）、蒲（434）、苔藓（400）、梨（374）、芙蓉（361）、海棠（308）、谷（298）、芦蓼（254）、茅（254）、柑橘（252）、槐（232）、桑（205）、茶（196）、菱芡（182）、椿（180）、粟（160）、笋（154）、枫（153）。

（三）清《佩文斋咏物诗选》所收各植物的篇数前30位依次为：梅（225）、杨柳（195）、竹（162）、莲荷（125）、茶（115）、松（85）、菊（78）、桃（75）、牡丹（70）、桂（66）、杏（52）、海棠（47）、樱桃（45）、兰（43）、桔（41）、荔枝（38）、笋（36）、梧桐（35）、蔷薇（34）、芦苇（33）、木芙蓉（31）、梨（30）、榴（30）、酴醾（29）、芍药（28）、芭蕉（27）、苔藓（26）、藤花（25）、菱芡（22）、菰蒲（22）、腊梅（22）、木槿（21）、玉蕊（20）。

（四）清《古今图书集成》草木典所收各植物的文学作品数量，排名前30位：梅花（617）、杨柳（485）、莲荷（411）、竹（392）、牡丹（330）、松柏（295）、菊（267）、海棠（239）、桃（205）、桂（203）、梨（127）、兰（121）、杏（109）、樱桃（94）、桑（89）、石榴（87）、橘（85）、芍药（81）、梧桐（81）、水仙（80）、荼蘼（66）、笋（64）、蕉（59）、槐（59）、蔷薇（57）、山茶（46）、茉莉（42）、李（38）、杜鹃（35）、月季（20）、枫（18）。

　　上述四种著作，前两种是唐诗、宋词总集，代表不同时代与文体，对唐诗选择篇名进行统计，对宋词则以单句进行统计。后两书是清朝重要类书，一为历代咏物诗的分类选本，一为集大成式的类书，所选多是名篇佳作。笋意象或题材出现的数量排名分别是28、29、17、21。

　　我们还可提供清代所编辞书中植物词条的统计情况：

　　（一）《佩文韵府》所收植物为主字的词汇数量，前15名依次是：草（701）、松柏（420）、竹（388）、杨柳（320）、荷莲藕（288）、茶茗（272）、兰蕙（214）、桃（190）、桂（180）、梧桐（160）、梅（157）、菊（157）、桑（131）、笋（131）、芦苇（119）、蒲（110）、槐（83）。

　　（二）《骈字类编》所收植物为定语之词汇数量，前15名依次是：竹（454）、兰蕙（387）、松柏（351）、杨柳（292）、草（284）、莲荷藕（283）、茶茗（274）、梅（220）、桂（216）、桑（177）、桃（137）、梧桐（114）、菊（104）、槐（101）、笋（75）。

　　以上两书所收词汇各有特点，前书按韵脚选词，如"～笋"；后书选词以植物为定语，如"笋～"。两书体例上互补有无，可以大致反映植物在词汇中的组词情况。笋所占词条数量分别列第12、15位。

　　笋是竹子幼芽，二者本是一物，竹题材文学或多或少会涉及笋，因此难以将二者截然分开。上文都是将竹与笋分开进行统计的，在表现竹题材与意象的作品中一般也会写到笋，所以实际写笋的作品比我们统计的要多。就现在的统计数据看，笋也完全可以脱离竹子，自立门庭。与其他植物题材与意象相比，笋比上不足，比下有余，算得上古代文学中较为常见而重要的题材与意象。

三、笋题材的创作历程

竹笋的食用在《诗经》时代即已进入文学表现。先秦文献中的笋意象多是作为菜蔬出现的，如"其蔌维何，维笋及蒲"（《小雅·斯干》）、"加豆之实，笋菹鱼醢"（《周礼·天官·醢人》）、"和之美者……越骆之菌"（《吕氏春秋》）。也有表现竹笋美感的，如"如竹苞矣"（《诗经·斯干》）形容竹笋丛生而本概的美感特点。汉魏文学中的笋意象，如枚乘《七发》"犓牛之腴，菜以笋蒲"、扬雄《蜀都赋》"盛冬育笋"[1]、李尤《七疑》"橙醢笋菹"[2]、张衡《南都赋》"春卵夏笋"[3]、魏刘桢《鲁都赋》"夏篿攒包"[4]等零星的记载[5]，这几例或关注竹笋的食用价值，或着眼于竹笋的物候特点与地方物产，对其形象美感的留意显然还不够。

两晋南北朝文学中，文赋等作品还延续传统将笋作为物产或菜蔬予以表现，如"缃箬、素笋，彤竿、绿筒"（王彪之《闽中赋》）[6]、"苞笋抽节，往往萦结"（左思《吴都赋》）、"淇洹之笋，信都之枣"（左思《魏都赋》）、"菜则葱韭蒜芋，青笋紫姜"（潘岳《闲居赋》）、"青笋紫姜，

---

① 《全汉赋校注》上册第 214 页。
② 赞宁《笋谱》引李尤《七疑》语，此处转引自程章灿《魏晋南北朝赋史》，江苏古籍出版社 1992 年版，第 346 页。
③ 《全汉赋校注》下册第 727 页。
④ 《全汉赋校注》下册第 1121 页。
⑤ 何宝年以为"张衡的《南都赋》及李尤的《七疑》则开始咏及竹笋"（何宝年《中国咏竹文学的形成和发展》，《文教资料》1999 年第 5 期，第 138 页）。其实，从植物美感的角度咏及竹笋的，扬雄《蜀都赋》较张衡《南都赋》为早。
⑥ 《全上古三代秦汉三国六朝文》全晋文卷二一，第 2 册第 1574 页下栏右。

固栗霜枣"（萧绎《与萧谘议等书》）、"澄琼浆之素色，杂金笋之甘蒩"（萧纲《七励》）、"新芽竹笋，细核杨梅"（庾信《春赋》）[①]，但是已经不占主流，而且同时也从颜色、形态等不同侧面作了更为具体的描绘。

伴随着自然审美意识的自觉，竹笋的美感特色在这一时期的文学中得到较多表现，如"五离九折，出桃枝之翠笋"（萧纲《答南平嗣王饷舞簟书》）[②]描绘竹笋土中延伸的情态，"水蒲开晚结，风竹解寒苞"（庾信《园庭诗》）[③]描绘竹笋风中落箨的形象，都摹写传神。

更多情况下，竹笋是作为物候风物出现的，如"厌见花成子，多看笋为竹"（王僧孺《春怨诗》）[④]、"早蒲欲抽叶，新篁向舒箈（tái）"（王筠《奉和皇太子忏悔应诏诗》）[⑤]、"窗梅落晚花，池竹开初笋"（萧悫《春庭晚望诗》）[⑥]、"短笋犹埋竹，香心未起兰"（庾信《正旦上司宪府诗》）[⑦]。秋笋如"竹泪垂秋笋，莲衣落夏蕖"（庾信《和宇文内史入重阳阁诗》）[⑧]。但秋笋毕竟少见，文学中也极少表现。撇开特殊品种不论，竹笋一般生于春季，故称春笋，所谓"望春擢笋，应秋发坚"[⑨]。

由于地理位置与气温等因素的影响，竹笋出土时间并不整齐划一，而是自冬季至初夏，持续时间较长。早笋冬季即破土而出，可与梅花组

---

① 《全上古三代秦汉三国六朝文》全后周文卷八，第4册第3920页上栏左。
② 《全上古三代秦汉三国六朝文》全梁文卷一一，第3册第3012页下栏右。
③ 逯钦立辑校《先秦汉魏晋南北朝诗》北周诗卷三，中华书局1983年版，下册第2377页。
④ 《先秦汉魏晋南北朝诗》梁诗卷一二，中册第1770页。
⑤ 《先秦汉魏晋南北朝诗》梁诗卷二四，下册第2014页。
⑥ 《先秦汉魏晋南北朝诗》北齐诗卷二，下册第2279页。
⑦ 《先秦汉魏晋南北朝诗》北周诗卷二，下册第2357页。
⑧ 《先秦汉魏晋南北朝诗》北周诗卷三，下册第2374页。
⑨ 此为晋江逌《竹赋》佚文，转引自程章灿《魏晋南北朝赋史》，江苏古籍出版社1992年版，第380页。

成冬景，如"玩竹春前笋，惊花雪后梅"（江总《岁暮还宅诗》）①，晚笋初夏才姗姗来迟，也可与柳条组成初夏之景，如"春笋方解箨，弱柳向低风"（萧琛《饯谢文学诗》）。

此期也形成一些与竹笋有关的象征意蕴。如谢朓《咏竹诗》："窗前一丛竹，青翠独言奇。南条交北叶，新笋杂故枝。月光疏已密，风来起复垂。青扈飞不碍，黄口得相窥。但恨从风箨，根株长别离。"②诗中新笋与故枝相杂、笋箨与根株分离的描写，既契合竹笋的情状，也寄托诗人的别离情怀③。张正见《赋得阶前嫩竹》："翠竹梢云自结丛，轻花嫩笋欲凌空。"④此诗抓住竹笋势欲凌云的情态，为竹笋凌云之志的象征意蕴开了先声。

竹笋在唐前文学中仅仅作为意象出现，缺乏专题描写。唐代出现了专篇咏笋的诗文。《全唐诗》诗题含"笋"的诗作17首，诗歌正文含"笋"的268首。唐代重要作家诗文中多有笋意象，名家名篇如白居易《食笋》、韩愈《和侯协律咏笋》、李贺《昌谷北园新笋四首》、李商隐《初食笋呈座中》、李峤《为百寮贺瑞笋表》、王维《冬笋记》、陆龟蒙《笋赋》等。其中李贺的组诗在唐代文学史乃至整个文学史上都很引人注目。可见唐五代是竹笋题材创作的高峰期。

笋在唐代文学题材中能占有一席，与它的食用价值分不开，道士、僧徒和文人贵族都嗜食竹笋。以僧人食笋为例，僧人唐代荐新用竹笋，有所谓"樱笋厨"，对贵族饮宴乃至民众生活都有深刻的影响。唐代又

---

① 《先秦汉魏晋南北朝诗》陈诗卷八，下册第2590页。
② 《先秦汉魏晋南北朝诗》齐诗卷三，中册第1436页。
③ 魏耕原说："'但恨从风箨，根株长别离'，颇属外放口气。"见氏著《谢朓诗论》，中国社会科学出版社2004年版，第181页。
④ 《先秦汉魏晋南北朝诗》陈诗卷三，下册第2499页。

继承前朝竹笋祥瑞文化与孝文化内涵，借以赞美友朋品德、歌颂帝治升平。李峤《为百寮贺瑞笋表》云："伏惟陛下仁兼动植，化感灵祇，故得萌动惟新，象珍台之更始；贞坚效质，符圣寿之无疆：邻帝座而虚心，当岁寒而抱节。"王维《冬笋记》也表达了孝行特出、祥发于笋的观念。竹子比德意蕴也丰富了竹笋的精神象征内涵，如"层层离锦箨，节节露琅玕。直上心终劲，四垂烟渐宽"（齐己《新笋》），虽说的是竹笋，其实有节、竿直、心劲等意蕴都来自竹子比德意蕴。

这些无疑都促进激发了文学中竹笋题材与意象的发展。白居易《食笋》诗劝人食笋云："且食勿踟蹰，南风吹作竹。"卢仝《寄男抱孙》则劝人莫食："竹林吾所惜，新笋好看守。万箨抱龙儿，攒迸溢林薮。箨龙正称冤，莫教入汝口。叮咛嘱托汝，汝活箨龙否。"别具一格地表达了惜材爱笋的意识。就表现竹笋的美感特色而言，韩愈《和侯协律咏笋》是一篇代表性作品，对竹笋的个体和群体形态都有传神的描摹，如"见角牛羊没，看皮虎豹存"等就为后人所沿袭。就表现竹笋的象征意蕴而言，如"皇都陆海应无数，忍剪凌云一寸心"（李商隐《初食笋呈座中》）、"更容一夜抽千尺，别却池园数寸泥"（李贺《昌谷北园新笋四首》其一）等都是将竹笋的象征意蕴与个人身世相结合的经典表述。

宋代文学是竹笋题材作品比较丰富的时期，这与宋代笋文化的发展息息有关。僧人赞宁作《笋谱》，记述竹笋九十五种（一说九十八种）[①]。类书中笋文化资料的搜集总结，如宋祁《益部方物略记》、高似孙《剡录》卷九、张淏《会稽续志》卷四、陈景沂《全芳备祖》等。因僧人是重

---

① 参考苟萃华作《笋谱》百川学海影刻宋咸淳本提要，载任继愈主编《中国科学技术典籍通汇·生物卷》，第1册第113页。

要的食笋群体，后人遂以"蔬笋气"概括清瘦风格的僧诗。

总之，宋代食笋风气与类书笋谱的编撰，推动了竹笋题材创作的发展。《全宋诗》诗题含"笋"者316首，诗歌正文含"笋"者1939首。《全宋词》词序出现"笋"4次，词内容出现"笋"154次，钱惟演《玉楼春》（锦箨参差朱槛曲）是一首典型的咏笋词。重要的文人几乎都有咏笋诗文，似乎只有王安石无专题之作，但其诗文中也出现不少笋意象，如"荷叶初开笋渐抽，东陂南荡正堪游"（《东陂二首》其二）等。笋赋较为少见，著名的如黄庭坚《苦笋赋》。宋代文学中食笋成为普遍题材，送笋、谢笋、烧笋、食笋等是常见内容，因此笋的滋味美、菜品美等也成为表现对象，又发展出护笋爱材、苦笋苦节、苦笋味谏等象征意蕴。宋人咏竹组诗不多，但咏笋组诗却不厌其烦，所谓"笋来茶往非为礼，端为诗情故得尝"（王十朋《次韵赠新笋》）①。与宋对峙的北方金朝，竹子自然分布与人工栽植也都有一定规模，专题咏笋之作数量较少，但诗文中笋意象并不少见。

元明清时期竹笋题材创作大致如同宋代的情形。就文渊阁《四库全书》元代集部检索所见，诗题中含"笋"的诗歌不下30首，多表现食笋及相关事情。也有组诗，如王旭《秋笋》三首、袁桷《次韵袁季厚惠苦笋杨梅二首》、虞集《天藻亭壁下生二笋示幼子翁归二首》等。明清两代的创作要更为丰富。文人歌咏之外，竹笋作为绘画题材更为普遍。竹笋虽然东晋已成为绘画题材②，宋代笋画不多，元明清时期则

---

① 《全宋诗》第36册第22939页。

② 唐代张彦远《历代名画记》所录顾恺之《笋图》，是目前见于文献记载的最早《笋图》。五代后蜀黄筌也作有《笋图》。宋胡仲弓《苇航漫游稿》卷一《子经昔有黄筌玉笋图故人陈众仲题诗其上后为人易去常追忆不已余往借观临之以归郑氏并识以诗》，据知黄筌曾作《玉笋图》。

较多,如《双笋图》《雨后新笋图》《笋石图》《白鼠啮笋图》等绘画题咏,也是竹笋题材创作的重要组成部分。

综观整个古代文学史,竹笋的食用成为贯穿始终的重要表现内容,竹笋的美感特色在不同时代侧重点各有不同,如唐及以前较重视物色美感,宋代较重视滋味美,元明清时代在此之外又以绘画形式间接表现竹笋的美感。上面略述竹笋题材与意象的文学地位与创作历程,至于竹笋的美感特点与文化意蕴,将在以下各节详细探讨。

第二节 笋的美感特点与文化意蕴

我国竹笋的食用与栽培历史悠久。自先秦以来,无论民间与宫廷,竹笋一直是盘中珍馐。笋是菜蔬中兼具食用性与观赏性的少数植物之一。由食用价值而引起观赏欲望,由实用而审美,是古代文学文化史上的普遍现象。与松柏梅柳菊兰等花木一样,竹与笋在先秦时期就进入文学作品。除借助竹子的连带影响,笋自身也以其形态美感和时令特色,成为文学家欣赏并乐于表现的对象。关于竹笋食用的文学表现、民俗事象及文化内涵,笔者将另文专门探讨。本节试对古代文学中所表现的竹笋的物色美感与相关文化意蕴进行论述。

一、古代的竹笋资源与竹笋的美感特点

据统计,中国竹类植物共有 39 属 500 多种①,这一数字还不断被刷新。古代对竹笋品种的认识有一个逐渐丰富的过程。先秦汉魏文献中所记筱、簜、箘、籍等名称,多与品种有关。晋戴凯之《竹谱》云:"竹

---

① 马乃训、陈光才、袁金玲《国产竹类植物生物多样性及保护策略》,《林业科学》2007 年第 4 期,第 102 页。

之别类，有六十一焉。"① 今本实际只有30多种。宋代赞宁作《笋谱》，"记述竹笋九十五种（一说九十八种）"②。元代李衎作《竹谱》，其中《竹品谱》涉及竹子品种，"属于竹类共三百三十四条"③。到明清时代，不仅《竹谱》所载更多，竹笋品种又多载于地方志"物产门"。不少品种的得名与笋有关，如甜竹、苦竹、箘篿竹、猫头竹等，前两种因笋味得名，后两种涉及笋的形态。

竹笋品种还有散生、丛生之分。丛生笋见于文学作品较早的是在南朝④，如"苞笋抽节，往往萦结"（左思《吴都赋》）、"苞笋出芳丛"（谢朓《曲池之水》），特点是结丛生笋、绝不旁出。散生笋更为常见，如"春篁抽笋密，夏鸟杂雏多"（李频《苑中题友人林亭》）、"绿杨树老垂丝短，翠竹林荒著笋稀"（徐夤《经故广平员外旧宅》），或林深笋密，或林荒笋稀，散乱无序是其特点。

就竹笋品种之多、分布地域之广而言，理论上一年四季皆有新笋。"望春攉笋，应秋发坚"（江逌《竹赋》佚文）⑤，春笋相对于其他季节之笋更为常见，文学表现也以春笋为主。早笋生于冬末春初，较为罕见。扬雄《蜀都赋》："盛冬育笋。"所言是蜀地，冬季不太严寒，故能严冬发笋。冬笋在岭南更为常见，如"岭南信地暖，穷冬竹萌卖"（黄公度《谢

---

① 《初学记》卷二八《竹第十八》，第3册第694页。
② 参考苟萃华作《笋谱》百川学海影刻宋咸淳本提要，载任继愈主编《中国科学技术典籍通汇·生物卷》，第1册第113页。
③ 张钧成作《竹谱》提要，载任继愈主编《中国科学技术典籍通汇·生物卷》，第2册第2页。
④ 《诗经·斯干》："如竹苞矣，如松茂矣。"唐孔颖达疏："以竹言苞而松言茂，明各取一喻。以竹笋丛生而本概，松叶隆冬而不雕，故以为喻。"表现的是丛竹，而非丛笋。
⑤ 此为晋江逌《竹赋》佚文，转引自程章灿《魏晋南北朝赋史》，江苏古籍出版社1992年版，第380页。

傅参议彦济惠笋用山谷韵》)①。北方也有冬笋。如杜甫《发秦州》云:"密竹复冬笋,清池可方舟。"秦州在今甘肃省天水市。

迟笋初夏才生。张衡《南都赋》"春卵夏笋,秋韭冬菁"、方干《山中》"窗竹未抽今夏笋,庭梅曾试当年花",说的都是夏笋。还有秋笋。陆玑云:"唯巴竹笋八月、九月生。始出地,长数寸。"②《永嘉记》:"含隋竹笋,六月生,迄九月。"③《竹谱详录》载:"方竹,两浙江广处处有之。枝叶与苦竹相同,但节茎方正如益母草状,深秋出笋,经岁成竹。"④以上都是笋期在夏秋的品种,分布地域则较广。同一品种竹笋也可能因地理环境与气候条件不同而笋期有异。沈括云:"筀竹笋,有二月生者,有四月生者,有五月而方生者,谓之晚筀。"⑤南方甚至全年有笋。《永嘉记》:"明年应上今年十一月笋,土中已生,但未出,须掘土取;可至明年正月出土讫。五月方过,六月便有含隋笋。含隋笋迄七月、八月。九月已有箭竹笋,迄后年四月。竟年常有笋不绝也。"⑥说的虽是永嘉,辽阔的南方大抵如此。就常见品种而言,笋期自冬末春初至夏秋间持续大约半年。

二、笋的整体美感

竹笋既无艳色香气,也无婀娜身姿,不如其他花卉那样观赏性强。但是竹笋的众多品种、不同笋期与生长形态等植物特点弥补了其美感相对不足的劣势。

---

① 《全宋诗》第 36 册第 22501 页。
② 《毛诗正义》卷一八之四,第 1234 页。
③ 《齐民要术校释》卷五,第 260 页。
④ [元]李衎著,吴庆峰、张金霞整理《竹谱详录》卷四《异形品上》,第 69 页。
⑤ 《新校正梦溪笔谈》卷二六,第 265 页。
⑥ 《齐民要术校释》卷五,第 260 页。

古代文学中所表现的竹笋美感，首先是其颜色之美。新笋有青笋、翠笋、青箨之称，笋箨在春夏之季呈现青绿色。如"菜则葱韭蒜芋，青笋紫姜"（潘岳《闲居赋》）、"缃箬、素笋"（王彪之《闽中赋》）、"未若五离九折，出桃枝之翠笋"（萧纲《答南平嗣王饷舞箪书》）。竹笋颜色还随季节逐渐变老，所谓"并抽新笋色渐绿"（李颀《双笋歌送李回兼呈刘四》）。竹笋表皮的霜粉又使其呈现白色，如"成行新笋霜筠厚"（欧阳修《渔家傲》）。也有少数特殊品种竹笋呈现其他颜色，如萧纲《七励》"澄琼浆之素色，杂金笋之甘蔗"、赞宁《笋谱》"（篁笋）皮黑紫色，其心实"。斑竹笋表面则有斑点。

其次是形态之美。竹笋的形态，参差不齐如"新笋紫长短"（元稹《表夏十首》）；亭亭玉立如"竹林上拔高高笋"（张祜《题临平驿亭》）；"绿垂风折笋"（杜甫《陪郑广文游何将军山林十首》之五）是风折下垂之状；"绿笋出林翻锦箨"（赵长卿《浣溪沙》）是垂箨下翻之姿。其他如"地坼笋抽芽"（戎昱《闰春宴花溪严侍御庄》）写其纤小，"粉细越笋芽"（刘言史《与孟郊洛北野泉上煎茶》）写其粉嫩。

关于竹笋的比喻也层出不穷。嫩笋可比为碧玉簪，如"嫩笋才抽碧玉簪"（无名氏《鱼游春水》）[①]，形容群笋则说"田文死去宾朋散，抛掷三千玳瑁簪"（王禹偁《笋》其一）。喻为牛羊角、鹅管犬牙、猫头等，如"见角牛羊没，看皮虎豹存"（韩愈《和侯协律咏笋》）、"并出亦如鹅管合，各生还似犬牙分"（皮日休《闻开元寺开笋园寄章上人》）、"茧栗戴地翻，觳觫触墙坏"（黄庭坚《食笋十韵》）。诗文中层出不穷的譬喻，从侧面表明竹笋美感的丰富。

最后是竹笋与其他花木的风景组合之美。绿笋与红芳一样具有养

---

① 曾昭岷等编著《全唐五代词》，中华书局 1999 年版，上册第 788 页。

眼怡情的效果，如"红芳绿笋是行路，纵有啼猿听却幽"（戴叔伦《送人游岭南》）、"晚花新笋堪为伴，独入林行不要人"（白居易《独行》）。竹笋与其他植物的美感组合如：

> 绿竹寒天笋，红蕉腊月花。（骆宾王《陪润州薛司空丹徒桂明府游招隐寺》）

> 青梅繁枝低，斑笋新梢短。（杜牧《长安送友人游湖南》）

> 残花已落实，高笋半成筠。（韦应物《园亭览物》）

> 笋老兰长花渐稀，衰翁相对惜芳菲。（白居易《酬李二十侍郎》）

> 一抹青山拍岸溪，麦云将过笋初齐。（韩淲《浣溪沙》）

这几例大致按季节先后排列，既有竹笋与花（红蕉）、果（梅）的颜色对比，也有竹笋与枝叶、麦云的形态映衬，美感互补，视觉效果明显。

竹笋的生长是动态过程，文学中也是如此表现的。如齐己《新笋》："乱迸苔钱破，参差出小栏。层层离锦箨，节节露琅玕。直上心终劲，四垂烟渐宽。"描述了竹笋自出土破苔、参差出栏，到披箨露青、直上垂枝的过程。再如陆龟蒙《和开元寺开笋园寄章上人》："迸出似豪当垤塮，孤生如恨倚栏杆。凌虚势欲齐金刹，折赠光宜照玉盘。"分述竹笋争进出土的生长之势与凌云高长的豪情气概。韩愈《和侯协律咏笋》是表现竹笋生长动态美感的著名作品：

> 竹亭人不到，新笋满前轩。乍出真堪赏，初多未觉烦。
> 成行齐婢仆，环立比儿孙。验长常携尺，愁乾屡侧盆。对吟
> 忘膳饮，偶坐变朝昏。滞雨膏腴湿，骄阳气候温。得时方张王，
> 挟势欲腾骞。见角牛羊没，看皮虎豹存。攒生犹有隙，散布
> 忽无垠。讵可持筹算，谁能以理言。纵横公占地，罗列暗连根。

狂剧时穿壁，横强几触藩。深潜如避逐，远去若追奔。始讶
妨人路，还惊入药园。萌芽防浸大，覆载莫偏恩。已复侵危砌，
非徒出短垣。身宁虞瓦砾，计拟掩兰荪。且叹高无数，庸知
上几番。短长终不校，先后竟谁论。外恨苞藏密，中仍节目繁。
暂须回步履，要取助盘飧。穰穰疑翻地，森森竞塞门。戈矛
头戢戢，蛇虺首掀掀。妇懦咨料拣，儿痴谒尽髡。侯生来慰我，
诗句读惊魂。属和才将竭，呻吟至日暾。

此诗不局限于竹笋的生长过程，而侧重写其情态各异的群体形象，
既有"成行""环立"之态，也有"攒生""散布"之状，既有"避逐""追
奔"之可爱，也有森森塞门、如蛇掀首的生机。作者的如椽巨笔善于
描摹譬喻，竹笋仿佛有了生命。此诗对后代影响很大，多有和作拟作，
如宋代赵蕃即有仿作《咏笋用昌黎韵》诗。

图06　麻竹的笋。武晶摄于四川成都望江楼公园。（图片
引自中国植物图像库，网址：http://www.plantphoto.cn/tu/1835295）

三、笋各部分的美感

以上是将竹笋作为美感整体来梳理文学中的相关描写。竹笋由笋鞭、笋芽、箨皮等组成，笋鞭出土可长笋，剥开箨皮即见笋芽。它们合起成为整体，分开则各具美感。

（一）笋鞭

笋鞭是竹子地下茎，又称竹根、竹鞭、暗笋，一般横卧蔓延于地下，节上有芽和不定根，由芽长成笋或新竹鞭。笋鞭虽在地下，但顶起土层形成凹凸不平之状，从笋鞭可判断竹笋的生长走势，如"向阳竹鞭初引萌"（贺铸《春怀》）。再如徐夤《笋鞭》："累累节转苍龙骨，寸寸珠联巨蚌胎。须向广场驱骐骏，莫从闲处挞驽骀。"以骏马驽骀、苍龙蚌胎等形容笋鞭的生长走势和鞭体形态。越出竹林范围而生长的笋为过笋。

笋鞭还会进出地面、拱起阶基，如"庙荒松朽啼飞猩，笋鞭进出阶基倾"（齐己《湘妃庙》）。笋鞭之美，主要在其狂怒奔走、冲破阻碍的气势，如"狂鞭怒走虬"（韩琦《长安府舍十咏·竹径》）[1]、"石进狂鞭怒"（杨亿《北苑焙·毛竹洞》）[2]，还侵径入户，如"狂鞭已逐草侵径"（苏辙《林笋》）[3]、"狂鞭入门户"（黄庶《忆竹亭》）[4]，这种冲破一切阻挡、一往无前的气势，是文人审美观照时所摄取的笋鞭之美的核心要素。

（二）笋芽

笋芽为初生笋尖，其外包裹着笋箨。剥去箨皮后笋芽呈现浅绿色，如"新绿苞初解，嫩气笋犹香"（韦应物《对新篁》）。笋芽新鲜粉嫩，

---

[1]《全宋诗》第 6 册第 4059 页。
[2]《全宋诗》第 3 册第 1379 页。
[3]《全宋诗》第 15 册第 10151 页。
[4]《全宋诗》第 8 册第 5493 页。

如玉如牙，所谓"抽笋年年玉"（张南史《竹》）、"丛篁劈开，牙笋怒长"（乔琳《慈竹赋》）。戴凯之《竹谱》："答篃竹，大如脚指，坚厚修直，腹中白膜阑隔，状如湿面生衣，将成竹而笋皮未落，辄有细虫啮之，陨篃之后，虫啮处往往成赤文，颇似绣画可爱。"①说的是斑竹笋芽。

作为盘中佳蔬，笋芽与水果一样具有视觉、味觉双重品赏效果，如"紫箨坼故锦，素肌擘新玉"（白居易《食笋》）是形容白嫩的笋芽，"可廯可脍最可羹，绕齿蔌蔌冰雪声"（杨万里《晨炊杜迁市煮笋》）是说竹笋脆嫩的口感。笋芽或以肥为美，如"盘烧天竺春笋肥"（陆龟蒙《丁隐君歌》），或以瘦为美，如"从知种种山海腴，那有似此清中癯"（陈淳《和丁祖舜绿笋之韵》）②，分别代表唐、宋两个时代对笋的审美趋向与趣味追求。

（三）笋箨

笋箨又称笋皮、笋壳、笋衣。其颜色有青紫深浅之别，如"紫箨开绿筱，白鸟映青畴"（沈约《休沐寄怀诗》）、"箨紫春莺思，筠绿寒蜩啼"（江洪《和新浦侯斋前竹诗》）。也有红箨，如"金风吹绿梢，玉露洗红箨"（沈佺期《自昌乐郡溯流至白石岭下行入郴州》）。笋箨含粉，则绿底衬白，如"锦箨参差朱槛曲，露濯文犀和粉绿"（钱惟演《玉楼春》）。笋箨多有纹理，如"满林藓箨水犀文"（皮日休《闻开元寺开笋园寄章上人》）、"看皮虎豹存"（韩愈《和侯协律咏笋》）。古代文化中常以竹比龙，笋则被比为箨龙，笋箨酷似龙鳞。

剥笋先须去箨皮，故有"剥笋脱壳"之说。竹笋不断生长，箨皮自行脱落，如"迸玉闲抽上钓矶，翠苗番次脱霞衣"（陈陶《竹》其五）。

---

① ［晋］戴凯之撰《竹谱》，《影印文渊阁四库全书》第 845 册第 178 页下栏左。
② 《全宋诗》第 52 册第 32338 页。

唐前文学多通过箨的形态来表现笋,如"萌开箨已垂,结叶始成枝"(沈约《咏檐前竹诗》)、"早蒲时结阴,晚篁初解箨"(鲍照《采桑》),涉及含苞、解箨、垂箨等生长各阶段。笋箨之美以初卷露粉或离披下垂为最可赏,如"绿竹半含箨,新梢才出墙"(杜甫《严郑公宅同咏竹》)、"绿筠遗粉箨,红药绽香苞"(李商隐《自喜》)。竹笋含箨,如花朵含苞欲放,苏轼比为"凤膺微涨"(《水龙吟·楚山修竹如云》)。笋箨离披,则如花叶相衬,所谓"箨缀疑花捧"(元稹《寺院新竹》)。这一意象最早可追溯到三国杨泉《草书赋》"或落箨而自披"[①],以笋箨飘零状草书飞动之势。

四、笋的文化意蕴

竹笋的物色美感不断向外辐射,衍生出多方面的文化意义,大致可从四个维度来梳理:

(一)形体之似:茶笋、束笋、笋头、石笋

植物幼苗或嫩芽似笋因而得名者很多,如荻笋、芦笋、杞笋、樱笋等。再如茶名茶笋、紫笋。陆羽《茶经·造》:"凡采茶在二月三月四月之间,茶之笋者,生烂石沃土,长四五寸,若薇蕨始抽,凌露采焉。"其他如茭白称茭笋、嫩玉米称珍珠笋,难以尽举。推而广之,笋形物取名多以笋为喻。银笋比喻冰柱,如"雀啄空檐银笋堕"(范成大《雪霁独登南楼》)。形容诗文稿卷积累之多如成捆竹笋,名曰束笋,如"深藏箧笥时一发,载载已多如束笋"(韩愈《赠崔立之评事》)。古以竹简指史册,美称贞笋。唐李义府《大唐故兰陵长公主碑》:"白杨行拱,翠槚方深;式刊贞笋,永播徽音。"竹、木等器物或构件利用凹凸方式相接处凸出的部分称榫头,也称笋头。连接和拼合榫头称为斗笋合缝,关节错位

---

① 《全上古三代秦汉三国六朝文》全三国文卷七五,第 2 册第 1454 页上栏左。

则说成错笋。

挺直的大石、尖峭的巉岩，其状如笋，故名石笋。常璩《华阳国志·蜀志》："蜀有五丁力士，能移山，举万钧。每王薨，辄立大石，长三丈，重千钧，为墓志，今石笋是也，号曰笋里。"清魏源《黄山诸谷·松谷五龙潭》诗："诸峰如笋城，古寺专其窔。"称"笋里""笋城"，都是因为石峰陡峭林立，若春笋丛生。丹笋则比喻高耸的红色山岩。[明]周浈《舟中望九华山》诗："刻削冠青莲，雕镂矗丹笋。"

（二）物色之美：女性手足、玉笋班

关于美人手指的比喻有"手如柔荑"（《诗经·硕人》）、"指如削葱根"（《孔雀东南飞》）。唐代以来，以笋喻指更为普遍。其原因可能是文化重心南移，南方为主要竹产区，春笋既是常见风景，又是家常菜肴。而在宴会游乐场合，佳人手指是欣赏焦点。弹

图07 ［元］吴镇《墨竹谱》（纸本，墨笔。纵40.3厘米，横52厘米。台北故宫博物院藏）

琴是"十指纤纤玉笋红"（张祜《听筝》），吹笛是"纤纤玉笋横孤竹"（张先《菩萨蛮》），吹箫是"紫竹上重生玉笋"（徐琰【双调】《沉醉东风·赠歌者吹箫》），斟酒是"纤纤玉笋见云英，十千名酒十分倾"（徐俯《浣溪沙》），斟茶是"忍看捧瓯春笋露，翠鬟低"（周紫芝《减字木兰花》），执扇是"笋玉纤纤拍扇纨"（李昂英《浣溪沙》），掠鬟是"玉笋更轻掠，

鬓云侧畔蛾眉角"（杨无咎《醉落魄》）①。在这样的视觉盛宴上，春笋与纤指极易联想对接。

笋与指形象上的共性也很明显，至少有以下相似之处：白、嫩、细长、有节。佳人之指色白似玉，如"腕白肤红玉笋芽，调琴抽线露尖斜"（韩偓《咏手》）。还有冰笋之喻，如"红酥润冰笋手，乌金渍玉粳牙"（乔吉《一枝花·杂情》）。纤指之柔之嫩，如"斜托香腮春笋嫩"（李煜《捣练子》）、"十指嫩抽春笋，纤纤玉软红柔"（惠洪《西江月》）。玉笋与金莲是譬喻女性手足的传统组合，如"缓步金莲移小小，持杯玉笋露纤纤"（陈亮《浣溪沙》），金莲喻足是用典，玉笋喻手则是拟形。唐代又以"玉笋"形容女性之足，如"钿尺裁量减四分，纤纤玉笋裹轻云"（杜牧《咏袜》）。春笋细长，可譬手指之纤细，如"闲拈处、笋指纤纤"（无名氏《多丽》）②、"带笑缓摇春笋细，障羞斜映远山横"（王安中《浣溪沙》）。手指有节，也似嫩笋。笋尖常喻女子尖俏的手指与纤足。

竹笋也可譬喻人才。《新唐书·李宗闵传》："俄复为中书舍人，典贡举，所取多知名士，若唐冲、薛庠、袁都等，世谓之玉笋。"其取譬之由至少有两点，一是玉笋之珍贵如人才，一是群笋之繁多似人才济济。其后"玉笋班"这样比喻朝班英才济济的譬喻流行起来，如"浑无酒泛金英菊，漫道官趋玉笋班"（郑谷《九日偶怀寄左省张起居》）。竹笋既可指向女性手足的譬喻欣赏，也可形容俊秀人才，一俗一雅，并行不悖。

（三）物候内涵：樱笋、哭竹生笋、笋成新竹

如果说上面主要是因竹笋"象形"而起，以下则主要涉及竹笋给

---

① 唐圭璋编《全宋词》，中华书局 1965 年版，第 2 册第 1180 页。

② 《全宋词》第 5 册第 3683 页。

人的"精神启示"。韩偓《湖南绝少含桃偶有人以新摘者见惠感事伤怀因成四韵》自注:"秦中为樱笋之会,乃三月也。"樱笋会指以樱桃、春笋作佳馔的宴会,后泛指春宴。唐时,樱桃与春笋上市时,朝廷以此物作盛馔,故称樱笋厨。《类说》卷六引唐李绰《秦中岁时记·樱笋厨》:"四月十五日自堂厨至百司厨通谓之樱笋厨。"后借指朝宴。无论三月还是四月,总之是暮春初夏樱桃、春笋上市之际,因此具有象征物候的意义。如"杖履寻春苦未迟,洛城樱笋正当时"(陆游《鹧鸪天》)、"老形已具臂膝痛,春事无多樱笋来"(陈师道《次韵春怀》),或言春正当时,或言春事无多,侧重点不同,其物候内涵则一。还有以候鸟、时蔬形成组合的谢豹笋、燕笋意象。陆游《老学庵笔记》卷三:"吴人谓杜宇为'谢豹'。杜宇初啼时……市中卖笋曰'谢豹笋'。"[1]《广群芳谱·竹谱五·竹笋》:"燕笋,钱塘多生,其色紫苞,当燕至时生,故俗谓燕笋。"谢豹(即杜鹃)与燕子都是春夏之交南方常见的候鸟。

春笋的节令内涵与物候意义,还表现在两方面:一是笋未生时,如孟宗哭竹生笋的传说。《楚国先贤传》:"宗母嗜笋,冬节将至。时笋尚未生,宗入竹林哀叹,而笋为之出,得以供母,皆以为至孝之所感。"[2]传说突出笋生"非时",所谓"孟积雪而抽笋,王斫冰以鲙鲜"(谢灵运《孝感赋》)、"归来喜调膳,寒笋出林中"(司空曙《送李嘉祐正字括图书兼往扬州觐省》),正是基于春笋应时而言。二是笋成新竹,借以表达闺怨情绪。如孙擢《答何郎诗》:"幽居少怡乐,坐静对嘉林。

---

① [宋]陆游撰,李剑雄、刘德权点校《老学庵笔记》卷三,中华书局1979年版,第35页。

② [晋]陈寿撰、[南朝宋]裴松之注、吴金华标点《三国志》卷四八,岳麓书社1990年版,下册第926页。《太平御览》卷九六四引作《衬操先贤传》,内容大致相同。

晚花犹结子，新竹未成阴。夫君阻清切，可望不可寻。处处多谖草，赖此慰人心。"①新竹、晚花组成晚春风景，主人公对此思春怀人。再如"厌见花成子，多看笋为竹"(王僧孺《春怨诗》)、"新笋已成堂下竹，落花都上燕巢泥"(周邦彦《浣溪沙》)等富于创意的诗句表达的也都是物候内涵。"笋未生"与"笋成竹"的物候景象触发古人思索生命意义，禅宗甚至有"笋毕竟成竹去"的悟解(《景德传灯录》卷二四"清溪洪进")。

（四）生命之力：雨后春笋、穿篱侵径、过墙撑檐、凌云志、妒母草

在古人看来，竹笋的生命力体现在凌寒而生，如"凌寒笋更长"(马戴《寄金州姚使君员外》)。这其实是一厢情愿的误解，因为温度过低会减缓发笋。影响竹笋生长的气候因素有温度（土温、气温）、雨量、光照等。所谓"熏风起箨龙"(魏了翁《南柯子》)，主要就温度而言，成语"雨后春笋"主要就雨量而言②。虽然雨量只是影响发笋的关键因素之一，但在阳气上升、寒气减退、熏风吹拂的气候背景下，正可谓"万事俱备，只欠春雨"。一旦雨下，众笋齐生，格外引人注意。

春笋生长并非总是步调一致，既可能"深园竹绿齐抽笋"(徐夤《鬓发》)，也可能"笋林次第添斑竹"(曹松《桂江》)，或齐头并出，或循序渐生，但都彰显着春笋旺盛勃发的生命力。再如"万箨苞龙儿，攒迸溢林薮"(卢仝《寄男抱孙》)、"界开日影怜窗纸，穿破苔痕恶笋芽"(钱

---

① 《先秦汉魏晋南北朝诗》梁诗卷九，中册第 1715 页。
② 一般以为"雨后春笋"出处为宋代张耒《食笋》诗："荒林春雨足，新笋迸龙雏。"其实相关表述唐代已有。如陈陶《咏竹》十首其二："谁道乖龙不行雨，春雷入地马鞭狂。"追源溯本，可能谢灵运最早表达类似意思。其《于南山往北山经湖中瞻眺》云："解作竟何感，升长皆丰容。初篁苞绿箨，新蒲含紫茸。""解作"指雷雨大作。《易·解》："天地解而雷雨作，雷雨作而百果草木皆甲坼。"故"初篁苞绿箨"形容雨后春笋的勃发态势。

俶《宫中作》)、"宝地琉璃坼,紫苞琅玕踊"(元稹《寺院新竹》),从"溢""破""踊"等形象的描述中,我们不难感受到竹笋生命力的旺盛。

竹笋的生命力还表现于穿篱侵径、穿墙侵阶等生命形态。竹笋会穿篱而出,如"林迸穿篱笋"(白居易《春末夏初闲游江郭二首》其一)、"蔷薇蘸水笋穿篱"(韩愈《游城南十六首·题于宾客庄》),在不利的环境里展现生命的绿色。竹林中的小径因踩踏行走,导致地面坚硬,不利于生长,竹笋也会侵径而生,如"迸笋穿行径"(罗隐《杜处士新居》)。竹笋还入水穿溪,如"迸笋入波生"(方干《嘉兴县内池阁》)、"狂流碍石,迸笋穿溪"(严维、成用等《一字至九字诗联句》)①,同样体现了生命活力。

古人多庭院植竹,寺庙道观和园林建筑也常常墙围修竹。但墙是围不住竹子的,所谓"南池雨后见新篁,袅袅烟梢渐出墙"([明]高启《新篁》)、"为缘春笋钻墙破,不得垂阴覆玉堂"(薛涛《十离诗·竹离亭》),烟梢出墙与钻墙而出是春笋冲破牢笼的两个对策。竹笋也会自墙外进入庭院,如"新鞭暗入庭,初长两三茎"(张蠙《新竹》)。笋鞭还会侵阶而生,如"迸笋支阶起"(姚合《题宣义池亭》)、"笋鞭迸出阶基倾"(齐己《湘妃庙》),撑檐而上,如"迸笋支檐楹"(皮日休《初夏即事寄鲁望》)、"嫩笋撑檐曲"(张祜《题宿州城西宋征君林亭》),可见竹笋不择地而生的生命力与冲破阻碍的无畏气势。"短笋犹埋竹"(庾信《正旦上司宪府诗》),笋的生命力还体现在凌云参天的潜在可能。李商隐《初食笋呈座中》:"嫩箨香苞初出林,五陵论价重如金。皇都陆海应无数,忍剪凌云一寸心。"这种不甘落后、勃然挺出的生命力,常常使得新笋

---

① [清]彭定求等编《全唐诗》卷七八九,中华书局 1960 年版,第 22 册第 8889 页,此两句成用作。

高过旧竹，竹笋也赢得"妒母草"的美名。

就品种之多而言，其他花木很难望"笋"项背，摒除特殊及稀见的品种，常见竹笋在唐宋时代多达几十种。文学中的著名花木意象如梅、柳、兰、菊、莲等易于凋残而花期不长，松柏等常青植物则品种较少而显得单一，而竹笋品种繁多、形态丰富、四季可赏，其美感相对不足的劣势因此得到一定程度的弥补。竹笋由笋鞭、笋芽、箨皮等组成，它们合起成为整体，分开则各具美感。竹笋的物色美感向外辐射，衍生出多方面的文化意义。形体似笋成为植物以及许多事物得名的缘由，如茶笋、石笋等，具有博物学价值。竹笋物色之美既指向女性手足的譬喻欣赏，也用以形容俊秀人才，一俗一雅，并行不悖。笋与时蔬、候鸟的组合意象有樱笋、谢豹笋、燕笋等语汇，又生发出"哭竹生笋"传说与"笋成新竹"意象。雨后春笋、穿篱侵径、过墙撑檐是竹笋的不同形态，象征生命活力与凌云之志。关于竹笋的物色审美与文化象征的基础是其植物特点，也积淀了社会生活与人文理想的深厚内涵。

第三节 笋的食用事象及相关文化意蕴

竹笋的食用历史很早，文字记载早见于先秦，如《诗经·大雅·韩奕》"其蔌维何，维笋及蒲"，《吕氏春秋》"味之美者，越骆之菌"，《周礼·天官·醢人》"加豆之实，笋菹鱼醢"等，可见先秦时期食用竹笋已很普遍，可推测其实际食用时间还要早得多。《东观汉记》："（马援）至荔蒲，见冬笋，名曰苞笋。上言《禹贡》'厥包橘柚'，疑谓是也。其味美于春夏笋。"[1]荔蒲在今广西桂林，这是西南地区东汉时期食笋的记

————————
[1] ［汉］班固等撰《东观汉记》卷一二，中华书局 1985 年版，第 95 页。

载。但"春笋非粮"（庾信《故周大将军义兴公萧公墓志铭》）①，又受生长地域限制，其经济价值及产生的影响都较有限。

到唐代，竹笋食用出现了新情况。文人贵族与释、道教徒都是食笋的重要群体，真正形成普遍风气则在中晚唐。尚书省虞部主管林业，内官有："（司竹监）掌植竹、苇，供宫中百司帘箈之属，岁以笋供尚食。"②竹笋不仅是皇家佳肴，还用于宗庙祭祀等。虽然南朝已有相关记载，如《南齐书》载："永明九年正月，（武帝）太庙四时祭，荐宣皇帝面起饼、鸭臛；孝皇后笋、鸭卵、脯酱、炙白肉。"③但远没有唐宋时代普遍。在食笋风气的影响下，笋文化得到了极大发展，从其他事物的命名可见一斑：官称玉笋班，如"浑无酒泛金英菊，漫道官趋玉笋班"（郑谷《九日偶怀寄左省张起居》）。茶称紫笋茶，陆羽《茶经》曰："紫者上，绿者次；笋者上，芽者次。"④食笋风气对文学的影响就是诗文中笋意象繁多，积累了丰富的美感认识。

仅以文献记载而论，竹笋的食用在晋代以前见诸文字者很少，表现于文学就更少。魏晋南朝是竹笋食用的发展时期，相关文学事象逐步丰富。自中晚唐以来，竹笋的食用、美感及相关事象大量进入文学歌咏，至宋代又有进一步深化和丰富的表现，因此我们以唐宋文学作品为主，兼及唐前和元明清。

一、笋的采摘与烹调

文学作品中表现采摘竹笋，较早的如"陟岭刊木，除榛伐竹。抽

---

① 《全上古三代秦汉三国六朝文》全后周文卷一七，第 4 册第 3966 页下栏右。
② ［宋］欧阳修、宋祁撰《新唐书》卷四八，中华书局 1975 年版，第 4 册第 1261 页。
③ ［梁］萧子显撰《南齐书》卷九，中华书局 1972 年版，第 1 册第 133 页。
④ 吴觉农主编《茶经述评》，中国农业出版社 2005 年版，第 1 页。

笋自篁,摘箬于谷"(谢灵运《山居赋》)^①,是谢灵运山居活动的一部分。再如"罗袖盛梅子，金鎞挑笋芽"(寒山《诗三百三首》),所述是贵族妇女游春采笋的活动。获得竹笋的渠道很多，最直接的是植竹，所以文人闲暇多植竹,如"老鹤兼雏弄,丛篁带笋移"(秦系《春日闲居三首》其二)。野笋也可资食用,如"问人寻野笋,留客馈家蔬"(刘长卿《过鹦鹉洲王处士别业》)、"野笋资公膳，山花慰客心"(崔备《清溪路中寄诸公》)。还有亲友惠寄,如"亦以鱼虾供熟鹭,近缘樱笋识邻翁"(陆龟蒙《奉和袭美所居首夏水木尤清，适然有作次韵》)、"故人知我意,千里寄竹萌"(苏轼《送笋芍药与公择二首》其一)^②。在唐代，竹笋已作为商品在市场上进行交易，竹产区的农户以竹笋为经济来源之一。白居易任江州司马时，作《食笋》诗："此处乃竹乡，春笋满山谷。山夫折盈把，抱来早市鬻。物以多为贱，双钱易一束。"描述了山乡卖笋的情况。再如"青青竹笋迎船出，白白江鱼入馔来"(杜甫《送王十五判官扶侍还黔中得开字》)、"沙边贾客喧鱼市，岛上潜夫醉笋庄"(方干《越中言事二首》其二)，都可见竹笋作为商品出售的情况。

竹笋的采摘与贩卖多是底层百姓的生活，文人难以熟悉并形诸文字，他们更感兴趣的还是竹笋的烧煮与品味。竹笋以嫩、鲜为贵,如"烹葵炮嫩笋,可以备朝餐"(白居易《夏日作》)、"秋果楂梨涩，晨羞笋蕨鲜"(李咸用《和吴处士题村叟壁》)。竹林中就地取笋烧食，所得当然是最为鲜嫩的竹笋。唐代已有此风,如"就林烧嫩笋,绕树拣香梅"(姚合《喜胡遇至》),宋初更蔚成时尚,如"竹里行厨洗玉盘,旋寻新笋捃檀栾"(韦骧《赋新笋》)^③、"入林安所食，烹庖就肥笋"(郭祥正《同阮时中

① 《全上古三代秦汉三国六朝文》全宋文卷三一，第 3 册第 2607 页上栏左。
② 《全宋诗》第 14 册第 9253 页。
③ 《全宋诗》第 13 册第 8529 页。

秀才食笋二首》其二）①，颇似当今山野烧烤。苏轼《文与可画篔筜谷偃竹记》："予诗云：'汉川修竹贱如蓬，斤斧何曾赦箨龙。料得清贫馋太守，渭滨千亩在胸中。'与可是日与其妻游谷中，烧笋晚食，发函得诗，失笑喷饭满案。"②像文同这样林中烧笋食笋，竹笋的烹食品味与物色美感相结合，毕竟是文人才有的花样。林洪《山家清供》"傍林鲜"条：

> 夏初林笋盛时，扫叶就竹边煨熟，其味甚鲜，名曰傍林鲜。文与可守洋川，正与家人煨笋午饭，忽得东坡书，诗云："想见清贫馋太守，渭川千亩在胸中。"不觉喷饭满案。想作此供也。大凡笋贵甘鲜，不当与肉为侣。今俗庖多杂以肉，不思才有小人，便坏君子。对此君成大嚼也，世间那有扬州鹤，东坡之意微矣。③

所说竹笋不当与肉同煮倒未必，所谓"傍林鲜"却是竹笋的山野纯正之味，这种烧食风气在宋代非常普遍，如"笋就林烧厌八珍，烟为翠幌草为茵"（魏野《知府石太尉闲抱瑶琴荣临圭窦烧笋供膳刻竹题名因成二绝纪而谢之》其二）④、"糠火就林煨苦笋，密罂沉井渍青梅"（陆游《初夏野兴三首》其三）⑤。文人相约于竹林烧笋吟诗，具有文采风流与野趣幽怀，如"久约烧林笋，何时会胜园"（穆修《友人烧笋之约未赴》）⑥、"常记林间烧笋时，饱餐香饭浪吟诗"（韩淲《莹

① 《全宋诗》第 13 册第 8817 页。
② 《全宋文》第 90 册第 406 页。
③ ［宋］林洪《山家清供》"傍林鲜"条，［明］陶宗仪编《说郛》卷七四上，《影印文渊阁四库全书》第 880 册第 163 页下栏左。
④ 《全宋诗》第 2 册第 936 页。
⑤ 《全宋诗》第 40 册第 25121 页。
⑥ 《全宋诗》第 3 册第 1615 页。

中自余杭送兰笋》）①。

竹笋既是美味，也是药物。《神异经》载："南方荒中有涕竹，长数百丈，围三丈五六尺，厚八九寸。可以为船。其笋甚美，煮食之，可以止创疠。"②李绩（584—669）《本草》云："竹笋味甘，无毒，主消渴，利水道，益气，可久食。"③陈藏器《本草拾遗》云："诸笋皆发，冷血及气，不如苦笋不发病。"都可见竹笋的药用价值。竹笋虽美，毕竟是菜肴而非粮食，故不宜多食。《太平御览》卷九六三引《续晋安帝纪》曰："豫州刺史司马尚之为桓元将冯该所攻，仓储稍竭，或白战士多饥，悉未傅食。是时，芦笋时也，尚之指笋曰：'且啖此，足解三日。'将士离心，遂败。"将士离心的原因可能有多种，但竹笋当粮无疑是最直接的因素。

新鲜竹笋从理论上说全年皆有，但毕竟受产地产量等因素限制，除春笋易得外，其他季节还是难以得到。加之新鲜竹笋不宜多食，因此将竹笋风干、腌制或做成其他产品储存就很有必要。新鲜竹笋的加工方法有笋干、腌笋、酸笋、糟笋、笋粉、笋酱等，烹调方法有煮笋、蒸笋、煨笋、笋粥、油煎笋等，故称"烹煎燔炙无不可，论材宜为百品师"（陈淳《和丁祖舜绿笋之韵》）④。古人关于竹笋烹煮的方法，如"因携久酝松醪酒，自煮新抽竹笋羹"（王延彬《春日寓感》）、"梅青巧配吴盐白，笋美偏宜蜀豉香"（陆游《村居初夏》其三），甚至总结出《煮

① 《全宋诗》第 52 册第 32746 页。
② ［汉］东方朔撰《神异经》，《影印文渊阁四库全书》第 1042 册第 268 页上栏右。
③ ［宋］赞宁撰《笋谱》"三之食"，《影印文渊阁四库全书》第 845 册第 195 页下栏左。
④ 《全宋诗》第 52 册第 32338 页。

笋经》①。

二、食笋的代表群体：道士、僧人与文人

竹笋用作菜蔬首先应是在民间，但载于文献、形于歌咏而对笋文化产生较大影响的，主要还是三类人群——道士、僧人和文人，食笋风气的形成、笋文化的丰富，都离不开他们的宣扬。

道士嗜食竹笋，因为道教将食笋看作是"超凌三界之外，游浪六合之中"②

图 08　笋尖。图片由网友提供。

的手段之一。《云笈七签》云："服日月之精华者，欲得常食竹。笋者，日华之胎也，一名大明。"③故而道士爱食笋，称笋为清虚之物，所谓"玉芽修馔称清虚"（王贞白《洗竹》）、"骨青髓绿配松仙"（冯时行《和食笋二首》其一）④。

僧人对竹笋尤多青睐，唐前已见于记载，中晚唐以后更为普遍。后魏荀济《论佛教表》："稽古之诏未闻，崇邪之命重沓，岁时禘祫，未尝亲享，竹脯面牲，欺诬宗庙。"⑤"竹脯"应是笋干。这是以笋干

① 杨万里有《记张定叟煮笋经》，见《全宋诗》第 42 册第 26454 页。张孝祥也有《张钦夫笋脯甚佳秘其方不以示人戏遣此诗》，见《全宋诗》第 45 册第 27752 页。
② 王明编《太平经合校》，中华书局 1960 年版，第 627 页。
③ ［宋］张君房撰《云笈七签》卷二三"食竹笋"条，《影印文渊阁四库全书》第 1060 册第 285 页上栏左。
④《全宋诗》第 34 册第 21638 页。
⑤《全上古三代秦汉三国六朝文》全后魏文卷五一，第 4 册第 3768 页下栏右。

供奉佛祖菩萨。馔佛之外，僧人日常食笋也很普遍，如"香饭青菰米，嘉蔬绿笋茎"（王维《游化感寺》）、"僧体盘餐惟笋味"（魏野《和陈推官暮春感兴》）[①]、"僧厨笋蕨随斋钵"（李流谦《游长松闻捷音》）[②]，可见唐宋时代僧人食笋之风的盛行。笋成为僧人盘中嘉蔬，主要因为笋是素菜，满足了僧人素食的要求，因此成为僧人家常菜蔬，如"笋芽新，蔬甲嫩。日日家常羹饭"（无名氏《更漏子》）[③]；还因为笋生山中，寺庙多建于山中，得地利之便，所谓"幸春山笋贱，无人争吃"（刘克庄《沁园春》）。

僧人多在山中寻野笋，如"石坞寻春笋，苔龛续夜灯"（齐己《送玉泉道者回山寺》）。有的寺庙也有笋园，如皮日休《闻开元寺开笋园寄章上人》：

园锁开声骇鹿群，满林薜蒴水犀文。森森竞泣林梢雨，

巕巕（sǒng）争穿石上云。并出亦如鹅管合，各生还似犬牙分。

折烟束露如相遗，何胤明朝不茹荤。

像这样规模较大的笋园产笋量较多，不仅满足僧人自己食用，还有盈余可以送人，如"红印寄泉惭郡守，青筐与笋愧僧家"（皮日休《夏景冲澹偶然作二首》其一）。因僧人喜爱食笋，《笋谱》也是出于僧人之手，如宋僧赞宁与明僧真一曾各撰《笋谱》，传于后世。僧人吃笋，也借笋说法。如《景德传灯录》卷二四"清溪洪进"：

又一日师问修山主曰："明知生是不生之性。为什么为生之所留。"修曰："笋毕竟成竹去。如今作篾使，还得么。"师曰：

---

① 《全宋诗》第2册第912页。
② 《全宋诗》第38册第23953页。
③ 《全宋词》第5册第3684页。

54

"汝向后自悟去。"曰:"绍修所见只如此。上坐意旨如何。"师曰:
"这个是监院房。那个是典座房。"修礼谢。①

再如马祖道一的弟子大珠慧海反对法融"无情成佛"说,他道:"黄
华若是般若,般若即同无情。翠竹若是法身,法身即同草木。如人吃笋,
应总吃法身也。"②僧人吃素,常食蔬笋,因此用来比喻出家人本色,
所谓"气味比僧从淡薄"(冯时行《和食笋二首》其一)③。后来也
用蔬笋气和酸馅气嘲笑僧人诗歌特有的腔调和习气。苏轼《赠诗僧道通》
诗:"语带烟霞从古少,气含蔬笋到公无。"自注:"谓无酸馅气也。"④
一般认为"蔬笋气"出自苏轼此诗⑤。因蔬笋和馊馅皆为素食,故宋
代及以后常以"蔬笋气""酸馅气"形容僧人行迹及其诗文的特色。

文人食笋的较早记载,如枚乘《七发》:"犓牛之腴,菜以笋蒲;
肥狗之和,冒以山肤。"⑥这是一份荤素搭配的食单。其后简文帝萧纲
《七励》:"澄琼浆之素色,杂金笋之甘菹。"⑦说的是笋干。刘孝绰《谢
晋安王饷米酒等启》:"传诏李孟孙宣教旨,垂赐米、酒、瓜、笋、菹、脯、
酢、茗八种。"⑧笋被作为贵重菜蔬赏赐。这些都可见贵族文人食笋的

---

① 《景德传灯录》卷二四"襄州清溪洪进禅师",《大正原版大藏经》,新文丰
出版股份有限公司 1983 年版,第 51 册 400a。《大正原版大藏经》,以下简称
《大正藏》。
② [宋] 普济著、苏渊雷点校《五灯会元》卷三"大珠慧海禅师",中华书局
1984 年版,上册第 157 页。
③ 《全宋诗》第 34 册第 21638 页。
④ 《全宋诗》第 14 册第 9586 页。
⑤ 如许红霞《"蔬笋气"意义面面观》,载《中国典籍与文化》2005 年第 4 期;
高慎涛《僧诗之"蔬笋气"与"酸馅气"》,《古典文学知识》2008 年第 1 期。
⑥ 《全上古三代秦汉三国六朝文》全汉文卷二〇,第 1 册第 238 页上栏右。
⑦ 《全上古三代秦汉三国六朝文》全梁文卷一一,第 3 册第 3014 页下栏左。
⑧ 《全上古三代秦汉三国六朝文》全梁文卷六〇,第 4 册第 3311 页上栏左。

传统。但文人食笋形成普遍风气并以之为题材进行创作，则是中晚唐的事，如白居易《食笋》、李商隐《初食笋呈座中》等。白居易《食笋》云：

> 此州乃竹乡，春笋满山谷。山夫折盈抱，抱来早市鬻。
> 物以多为贱，双钱易一束。置之炊甑中，与饭同时熟。紫箨
> 拆故锦，素肌擘新玉。每食遂加飧，经旬不思肉。久为京洛客，
> 此味常不足。且食勿踟蹰，南风吹作竹。

诗人不以笋价格低贱而卑视之，欣赏它白嫩的形美，品第它胜肉的美味。白居易曾说"劝我加餐因早笋，恨人休醉是残花"（《晚春闲居杨工部寄诗、杨常州寄茶同到因以长句答之》）、"炮笋烹鱼饱餐后，拥袍枕臂醉眠时"（《初致仕后戏酬留守牛相公，并呈分司诸寮友》），可见其嗜食竹笋是长期行为，并非一时兴起。

到宋代，重要作家如苏轼、苏辙、黄庭坚、秦观、梅尧臣、杨万里、陆游等，几乎都有食笋的经历与相关作品，他们记载竹笋的食用和加工方法，品味竹笋滋味与色泽。竹笋之得文人喜爱，显然不仅仅由于是一种蔬菜或药物，还在于其独特的滋味与象征意蕴。苏轼在黄州《与孟亨之书》说："今日斋素，食麦饭笋脯有余味，意谓不减刍豢。"苏轼《与知县》十首其二也云："惠笋已拜赐，新奇之味，远能分惠，感愧无已。"可见食笋是爱其有余味、新奇之味。

食笋在文人看来还是风雅清欢之事。如苏轼《浣溪沙》："雪沫乳花浮午盏，蓼茸蒿笋试春盘。人间有味是清欢。"程公许《春晚客中杂吟四绝句》其四也云："最忆就林煨苦笋，六年轻失此清欢。"[1]至于竹笋凌云之志的象征内涵，如"皇都陆海应无数，忍剪凌云一寸心"（李

---

[1]《全宋诗》第 57 册第 35627 页。

商隐《初食笋呈座中》)、"更容一夜抽千尺,别却池园数寸泥"(李贺《昌谷北园新笋四首》其一) 等, 岁寒、清白的象征意蕴, 如"篔龙戢戢破苔斑, 风味从来奈岁寒。知有高人清爱白, 定应烧煮荐珠盘"(刘仲行《送笋与屏山》)[①], 也为食笋行为平添更多的精神内涵与文化意蕴。

三、"樱笋厨"及其他

唐代有所谓"樱笋厨", 可见食笋风气之盛。钱易曰:"长安四月以后, 自堂厨至百司厨, 通谓之樱笋厨。公馔之盛, 常日不同。"[②]堂厨即政事堂的公膳房。时间为四月以后, 地点限于京城, 所谓"樱笋厨"似指普通百姓及朝廷百司而言。《岁时广记》卷二:"唐《辇下岁时记》:'四月十五日, 自堂厨至百司厨, 通谓之樱笋厨。'又韩偓《樱桃》诗注云:'秦中谓三月为樱笋时。'陈后山诗云:'春事无多樱笋来。'又古词云:'水竹旧院落, 樱笋新蔬果。'"[③]可见"樱笋厨"是指以樱桃与竹笋供厨。《能改斋漫录》也云:"韩致光《湖南食含桃》诗云:'苦笋恐难同象匕, 酪浆无复莹蠙蛛。'自注云:'秦中谓三月为樱笋时。'乃知李绰《秦中岁时记》所谓'四月十五日, 自堂厨至百司厨, 通谓之樱笋厨', 非妄也。"[④]韩偓诗注旁出三月之说, 滋生淆乱。如《山堂肆考》据此曰:"唐朝, 三月宰相有樱笋厨, 时最为盛。又秦中谓三月为樱笋时。"[⑤]韩偓诗注云三月, 而且是秦中, 殊不可解。秦中纬度较北, 樱笋之熟应较南方为晚,

① 《全宋诗》第 34 册第 21461 页。

② [宋]钱易撰《南部新书》, 中华书局 2002 年版, 第 17 页。

③ [宋]陈元靓撰《岁时广记》卷二"樱笋厨"条,《影印文渊阁四库全书》第 467 册第 16—17 页。

④ [宋]吴曾撰《能改斋漫录》卷一五"樱笋厨"条, 上海古籍出版社 1979 年版, 下册第 442 页。

⑤ [明]彭大翼撰《山堂肆考》卷二〇七"宰相厨"条,《影印文渊阁四库全书》第 978 册第 212 页上栏。

或许是"五月"之误。

古以樱桃荐新。《仪礼注疏·士丧礼》："有荐新，如朔奠。"郑玄注："荐五谷若时果物新出者。"贾公彦疏："(《月令》)仲夏云'羞以含桃，先荐寝庙'。皆是荐新。"[①]可见樱桃荐新由来已久，主要指荐于宗庙，后代多指贡于朝廷。由"樱笋厨"相关文献知唐代荐新用竹笋，宋代荐新也用竹笋，如"每岁春孟月蔬，以韭以菘，配以卵，仲月荐冰，季月荐蔬以笋，果以含桃"[②]。虽是如此，也有变通。"大观礼局亦言：'荐新虽系以月，如樱、笋三月当进，或萌实未成，转至孟夏之类，自当随时之宜，取新以荐。'"[③]"樱笋厨"所用之笋，可能来自司竹监。《新唐书》卷四八载："(司竹)监一人，从六品下；副监一人，正七品下；丞二人，正八品上。掌植竹、苇，供宫中百司帘筐之属，岁以笋供尚食。"[④]因是宰

图 09　蒋兆和《东坡行吟》图。（设色纸本，立轴。纵 67 厘米，横 49 厘米。1980 年作。蒋兆和（1904—1986），本名万绥，湖北麻城人，生于四川泸州。图中正在前行的是苏轼，其前方是两竿修竹、几根细竹及破土而出的春笋）

---

① 李学勤主编《仪礼注疏》卷三七，北京大学出版社 1999 年版，第 713 页。
② ［元］脱脱等撰《宋史》卷一〇八，中华书局 1977 年版，第 8 册第 2602 页。
③ 《宋史》卷一〇八，第 8 册第 2604 页。
④ 《新唐书》卷四八，第 4 册第 1261 页。

相樱笋厨，又有表示荣华富贵的象征内涵，如"樱笋久忘晨入省，莼鲈犹喜老还乡"(陆游《初夏二首》其一) [1]。樱笋又成代表秦洛之地的物产，如"江渚鸥鹇情已狎，洛阳樱笋梦应稀"(王禹偁《赠郝处士》) [2]、"况值湖园方首夏，正当樱笋似三川"(欧阳修《寄河阳王宣徽》) [3]。

"樱笋"意象有物色美感与物候节令的双重内涵。樱桃与竹笋的物色美感之所以引人注目，因为都普遍植于房前屋后、庭院篱间，故能同时进入人们的审美视野，如"樱笋园林绿暗，槐榆院落清和"(范成大《西江月》)。樱桃与竹笋的颜色差别明显，樱桃或红或白，竹笋新绿，视觉效果对比鲜明。"樱笋"意象使人想见春末夏初竹笋争进、樱桃成熟的风景，如"恨抛水国荷蓑雨，贫过长安樱笋时"(郑谷《自贻》)、"雨摧苦笋催羹臛，风飐樱桃落酒杯"(张舜民《送孙积中同年赴任陕府》) [4]，前者以物华美景反衬贫苦处境，后者则更多地突出节令风物。

物色美感之外，樱笋也以时蔬嘉果显示其节令内涵，如"忽忆家园须速去，樱桃欲熟笋应生"(白居易《寿安歇马重吟》)、"赖指清和樱笋熟，不然愁杀暮春天"(薛能《晚春》)、"杖屦寻春苦未迟，洛城樱笋正当时"(陆游《鹧鸪天》)，都可见樱笋所代表的节候内涵。

人们常以笋老比喻春去，如"笋老兰长花渐稀，衰翁相对惜芳菲"(白居易《酬李二十侍郎》)。"樱笋"之典也有盛时将衰、春事无多的象征内涵，如"寂寞两诗人，残红对樱笋" [5]、"老形已具臂膝痛，春

① 《全宋诗》第 41 册第 25590 页。
② 《全宋诗》第 2 册第 804 页。
③ 《全宋诗》第 6 册第 3803 页。
④ 《全宋诗》第 14 册第 9698 页。
⑤ 苏轼《李公择过高邮见施大夫与孙莘老赏花诗忆与仆去岁会于彭门折花馈笋故事作诗二十四韵见戏依韵亦以戏公择云》，《全宋诗》第 14 册第 9284 页。

事无多樱笋来"(陈师道《次韵春怀》)①。对此宋人已有不能理解者。《苕溪渔隐丛话》云:"古词'水竹旧院落,樱笋新蔬果',一本是'水竹田院落,莺引新雏过',不然,'樱笋新蔬果'则与上句有何干涉?"②《耆旧续闻》卷二指出其误:

> 古词:"水竹旧院落,樱笋新蔬果。"盖唐制四月十四日堂厨、百司厨通谓之樱笋厨,此乃夏初词,正用此事。而《丛话》乃云"莺引新雏过",而以"樱笋"为非,岂知古词首句多是属对而樱笋事尤切时耶?③

按,"水竹旧院落,樱笋新蔬果"为周邦彦《浣溪沙慢》首句。从这些是非争论可见"樱笋"的季候象征内涵已部分地不为宋人理解。

四、笋蕨:还乡隐逸的象征

笋蕨,竹笋与蕨菜。"蕨,山菜也;初生似蒜茎,紫黑色。二月中,高八九寸,老有叶,瀹为茹,滑美如葵……周、秦曰'蕨';齐、鲁曰'鳖',亦谓'蕨'。"④可见蕨是山菜。因为同是生于山野,所以一起成为山野的象征。后代笋蕨合称,如"山蔬采笋蕨,野膳猎麏麇"(梅尧臣《寄滁州欧阳永叔》)⑤,可见其品格定位是"山蔬"。笋蕨逐渐形成了还乡归家与山林隐逸的内涵。

首先,笋蕨与还乡归家之感的密切联系。居处植竹成为普遍风气之后,竹子与故园之间就具有紧密联系,如"草深穷巷毁,竹尽故园荒"

---

① 《全宋诗》第 19 册第 12677 页。
② [宋]胡仔纂集、廖德明校点《苕溪渔隐丛话》前集,人民文学出版社1981 年版,第 411 页。
③ [宋]陈鹄撰《耆旧续闻》卷二,《影印文渊阁四库全书》第 1039 册第 594页上栏左。
④ 《齐民要术校释》卷九,第 537 页。
⑤ 《全宋诗》第 5 册第 2880 页。

60

(杜审言《赠崔融二十韵》)。白居易《孟夏思渭村旧居寄舍弟》也云:"啧啧雀引雏,稍稍笋成竹。时物感人情,忆我故乡曲。"罗大经《鹤林玉露》卷一六:"既归竹窗下,则山妻稚子作笋蕨,供麦饭,欣然一饱。"[1]杨泽民《华胥引》:"朝晚归家,又烦春笋重叠。"归家与食笋的联想缘于古代封建农耕经济,士子多出自乡野,而笋蕨正是山乡野蔬的代表,如"归欤笋蕨乡,梦寐春山采"(廖刚《次韵王元衷见寄》)[2]、"投床忽作还乡梦,雪暖西山笋蕨肥"(程公许《崇女撷菜煮羹》)[3]。

其次,笋蕨是山肴野蔬的代表,因此成了隐逸生活的代名词。笋蕨生于山野,只有隐士才能够过上称心食笋蕨的生活。如"称心不独烟霞媚,适口仍逢笋蕨肥"(魏野《游蓝田王顺山晤真寺》)[4]、"一童一鹿自相随,不觉山间笋蕨肥"(林颜《赠玉岩二绝》其一)[5]。僧人和道士也吃笋蕨,他们都是尘外之人,也构成隐士群体的一部分,如"仙游尘外杜萝老,僧住山间笋蕨肥"(赵德纶《澹山岩》)[6]。后代赋予笋蕨归隐的意义,可能缘于伯夷、叔齐采蕨首阳山的传说。《晋书》载:"(张)翰谓同郡顾荣曰:'天下纷纷,祸难未已。夫有四海之名者,求退良难。吾本山林间人,无望于时。子善以明防前,以智虑后。'荣执其手,怆然曰:'吾亦与子采南山蕨,饮三江水耳。'"[7]顾荣所言"采南山蕨"即代指隐居生活。陆游《仗锡平老具舟车迎前天衣印老印悉

---

① 《鹤林玉露》丙编卷之四"山静日长"条,第 304 页。
② 《全宋诗》第 23 册第 15405 页。
③ 《全宋诗》第 57 册第 35571 页。
④ 《全宋诗》第 2 册第 943 页。
⑤ 《全宋诗》第 13 册第 8726 页。
⑥ 《全宋诗》第 69 册第 43617 页。
⑦ [唐]房玄龄等撰《晋书》卷九二《张翰传》,中华书局 1974 年版,第 8 册第 2384 页。

遣还策杖访之作二绝句奉送兼简平》其二："鱼鼓声中白氎巾，南山笋蕨一番新。长安不是无卿相，林下平津独可人。"①作林下之想时也是以笋蕨为触媒。

第四节　苦笋的食用事象与文化内涵

苦竹因味苦而使虫鸟远避，在生长环境、材用等方面都与一般竹子有不同之处。利用苦竹味苦特点制成的器具多不生虫，因此苦竹器具较受欢迎，如"朝慵午倦谁相伴，猫枕桃笙苦竹床"（杨万里《新暑追凉》）②。苦竹又可为竹刀,也有特殊用途。文同《寄何首乌丸与友人》："劚之高秋后，气味乃不亏。断以苦竹刀，蒸曝凡九为。"③梅尧臣《送胥平叔寺丞赴洛》："试采上阳何首乌，刮切仍致苦竹刀。"④苦竹所生笋为苦竹笋，也以味苦为特点。本节将苦竹与苦笋结合在一起论述。

一、苦笋的品种与食用

苦竹早载于晋代文献。如王彪之《闽中赋》："竹则苞甜、赤苦，缥箭、斑弓。"⑤戴凯之《竹谱》也载："箹簩（liáolì）二种，至似苦竹，而细软肌薄。箹笋亦无味，江汉间谓之苦箹。"⑥

既云箹簩"至似苦竹",可见其与苦竹为不同品种。赞宁《笋谱》载：

旋味笋，一名苦蒲笋，福州南一日程多生苦竹，春则生笋，

---

① 《全宋诗》第 39 册第 24573 页。
② 《全宋诗》第 42 册第 26409 页。
③ 《全宋诗》第 8 册第 5378 页。
④ 《全宋诗》第 5 册第 3067 页。
⑤ 《全上古三代秦汉三国六朝文》全晋文卷二一，第 2 册第 1574 页下栏右。
⑥ ［晋］戴凯之撰《竹谱》,《影印文渊阁四库全书》第 845 册第 176 页下栏左。

乡人煮食，甚苦而且涩，及停久，则味还可食，故曰旋味笋。

筜笋七月生，至十月间。缙云以南多出，然味苦而节疏，笋可大于箭笋少许，山人采剥以灰汁熟煮之，都为金色，然后可食，苦味减而甘，食甚佳也。①

赞宁所记苦笋之名有得自苦味者，如旋味笋因"甚苦而且涩，及停久，则味还可食"而得名。宋高似孙《剡录》载录更多苦竹品种："《山居赋》曰：'竹则四苦齐味。'谓黄苦、青苦、白苦、紫苦也。越又有乌末苦、顿地苦、掉尾苦、湘簟苦、油苦、石斑苦。苦笋以黄苞推第一，谓之黄莺苦，剡亦有之。"②有的苦笋有毒，如《海物记》云："越人以苦毒竹为枪，中虎即毙。"③关于苦竹品种，以元代李衎所记最为丰富："苦竹，处处有之。其种凡二十有二。北方有二种：一种节稀而坚厚，丛生，枝短叶长；一种与淡竹无异，但笋味差苦。江西及溪洞中出者本极大，笋味甚苦，

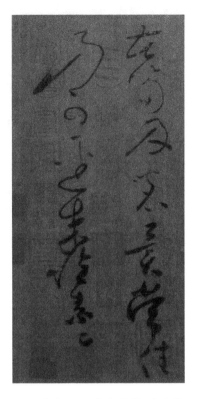

图10　［唐］怀素《苦笋帖》（局部）（上海博物馆藏。王三毛摄。绢本。纵25.1厘米，横12厘米。共14字。释文："苦笋及茗异常佳，乃可迳来，怀素白。"）

---

① ［宋］赞宁撰《笋谱》"二之出"，《影印文渊阁四库全书》第845册第187页上栏左。

② ［宋］高似孙《剡录》卷九"苦竹"条，《影印文渊阁四库全书》本。《齐民要术》卷一〇亦记青苦、白苦、紫苦、黄苦四种。见《齐民要术校释》第634页。

③ ［元］李衎著，吴庆峰、张金霞整理《竹谱详录》卷三《全德品》引，第52页。

不可食。浙西出者笋微苦，可食。广西山中一种散生，每节间生三枝，叶长如筀竹，色深绿，莹净婆娑，极可人意。笋味苦，病积热者煮食之，甚良。或云亦可生食。"①这些记载在文献上比前代丰富了许多，但还不能完全反映古代的苦笋品种和食用情况。

因为苦竹种属繁多，所以苦竹称名较为混乱。《梦溪笔谈》卷二六："淡竹对苦竹为文。除苦竹外，悉谓之淡竹，不应别有一品谓之淡竹。后人不晓，于《本草》内别疏淡竹为一物。今南人食笋，有苦笋、淡笋两色，淡笋即淡竹也。"②按洪迈的意见，苦竹应是一类竹子的总名。明代周祈《名义考》卷九"竹"条："竹类甚多，《本草》所载惟筀、淡、苦三竹而已。按《竹谱》，筀音斤，其竹坚而促节，体圆而质劲，皮白如霜，大者宜刺船，细者可为笛。淡竹肉薄节阔，有粉，南人以烧竹沥者。苦竹有二种，一种出江西及闽中，本极粗大，味殊苦，不可啖；一种出江浙，肉厚而叶长阔，笋微有苦味，俗呼甜苦笋，食品所最贵者，不入药。"③将竹子分为筀、淡、苦三种，苦竹又分两种。

能食的苦笋其味虽苦，却有不少人特别偏爱。赞宁《笋谱》："陈藏器云：'诸笋皆发冷血及气，不如苦笋不发病。今详诸说，皆冷久食，亦发风。苦笋冷毒尤甚。'陈说非也，以亲验为证，诸笋以豉汁渍之，能解酒毒。"④可见苦笋医食俱佳。现代科学研究也表明，"苦竹笋味微苦，水分含量较高，占92.96%，粗蛋白含量略高于毛竹春笋，粗脂

---

① ［元］李衎著，吴庆峰、张金霞整理《竹谱详录》卷三《全德品》，第51页。
② 《新校正梦溪笔谈》卷二六，第267页。
③ ［明］周祈撰《名义考》卷九"竹"条，《影印文渊阁四库全书》第856册第400页上栏。
④ ［宋］赞宁撰《笋谱》"三之食"，《影印文渊阁四库全书》第845册第195页下栏左。

肪含量略低于毛竹春笋；矿物质元素中磷含量较丰富，铁、钙等含量不高，为蛋白质含量丰富的低脂肪保健食品"①。

苦笋也有以甜味称美的。《能改斋漫录》卷一五"苦笋甜咸蘸淡"条：

> 庐山简寂观，乃陆静修之居也。观出苦笋，而味反甜。归宗寺造咸蘸，而味反淡。盖山中佳物也。山中人语云："简寂观前甜苦笋，归宗寺里淡咸蘸。"盖纪实耳。张芸叟《简寂观》诗云："偃松拂尽煎茶石，苦笋撑开礼斗坛。"《归宗寺》诗云："淡蘸苦笋千人供，青磬华香一谷传。"亦所以纪事也。②

这苦笋味甜的现象可能属于"橘生淮南则为枳"之类。

苦笋煮食方法不同于一般竹笋。《齐民要术》卷九"苦笋紫菜菹法"条："笋去皮，三寸断之，细缕切之；小者手捉小头，刀削大头，唯细薄，随置水中。削讫，漉出，细切紫菜和之。与盐、酢、乳。用半奠。紫菜，冷水渍，少久自解。但洗时勿用汤，汤洗则失味矣。"③赞宁《笋谱》云："煮笋实可一周，时已熟或见生水，还重煮一周时。验知笋不可生，生必损人，苦笋最宜久。"④又云："民间有煮苦笋，方入出水，自贻伊毒，竹内一周时临熟，为水溅食，可以皮肤爆裂，苦笋与竹实同气而降一等也。"⑤这些都是煮苦笋的方法。食苦笋也多加以调味品，如"苦笋先调酱，青梅小蘸盐"(陆游《山家暮春二首》其一)⑥。《广东通志》引《杂说》云：

---

① 刘力等《苦竹笋、叶营养成分分析》,《竹子研究汇刊》2005 年第 2 期,第 17 页右。

② 《能改斋漫录》卷一五"苦笋甜咸蘸淡"条，下册第 440 页。

③ 《齐民要术校释》，第 535 页。

④ ［宋］赞宁撰《笋谱》"三之食",《影印文渊阁四库全书》第 845 册第 196 页上栏左。

⑤ ［宋］赞宁撰《笋谱》"三之食",《影印文渊阁四库全书》第 845 册第 196 页下栏左。

⑥ 《全宋诗》第 39 册第 24771 页。

"粤东之笋十九皆苦，以为苦者益人，甘者作胀。凡煮苦笋，以黄荳同煮，未熟不可开釜。"①

苦笋常与其他菜蔬并列为盘中珍馐。苦笋得以与名贵鲥鱼并美，成为江南特有的菜肴，如"青杏黄梅朱阁上，鲥鱼苦笋玉盘中"（王琪《望江南》）、"苦笋鲥鱼乡味美，梦江南"（贺铸《梦江南》），都是作为江南风味而言的。鲥鱼为洄游性鱼类，每年春末初夏生殖季节溯河而上，其时正值苦笋上市，故一起成为春末夏初的时鲜风味，如"鳀鱼苦笋香味新，杨柳酒旗三月春"（韩偓《江楼二首》其二）。吃上苦笋鲥鱼，也就意味着春事将尽，故又以表示物候节令，如"春事寂。苦笋鲥鱼初食"（卢炳《谒金门》）、"鲥鱼苦笋过百六，又到一年春尽头"（沈与求《曾宏父将往雪川见内相叶公以诗为别次其韵以自见》其一）②。

苦笋还与其他嘉果同食。前已述樱笋，苦笋也与石榴、枇杷、青梅等同时，如"折苇枯荷共晚，红榴苦竹同时"（黄庭坚《题郑防画夹五首》其四）③、"何日枇杷苦笋熟，却游未减去年春"（杨蟠《山中回忆东山老》）④。其中苦笋与青梅，如"青梅欲熟笋初长，嫩绿新阴绕砌凉"（裴夷直《留客》），笋嫩梅熟，既具物色美感意蕴，也可同餐佐酒，如"梅肥笋嫩，雨微鱼出"（赵磻老《满江红》）、"烧笋园林，尝梅台榭"（程垓《小桃红》）、"晚肴供苦笋，时果荐青梅"（高翥《喜乡友来》）⑤。当然，文人欣赏的是苦笋与青梅的趣味相近，如"种性还如赋苦笋，趣味一似传冰壶"（徐瑞《寻梅十首》其八）⑥。

① 《广东通志》卷五二"物产志"，《影印文渊阁四库全书》第 564 册第 449 页上栏左。
② 《全宋诗》第 29 册第 18777 页。
③ 《全宋诗》第 17 册第 11366 页。
④ 《全宋诗》第 8 册第 5037 页。
⑤ 《全宋诗》第 55 册第 34127 页。
⑥ 《全宋诗》第 71 册第 44665 页。

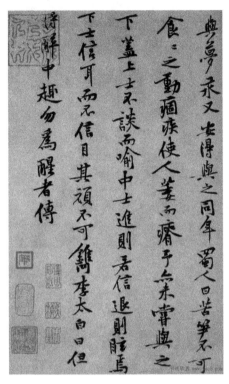

图 11　［宋］黄庭坚《苦笋赋》之二。（释文："余酷嗜苦笋，谏者至十人，戏作苦笋赋。其词曰：僰道苦笋，冠冕两川，甘脆惬当，小苦，而及成味，温润积密，多啖而不疾人。盖苦而有味，如忠谏之可活国；多而不害，如举士而皆得贤。是其锺江山之秀气，故能深雨露而避风烟，食肴以之开道，酒客为之流涎，彼桂玫之与梦永，又安得与之同年。蜀人曰：苦笋不可食，食之动瘤疾，使人萎而瘠。予亦未尝与之下。盖上士不谈而喻；中士进则若信，退则眩焉；下士信耳，而不信目，其顽不可镌。李太白曰：'但得醉中趣，勿为醒者传。'"）

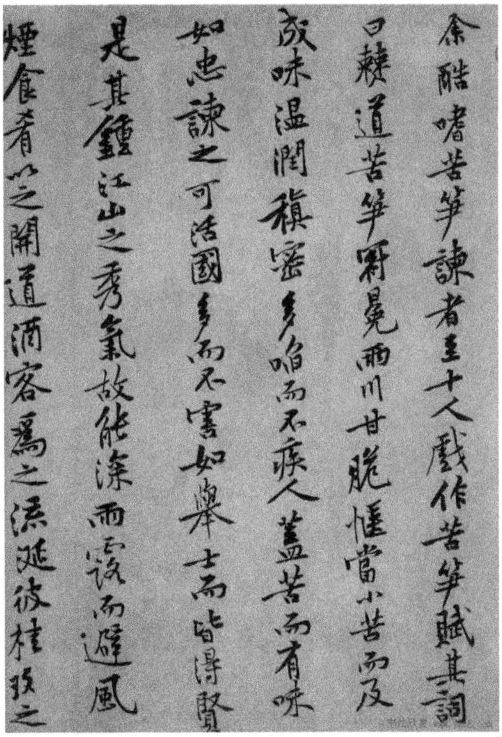

图 12　［宋］黄庭坚《苦笋赋》之一。

　　苦笋也有物色美感价值。苦竹细密，生笋短小，如"茶烹绿乳花映帘，撑沙苦笋银纤纤"（贯休《书倪氏屋壁三首》其一）、"往岁栽苦竹，细密如蒹葭"（苏洵《答二任》）[①]。苦笋与其他花果也能相映成趣，如"苦竹生笋四五寸，樱桃开花千万

----

① 《全宋诗》第 7 册第 4360 页。

67

枝"①、"苦竹笋抽青橛子，石榴树挂小瓶儿"②。像"水边苦竹抽肥笋"③的情况也有，如黄庭坚曾见"苦竹参天大石门"（黄庭坚《上大蒙笼》）④，当与竹种有关。苦笋外观与其他笋类并无太大不同，所不同者主要还是在于其味道。

二、苦竹与苦笋的文化象征意义

苦竹虽早载于晋戴凯之《竹谱》及相关著作中，但文人大量歌咏还是在唐代及以后，苦竹象征意蕴的形成因此也较迟。苦竹有着独特的象征意蕴，首先是象征悲苦环境。苦竹常被用以形容环境之荒凉幽邃，如"蛇为邻，虎为陬，丹茅苦竹深幽幽"（梅尧臣《送张太博通判袁州》）⑤、"野店垂杨步，荒祠苦竹丛"（范成大《寒食郊行书事二首》其一）⑥，都可见环境之荒凉冷落、幽邃可怖，而苦竹是构成这种悲苦境界的重要元素。再如许浑《听歌鹧鸪辞》："南国多情多艳词，鹧鸪清怨绕梁飞。甘棠城上客先醉，苦竹岭头人未归。响转碧霄云驻影，曲终清漏月沈晖。山行水宿不知远，犹梦玉钗金缕衣。"以苦竹岭渲染夫妻分离的苦境。而"故人相别尽朝天，苦竹江头独闭关"（韦庄《江上题所居》）则写朋友分别后的各自境况，借苦竹写萧条冷落之境。经历之危苦莫过于文天祥，其《高沙道中》诗云："谁家苦竹园，其叶青戈戈。仓皇伏幽篠，生死信天缘。"⑦也是借苦竹状苦境。苦竹所构成的苦境常借助萧飒之景，如"碎声笼苦竹，冷翠落芭蕉"（白居易《连雨》）。

---

① 蔡襄《遣兴》，《全宋诗》第 7 册，第 4816 页。
② 包贺《谐诗逸句》，《全唐诗》卷八七一，第 25 册第 9878 页。
③ 梅尧臣《送宣州签判马屯田兼寄知州邵司勋》，《全宋诗》第 5 册第 3063 页。
④ 《全宋诗》第 17 册第 11527 页。
⑤ 《全宋诗》第 5 册第 2936 页。
⑥ 《全宋诗》第 41 册第 25753 页。
⑦ 《全宋诗》第 68 册第 43011 页。

苦竹还与禽言鸟语一起渲染愁苦氛围，如"此花开时此鸟至，青枫苦竹为其家"（舒岳祥《杜鹃花》）[1]，杜鹃啼血为青枫苦竹之境增加了悲苦愁情。如"雨急芹泥滑，禽鸣苦竹秋"（梅尧臣《山行冒雨至村家》）[2]，借泥滑滑以言愁情，因其鸣声酷似"泥滑滑"。如"相呼相应湘江阔，苦竹丛深春日西"（郑谷《鹧鸪》），因鹧鸪鸣声似云"行不得也哥哥"，常借以表示思乡之情。苦竹之所以能象征苦境，在于味觉之"苦"与心境之"苦"的联通互感。

　　贬谪文学是政治失意的产物，失意文人在自然界动植物与贬谪心境之间找到契合点，以咏物写志、寄托情感。苦竹也为失意文人所钟爱，成为贬谪文学中的典型意象之一。以白居易为例，他是唐代文人中非常爱竹的一位，曾描述自己官宅的环境，是"宅北倚高岗，迢迢数千尺。上有青青竹，竹间多白石"（《北亭》），而在《琵琶行》中则是"住近湓江地低湿，黄芦苦竹绕宅生"。这种不同竹子风景的选择，与其看作地域文化因素，不如看作是内心情感的投射。《琵琶行》作于其贬官江州时期，"黄芦苦竹"反映了他遭贬的苦情，后来成为常见的贬谪文学意象。如李商隐《野菊》诗云："苦竹园南椒坞边，微香冉冉泪涓涓。已悲节物同寒雁，忍委芳心与暮蝉。细路独来当此夕，清尊相伴省他年。紫云新苑移花处，不敢霜栽近御筵。"张明非指出："此诗咏野菊情，写它志向高洁而命运悲苦，只能托根在辛苦之地，而无缘靠近御筵。从中不难看出'野菊'正象征了诗人的身世和情感。"[3]而苦竹是构成野菊形象的重要背景，因此也具有悲苦的象征意蕴。柳宗元《巽公院

---

[1] 《全宋诗》第 65 册第 40921 页。

[2] 《全宋诗》第 5 册第 2986 页。

[3] 张明非《论李商隐诗的象征艺术》，《广西师范大学学报（哲学社会科学版）》2008 年第 4 期，第 47 页。

五咏·苦竹桥》："危桥属幽径，缭绕穿疏林。迸箨分苦节，轻筠抱虚心。俯瞰涓涓流，仰聆萧萧吟。差池下烟日，嘲哳鸣山禽。谅无要津用，栖息有余阴。"诗中苦竹虽有苦节、虚心的特点，但无"要津用"，因此只能发挥"栖息有余阴"的有限作用。柳宗元借苦竹抒发的是贬谪的苦闷①。陆游《即席四首》其三："长鱼腹腴羊臂臑，馋想久矣无秋毫。今朝林下煨苦笋，更觉此君风味高。"②也以食苦笋为林下风流。

贬谪文学选择苦竹意象也有文化渊源，苦竹早就有隐逸内涵。《越绝书》卷八："苦竹城者，句践伐吴还，封范蠡子也。其僻居，径六十步，因为民治田，塘长千五百三十三步。其冢名土山，范蠡苦勤功笃，故封其子于是，去县十八里。"③吴淑《竹赋》："张薦植之于永嘉。"自注："《永嘉郡记》曰：乐成张薦者，隐居颐志，家有苦竹数十顷，在竹中为屋，常居其中，王右军闻而造之，薦逃避竹中，不与相见，郡号为高士。"由这两条记载来看，一言"僻居"，一言"隐居"，可知苦竹在唐前即已形成隐逸内涵。王禹偁《新秋即事》其二："宦途流落似长沙，赖有诗情遣岁华。吟弄浅波临钓渚，醉披残照入僧家。石挨苦竹旁抽笋，雨打戎葵卧放花。安得君恩许归去，东陵闲种一园瓜。"④诗借苦竹意象表达了东陵种瓜的归隐情绪。苏轼《春菜》："北方苦寒今未已，雪

---

① 王国安认为："至于'谅无要津用'，也不能武断说是与希望重返政界有联系，清蒋之翘曾说'要津用，谓作筏也'，甚是。'有能求无生之生者，知舟筏之存乎是'，舟筏之喻，在这里显然当也是指佛学修持之津梁，乃是感叹苦竹不能为'舟筏'而渡至'无生之生'之彼岸也。"见王国安《读〈巽公院五咏〉兼论柳宗元的佛教信仰》，《湖南科技学院学报》2005年第3期，第17页左。王先生虽能自成其说，对柳宗元处境与苦竹的象征意蕴未免疏于考察。

② 《全宋诗》第40册第25305页。

③ ［汉］袁康、吴平辑录，乐祖谋点校《越绝书》卷八，上海古籍出版社1985年版，第62页。

④ 《全宋诗》第2册第732页。

底波棱如铁甲。岂如吾蜀富冬蔬，霜叶露芽寒更苗。久抛松菊犹细事，苦笋江豚那忍说。明年投劾径须归，莫待齿摇并发脱。"①苏轼以"松菊"与"苦笋江豚"并提，是取其共同的隐逸内涵。

苦竹还具有"苦节"等象征意蕴。对苦节的崇尚，是苦竹象征意蕴的重要方面，从以下诗句可见一斑："世上何人怜苦节，应须细问子猷看"（陆希声《苦竹径》）、"若非抱苦节，何以偶惟馨"（陆龟蒙《奉和袭美公斋四咏次韵·新竹》）、"竹竿有甘苦，我爱抱苦节"（刘驾《苦寒吟》）。再如杜甫《苦竹》："青冥亦自守，软弱强扶持。味苦夏虫避，丛卑春鸟疑。轩墀曾不重，剪伐欲无辞。幸近幽人屋，霜根结在兹。"肃宗乾元二年（759），杜甫因房琯事件被贬为华州司功参军，不久弃官居秦州三月，《苦竹》作于此期。从苦竹生长环境的艰苦可见作者疏救房琯而遭黜的苦境。"杜诗咏物，俱有自家意思，所以不可及，如《苦竹》便画出个孤介人。"②诗中苦竹的自守节操无疑有着诗人的自我期许。凌寒不凋等植物特性，也体现了苦节内涵，如"岁月青松老，风霜苦竹余"（孟浩然《寻白鹤岩张子容隐居》）、"苦竹空将岁寒节，又随官柳到青春"（黄庭坚《春近四绝句》）③。宋人更是对苦竹的苦节内涵欣赏有加，如"世方嗜柔腴，我独甘苦节"（李光《五月七日分韵得食苦笋诗》）④、"平生清苦过于我，祇合呼为苦节君"（陶梦桂《苦竹》）⑤等。

苦笋本是苦竹的幼苗，因此既集中了苦竹的文化象征内涵，又有苦笋的饮食特点。苦笋之食，虽有"苦笋恐难同象匕"（韩偓《湖南绝

---

① 《全宋诗》第 14 册第 9248 页。

② 郭绍虞编、富寿荪校点《清诗话续编》，上海古籍出版社 1983 年版，第 805 页。

③ 《全宋诗》第 17 册第 11649 页。

④ 《全宋诗》第 25 册第 16379 页。

⑤ 《全宋诗》第 56 册第 35219 页。

少含桃偶有人以新摘者见惠感事伤怀因成四韵》）之说，毕竟嗜好者多。如怀素《苦笋帖》云："苦笋及茗异常佳，乃可径来，怀素上。"何以世人嗜此苦味？张九成《食苦笋》："丈夫志有在，何事校口腹。"[①]此云"志有在"，还未明言。陈著《谢国英送苦笋》云："直节见初苗，苦心甘自珍。"[②]可知苦笋之受青睐主要不在其物色美感，而在其苦味与苦况、苦心、苦节等意蕴的沟通联想。

黄庭坚《苦笋赋》为苦笋象征内涵开辟了新境。赋云："苦而有味，如忠谏之可活国；多而不害，如举士而皆得贤。"[③]忠言逆耳，良药苦口，所以苦笋如同谏臣。《新唐书·魏征传》载："帝（太宗）大笑曰：人言征举动疏慢，我但见其妩媚也。"魏征以直言苦谏著名，故后人以魏征比喻苦笋，说它虽苦口而有利于身心，如"我见魏征殊媚妩，约束儿童勿多取"（陆游《苦笋》）[④]。黄庭坚说"苦而有味，如忠谏可治国"，为苦笋充实了"苦谏"的内涵。此后苦笋忠臣之喻成了常典，如"爱尝苦笋疏甜笋，似进忠臣远佞臣"（释文珦《食苦笋》）[⑤]、"误人政为甘言诱，爱我从渠苦口来"（袁说友《谢侃老送苦笋》）[⑥]。

---

① 《全宋诗》第 31 册第 19987 页。
② 《全宋诗》第 64 册第 40265 页。
③ 《全宋文》第 104 册第 240 页。
④ 《全宋诗》第 39 册第 24348 页。
⑤ 《全宋诗》第 63 册第 39637 页。
⑥ 《全宋诗》第 48 册第 29977 页。

第二章　古代文学竹林意象研究

　　我国是竹子原产地，竹林分布广，不像欧洲多森林。竹林属于广义的森林，具有一般森林的特点，又有不同于一般森林的美感价值与独特的生态环境效益。竹林四季常青、经冬不凋，虽也有叶枯叶落，但没有黄叶凋伤、草木零落的衰飒景象，给人苍翠欲滴的温馨感受，而不易激发悲情和衰感。

　　本章探讨了古代文学中所表现的竹林美感特色、竹林隐逸内涵、"竹林七贤"与竹文化等论题。对于竹林美感特色，主要讨论了竹林的整体美感与不同季节气候条件下、不同地理环境下的竹林美感与景观。对于竹林隐逸内涵的形成，从多方面分析了可能形成竹林隐逸内涵的因素以及竹林（竹子）与隐逸生活方式的关系。"竹林七贤"称名与竹文化的关系虽是老问题，但学界意见并未统一，本章从竹文化的比德、隐逸等方面入手，探讨"竹林七贤"名号与竹文化的关系。

第一节　古代文学中的竹林

　　竹子是中国古代文学最重要的植物题材之一，竹林又是竹题材文学的重要表现对象。作为常见而又重要的文学题材与意象，古代文学中的竹林却较少为学界所关注。以下试探讨古代文学中竹林的风景特色与文学表现。

一、古代的竹林资源

我国竹资源的丰富，不仅表现在品种数量上，还表现在分布地域之广和竹林面积之大。根据文献记载及考古发现可知，我国新石器时代黄河流域及南方有大片竹林分布[1]。竹子虽然对温度和湿度有一定要求，由于古代气候比现在温暖，故北方黄河流域先秦时期有大片竹林分布。我国大部分地区具有竹子生长的理想生态环境。竹子喜湿怕旱，多缘坡临水而生，南方山区常绵

图13　熊猫食竹。图片由网友提供。

延成百上千亩，都主要分布在山谷及缓坡。平原地带只要具备相应生态条件也适合竹子生长，如"密篠满平原"（虞骞《游潮山悲古冢诗》）。据文焕然研究，华北西部洛泾渭流域，中部太岳、中条山与汾河流域及以北地区，东部卫漳流域，北魏以前都有相当面积竹林，"北魏末期以前，华北西部经济林的分布纬度以中部为高，西部次之，东部最低"[2]。

下面试对我国先秦时期北方竹林的分布情况进行考述。我国先秦时

---

① 关传友《论先秦时期我国的竹资源及利用》（《竹子研究汇刊》2004年第2期）有详细论述。

② 文焕然《二千多年来华北西部经济栽培竹林之北界》，载《历史地理》第十一辑，上海人民出版社1993年版，第250页。

期北方同南方一样广布竹林。据竺可桢先生研究，"在新石器时代晚期，竹类的分布在黄河流域是直到东部沿海地区的"，并提出假设，"自五千年前的仰韶文化以来，竹类分布的北限大约向南后退纬度从 1°—3°"①。据卜辞记载："'王用竹，若'（《乙》六三五〇）、'叀竹先用'（《后》下二一·二）、'贞，其用竹……羌，叀酒彫用'（《存》二·二六六）。"②殷墟的南部与淇水河畔的朝歌毗邻，春秋时属卫国之地。《诗经·卫风·淇澳》："瞻彼淇澳，绿竹猗猗……瞻彼淇澳，绿竹青青……瞻彼淇澳，绿竹如箦。"《诗经·卫风·竹竿》："籊籊竹竿。以钓于淇。"淇水在今河南淇县，《淇澳》描绘的是淇水流域（今河南境内）竹林的茂盛状态。

到汉代淇水流域仍有大片竹林。如《史记·河渠书》："是时东郡烧草，以故薪柴少，而下淇园之竹以为楗。"③《汉书·地理志》曰："（秦地）有鄠、杜竹林，南山檀柘，号称陆海，为九州膏腴。"④《史记·齐太公世家》："（庸职与丙戎）谋与（懿）公游竹中，二人弑懿公车上，弃竹中而亡去。"《集解》云："杜预曰：'齐南城西门名申门。齐城无池，唯此门左右有池，疑此是也。'左思《齐都赋》注曰：'申池，海滨齐薮也。'"⑤无论申池具体位置如何，总在今山东境内。《左传》襄

① 竺可桢《中国近五千年来气候变迁的初步研究》，《考古学报》，1972 年第 1 期，第 17—18 页。
② 文焕然《中国历史时期植物与动物变迁研究》，重庆出版社 1995 年版。转引自关传友《论先秦时期我国的竹资源及利用》，《竹子研究汇刊》2004 年第 2 期，第 60 页右。
③ 《史记》卷二九《河渠书第七》，第 4 册第 1413 页。
④ ［汉］班固撰、［唐］颜师古注《汉书》卷二八下，中华书局 1962 年版，第 6 册第 1642 页。
⑤ 《史记》卷三二，第 5 册第 1496 页。

十八年，晋伐齐，"焚申池之竹木"①。《史记·曹相国世家》："(曹参)与高祖会击黥布军，大破之。南至蕲，还定竹邑、相、萧、留。"《索隐》："《地理志》蕲、竹邑、相、萧四县属沛。韦昭云'留今属彭城'，则汉初亦属沛也。"《正义》："《括地志》云：'徐州符离县城，汉竹邑城也。李奇云"今竹邑也"。'"②

先秦时期北方远不只淇水流域有竹。《周礼·职方氏》："河南曰豫州，其山镇曰华山，其泽薮曰圃田，其川荥雒，其浸波溠，其利林漆丝枲，其民二男三女，其畜宜六扰，其谷宜五种。"陆德明："林，竹木也。"③既然竹、木都称"林"，可见竹子成林在北方应很普遍。《诗经·小雅·斯干》："秩秩斯干。幽幽南山。如竹苞矣。如松茂矣"……"下莞上簟，乃安斯寝"。《诗经·秦风·小戎》："竹闭绲縢。"可见南山一带不仅有竹林分布，且以之编席。反映西周和春秋战国时终南山及渭河流域（今陕西境内）分布竹林。《史记·河渠书》载："褒斜林木竹箭之饶，拟于巴蜀。"④《史记·货殖列传》："夫山西饶材、竹、穀、纑、旄、玉石。"⑤《汉书·沟洫志》云："褒斜材木竹箭之饶，儗于巴蜀。"⑥沈括《梦溪笔谈》

---

① 《十三经注疏》整理委员会整理、李学勤主编《春秋左传正义》，北京大学出版社 1999 年版，第 952 页。
② 《史记》卷五四，第 6 册第 2028 页。
③ 《十三经注疏》整理委员会整理、李学勤主编《周礼注疏》卷三三，北京大学出版社 1999 年版，第 872—873 页。"林"训"竹木"的例子，再如《周礼·地官司徒》："林衡，每大林麓下士十有二人。"郑玄注："竹木生平地曰林。"《周礼·大司徒》："以天下土地之图，周知九州之地域广轮之数，辨其山林、川泽、丘陵、坟衍、原隰之名物。"郑玄注："竹木曰林。"郭璞《赠温峤诗》五章其三："人亦有言，松竹有林。"
④ 《史记》卷二九《河渠书第七》，第 4 册第 1411 页。
⑤ 《史记》卷一二九《货殖列传》，第 10 册第 3253 页。
⑥ 《汉书》卷二九，第 6 册第 1681 页。

76

卷二一记载，他曾在延州（今延安）发现笋竹化石："近岁延州永宁关大河岸崩，入地数十尺，土下得竹笋一林，凡数百茎，根干相连，悉化为石……延郡素无竹，此入在数十尺土下，不知其何代物。无乃旷古以前，地卑气湿而宜竹邪？"①《鹤林玉露》也载："余闻秦中不产竹，昔年山崩，其下乃皆巨竹头。由是言之，古固产竹矣。"②都表明先秦陕西有竹林分布。

再往北，仍有关于竹的零星记载。《诗经·大雅·韩奕》："其蔌维何？维笋及蒲。"表明韩国(今河北固安县)已把笋作为食品③。《佛国记》："其国（竭叉国）当葱岭之中，自葱岭已前，草木果实皆异，唯竹及安石榴、甘蔗三物，与汉地同耳。"《尔雅·释地第九》："觚竹、北户、西王母、日下，谓之四荒。"④郝懿行谓"孤竹在北"，"觚竹即孤竹，《齐语》云'北伐山戎，刜令支、斩孤竹'，汉《地理志》辽西郡令支有孤竹城，按其地在今永平府也。"⑤孤竹国应是以竹为图腾的国家。可见早期北方竹林的分布西达葱岭，东到辽西。以上根据文献和出土文物考证我国北方竹林的分布情况。

两汉时期，北方也有大片竹林分布。《史记·河渠书》载："褒斜林木竹箭之饶，拟于巴蜀。"⑥《史记·货殖列传》："夫山西饶材、竹、穀、纑、旄、玉石。"⑦《汉书·地理志》曰："(秦地) 有鄠、杜竹林，

---

① 《新校正梦溪笔谈》卷二一，第 216 页。
② 《鹤林玉露》丙编卷之四"物产不常"条，第 300 页。
③ 程俊英译注《诗经译注》，上海古籍出版社 1985 年版，第 496 页注释①。
④ ［清］郝懿行撰《尔雅义疏》，上海古籍出版社 1983 年版，下册第 845 页。
⑤ ［清］郝懿行撰《尔雅义疏》，下册第 845 页。
⑥ 《史记》卷二九《河渠书第七》，第 4 册第 1411 页。
⑦ 《史记》卷一二九《货殖列传》，第 10 册第 3253 页。

南山檀柘，号称陆海，为九州膏腴。"①《史记·河渠书》："是时东郡烧草，以故薪柴少，而下淇园之竹以为楗。"②《后汉书·寇恂传》载，寇恂为河内太守，"伐淇园之竹，为矢百余万"③，都表明两汉时期陕西、山西、河南有竹林分布。

文焕然先生根据农民起义用竹竿推测甘肃有竹："《后汉书·西羌传》等记载东汉时天水一带羌民暴动，以竹竿为武器，反映当地竹林资源较丰富。"④《史记·货殖列传》说："安邑千树枣；燕、秦千树栗；蜀、汉、江陵千树橘；淮北、常山已南，河济之间千树萩；陈、夏千亩漆；齐、鲁千亩桑麻；渭川千亩竹；及名国万家之城，带郭千亩，亩锺之田，若千亩卮茜，千畦姜韭：此其人皆与千户侯等。"⑤渭川竹林与其他地方特产并列，可见其地之竹知名度颇高。

汉代及以后，我国竹林分布受气候变化略有南移。根据竺可桢的观点，五千年来竹类分布的北限大约向南后退了1°—3°纬度⑥。到北魏时，淇水流域已没有竹林。郦道元感慨："今通望淇川，无复此物。"⑦而山西、陕西等地也已没有竹子了。庾信《燕歌行》："晋阳山头无箭竹。"《宣室志》云："晋阳以北，地寒而少竹，故居人多种苇成林，所

---

① 《汉书》卷二八下，第6册第1642页。
② 《史记》卷二九《河渠书第七》，第4册第1413页。
③ ［南朝宋］范晔撰、［唐］李贤等注《后汉书》卷一六，中华书局1965年版，第3册第621页。
④ 文焕然《二千多年来华北西部经济栽培竹林之北界》，载《历史地理》第十一辑，第248页左。
⑤ 《史记》卷一二九《货殖列传》，第10册第3272页
⑥ 竺可桢《中国近五千年来气候变迁的初步研究》，《考古学报》，1972年第1期。
⑦ ［北魏］郦道元著、陈桥驿校证《水经注校证》卷九"淇水"，中华书局2007年版，第236页。

以代南方之竹也。"①可见两汉以后的不同历史时期北方竹林曾有毁损。据文焕然研究，华北西部洛泾渭流域，中部太岳、中条山与汾河流域及以北地区，东部卫漳流域，北魏以前都有相当面积竹林，"北魏末期以前，华北西部经济林的分布纬度以中部为高，西部次之，东部最低"②。

图 14　乡村竹林一景。王三毛摄于湖北恩施市芭
蕉侗族乡戽口村。

总的趋势是北方自然分布的竹林逐渐减少，主要由于战争破坏、人为砍伐等因素。但也不能一概而论，即使到唐代，北方也还有原始竹林分布，如王维曾作《自大散以往深林密竹磴道盘曲四五十里至黄

① ［唐］张读撰《宣室志》卷八，中华书局 1983 年版，第 102 页。
② 文焕然《二千多年来华北西部经济栽培竹林之北界》，载《历史地理》第十一辑，第 250 页。

牛岭见黄花川》诗，可见唐代开元年间大散关一带有大片竹林分布①。

东晋以来，随着经济政治文化中心的南移，长江流域尤其是江南的竹林得到更多的开发利用，生产美竹之地如会稽、云梦、九嶷、罗浮等，都主要在南方。主要产竹区有蜀中、楚地、越地等。《史记》："及元狩元年，博望侯张骞使大夏来，言居大夏时见蜀布、邛竹杖，使问所从来，曰'从东南身毒国，可数千里，得蜀贾人市。'"《集解》："韦昭曰：'邛县之竹，属蜀。'瓒曰：'邛，山名。此竹节高实中，可作杖。'"②《汉书》也云："巴、蜀、广汉本南夷，秦并以为郡，土地肥美，有江水沃野，山林竹木疏食果实之饶。"③可知蜀中汉代有竹林分布。《尔雅·释地第九》："东南之美者，有会稽之竹箭焉。"楚地"十余里山村竹林相次交映"④，可见楚、越两地多竹。中部地区如淮河流域也是竹产区。晋伏滔《正淮论上》："龙泉之陂，良畴万顷，舒六之贡，利尽蛮越，金石皮革之具萃焉，苞木箭竹之族生焉，山湖薮泽之隈，水旱之所不害，土产草滋之实，荒年之所取给。"⑤

不仅限于自然分布，古代人工植竹也非常普遍，又分乡村种植和园林种植等不同情况。汉代的人工竹林已有不少。文焕然在《二千多年来华北西部经济栽培竹林之北界》一文中列举多则材料：

> 汉代文献，诸如《史记》中司马相如称宜春宫（在今西

---

① 王辉斌考证认为："开元二十八年的秋天，王维以监察御史之衔自长安经大散关入蜀。"见王辉斌《王维开元行踪求是》，《山西大学学报（哲学社会科学版）》2003 年第 4 期，第 68 页左。
② 《史记》卷一一六，第 9 册第 2995 页、2996 页。
③ 《汉书》卷二八下，第 6 册第 1645 页。
④ ［唐］李嘉祐《登楚州城望驿路十余里山村竹林相次交映》，《全唐诗》卷二〇六，第 6 册第 2156 页。
⑤ 《全上古三代秦汉三国六朝文》全晋文卷一三三，第 3 册第 2226 页下栏左。

安市南)"览竹林之榛榛";《汉书》中扬(引者按,原作"杨")
雄曰:"望平乐(原注:馆名,在当时上林苑中,约今西安
市西),径竹林";《后汉书》中班固道"商、洛缘其隈,鄠、
杜滨其足,源泉灌注,坡地交属,竹林、果园、芳草、甘木";
《文选》有张衡《西京赋》吟:"编町成篁"等,描绘了当时
这一带竹林。①

　　文先生所举这几例都是人工栽植竹子。还可补充几则材料。《东观
汉记》曰:"(樊重)治家产业,起庐舍,高楼连阁,陂池灌注,竹木
成林,闭门成市。"②《太平御览》卷三七引《三辅旧事》曰:"成帝作
延陵及起庙,窦将军有青竹田在庙南,恐犯蹈之,言作陵不便,乃徙
作昌陵,取土十余里,土与粟同价。"③此两例中竹林可能都是产业之一。
作为园林产业的竹汉代以后多有。如石崇《金谷诗序》:"余以元康六年,
从太仆卿出为使持节、监青徐诸军事、征虏将军,有别庐在河南县界
金谷涧中,去城十里,或高或下,有清泉茂林、众果竹柏、药草之属,
金田十顷、羊二百口,鸡猪鹅鸭之类,莫不毕备。"④

　　像上面所举例子是园林或产业中的竹林,古代更为普遍的还是乡
村植竹。"竹木丛生,珍果骈罗"(王粲《七释》)、"竹木蓊蔼,灵果参
差"(潘岳《闲居赋》)⑤,竹子与果树并称,可见是重要的经济作物。
不管出于经济考虑还是其他目的,客观上具有长久的经济与美感双重

---

①　文焕然《二千多年来华北西部经济栽培竹林之北界》,载《历史地理》第
　　十一辑,第248页。
②　[汉]班固等撰《东观汉记》卷一二,第88页。
③　《太平御览》卷三七,《影印文渊阁四库全书》第893册第447页。
④　《全上古三代秦汉三国六朝文》全晋文卷三三,第2册第1651页上栏右。
⑤　《晋书》卷五五《潘岳传》,第5册第1505—1506页。

效应，所谓"一寸二寸之鱼，三竿两竿之竹"（庾信《小园赋》）①、"橘则园植万株，竹则家封千户"（庾信《哀江南赋》）。古人也有屋前舍后植竹的意识。如徐勉《为书诫子崧》："由吾经始历年，粗已成立，桃李茂密，桐竹成阴，塍陌交通，渠畎相属，华楼迥谢，颇有临眺之美，孤峰丛薄，不无纠纷之兴。"②萧子范《家园三月三日赋》："庭散花蕊，傍插筠篁。"③叶梦得《避暑录话》："竹凡见隙地皆植之……与此山竹无虑增数千竿。"④都可见植竹的意识。周朗《上书献谠言》："荫巷缘藩，必树桑柘，列庭接宇，唯植竹栗。若此令既行，而善其事者，庶民则叙之以爵，有司亦从而加赏。"⑤这是建议政府扶持种植经济林木。政府一般也鼓励种植。如南朝宋羊希《刊革山泽旧科议》："凡是山泽，先常燥燴种养竹木杂果为林芿，及陂湖江海鱼梁鳢𪕽场，常加功修作者，听不追夺。"⑥

我们再看古代人工植竹的规模，试看以下各例：

严秦修此驿，兼涨驿前池。已种千竿竹，又栽千树梨。

（元稹《褒城驿》）

潇洒城东楼，绕楼多修竹。森然一万竿，白粉封青玉。

（白居易《东楼竹》）

小书楼下千竿竹，深火炉前一盏灯。（白居易《竹楼宿》）

---

① 《全上古三代秦汉三国六朝文》全后周文卷八，第 4 册第 3921 页下栏左。
② 《全上古三代秦汉三国六朝文》全梁文卷五〇，第 4 册第 3239 页上栏右。
③ 《全上古三代秦汉三国六朝文》全梁文卷二三，第 3 册第 3084 页上栏左。
④ ［宋］叶梦得撰、徐时仪整理《避暑录话》卷下，朱易安、傅璇琮等主编《全宋笔记》第二编，大象出版社 2006 年版，第 10 册第 337 页。
⑤ 《全上古三代秦汉三国六朝文》全宋文卷四八，第 3 册第 2696 页下栏右。
⑥ 《全上古三代秦汉三国六朝文》全宋文卷二二，第 3 册第 2555—2556 页。

万竿交已笋，千亩蔚何富。（欧阳修《初夏刘氏竹林小饮》）①

村前屋后植竹，就形成"竹绕山下村"（颜真卿《登岘山观李左相石尊联句》）、"竹深村路远"（张籍《夜到渔家》）等景象的乡村竹林。园林别业植竹，如"沟池环匝，竹木周布"（仲长统《昌言下》）②，也多连片成林。《旧五代史》卷一三二《世袭列传》载，凤翔节度使"（李）从俨，茂贞之长子也。……先人汧、陇之间，有田千顷，竹千亩"③，可见五代时北方私人竹林的规模。

寺院道观也多植竹成林，形成"青翠拂仙坛"（王

图 15　慈竹。徐克学摄。（图片引自中国植物图像库，网址：http://www.plantphoto.cn/tu/890694）

维《沈十四拾遗新竹生读经处同诸公之作》)、"竹径通幽处,禅房花木深"(常建《题破山寺后禅院》) 的竹林景观。刘峻《东阳金华山栖志》:"寺

① 《全宋诗》第 6 册第 3758 页。

② 《全上古三代秦汉三国六朝文》全后汉文卷八九，第 1 册第 956 页上栏。

③ ［宋］薛居正等撰《旧五代史》卷一三二，中华书局 1976 年版，第 6 册第 1742 页。

观之前，皆植修竹，檀栾萧瑟，被陵缘阜。竹外则有良田，区畛通接。"①
可见寺观植竹的规模也很大。其他如驿亭官署等处也常栽种，如元稹《题
褒城驿》："已种万竿竹，又栽千树梨。"一言以蔽之，我国古代竹林资
源非常丰富，自然分布广泛，人工栽植普遍。

图16　散生竹的竹林。张晓蕾摄于浙江乌镇。

二、竹林题材文学的发展

　　古代竹林资源丰富，加上竹子颇具观赏性，因此很容易进入文人
视野成为文学表现题材。竹子不同于一般树木，它能自动引根繁殖，
一旦种下，几年即可繁衍成林。竹子易于繁衍成林，一般情况下文学
作品中提到竹子多指竹林。就文学体裁而言，竹林题材与意象在各种
文体中都有不同程度的表现。诗歌表现竹林的历史最为悠久，先秦文

①《全上古三代秦汉三国六朝文》全梁文卷五七，第4册第3290页下栏右。

学中已有竹林意象如"瞻彼淇奥，绿竹青青"(《诗经·淇奥》)与"余处修篁兮不见天"(《楚辞·山鬼》)，到南朝谢朓《咏竹诗》《秋竹曲》始有意咏竹，唐前共有竹子相关题材诗作18首，《全唐诗》则多达三百余首，重要诗人多有咏竹之作。辞赋中的竹林意象，汉赋铺陈物产已排列不少，至晋代江逌《竹赋》始以竹为题，唐前相关竹赋多达12篇，唐代竹题材赋作与散文将近20篇，这还不包括篇章中零星出现的众多竹林意象。宋代以后竹林题材诗文数量更多。词为艳科，内容多表现女性生活与情爱，也有相关竹林意象如湘妃竹、临窗竹等。经苏、辛等突破藩篱、扩大表现范围，词中又多表现隐逸内涵的竹林意象如松窗竹户、竹篱茅舍等。其他文体如小说、戏曲等也多有竹林意象。

竹林意象涉及山水、田园、园林等相关文学题材。就竹林题材的历史发展而言，各时期文学呈现不同倾向。

先秦文学如《山海经·大荒北经》"帝俊竹林"与《穆天子传》树于乐池的竹林，是神话传说而非现实竹林。《诗经·淇奥》"绿竹猗猗""绿竹青青""绿竹如箦"可算从颜色到形态进行表现的竹林意象。

秦世不文，降至两汉，竹林形象渐趋丰富，主要表现于赋中，稍具美感表现的，如"观众树之塎蓼兮，览竹林之榛榛"(司马相如《哀二世赋》)、"竹木丛生，珍果骈罗。青葱幽蔼，含实吐华"(王粲《七释》)。"榛榛"的整体形象，"青葱"的视觉美感，还是模糊印象和笼统表述。竹林意象在文学中出现次数少、形象单薄等特点在晋代以后得到改观。南朝文学中竹林意象更为丰富、刻画更为细致，既有野生竹林意象如江边竹 (虞羲《见江边竹诗》)，也有人居竹林意象如堂前竹 (江洪《和新浦侯斋前竹诗》)、园林竹 (任昉《静思堂秋竹应诏》) 等。

唐宋文学中竹林题材作品量多质高，竹林意象则有特殊品种如慈竹（王勃《慈竹赋》）、紫竹（蔡襄《紫竹赋》），特殊形态如新竹、雪竹、怪竹、纤竹等，成为诗赋中新的竹林意象。元明清文学中，不同品种竹林意象如元贡师泰《小篑筼赋》、杨维桢《方竹赋》、苏伯衡《钩勒竹赋》，园林庭院竹林意象如明何乔新《岁寒高节亭记》、王世贞《万玉山房记》、清刘凤诰《个园记》、王国维《此君轩记》等。唐宋以后文学中的竹林意象多具人格象征意蕴，不是单纯的风景审美。

三、竹林的美感特色

竹林题材与意象在不同文学体裁中都有表现，作品数量繁多，美感意蕴丰富，既有竹林风景物色的客观美，也积累了关于竹林的审美认识或欣赏体验，是竹林客观美与主观美的统一。以下试从亲近人居、整体形态、修竹为美等方面略述古代文学中所表现的竹林美感特色。

竹林也属森林。竹林的美感特色在与森林的比较中可以看得更为明显。竹林主要在面积，无论丛生散生，竹子一旦成林很少杂有其他树种，林中甚至没有灌木，加以株体修长，因而显得雅洁清爽。一般树木即使成林也多杂有其他树种或灌木，显得芜乱阴翳。因而森林多是幽暗深邃之地，如"深林杳以冥冥兮"（《楚辞·九章》）、"丛薄深林兮人上慄"（淮南小山《招隐士》），灌木之林尤其蒙笼萧森，如"萧森灌木上，迢递孤烟生"（李百药《秋晚登古城》），一般都是不宜人居的凄清险恶之境。因此森林在中外文学中有阴森黑暗、险恶恐怖的象征意蕴。竹林虽也与愁情相关，如"幽篁愁暮见"（鲍照《自砺山东望震泽诗》）、"岚气暗兮幽篁难"（江淹《山中楚辞六首》其四），但那是暮景与愁绪的同构共生。

人们的审美印象中，竹林一般相对明亮疏朗、婵娟可赏，如"槭槭林已成，荧荧玉相似"（刘禹锡《令狐相公见示赠竹二十韵仍命继和》）、

"既修竦而便娟，亦萧森而蓊蔚"（谢灵运《山居赋》）。中国古代属于农耕为主的农业社会，森林离人居越来越远，竹林虽多野生，也多傍村邻舍成林。古人"种竹爱庭际，亦以资玩赏"（姚合《垣竹》），房前屋后茂林修竹的环境里，竹林之景触目可赏。无论是审美体验还是种植情况，都可见竹林亲近人居的特点。古代有竹林隐士如魏晋竹林七贤、唐代竹溪六逸等，佛教观音菩萨有紫竹林道场，《红楼梦》中林黛玉居处潇湘馆也有竹林，抛开比德与宗教等因素不论，这些其实都是竹林适宜人居特点的反映。

图17　丛生的孝顺竹。吴棣飞摄于浙江杭州。（图片引自中国植物图像库，网址：http://www.plantphoto.cn/tu/2815363）

竹林有丛生林与散生林，分别呈现不同景观形态。丛竹不是竹林，多生连片即成林。丛竹早在先秦即进入文学表现。《诗经·斯干》"如竹苞矣"即是丛生竹。丛生竹的生长特点是结丛而生，"大小相依，高下丛茂"（刘宽夫《剥（guǒ）竹记》）①，如慈竹"生必向内，示不离本，修茎巨叶，攒根沓柢。丛之大者，或至百千株焉"（王勃《慈竹赋》）②，棕榈竹"性亦丛产"，"族生不蔓"（宋祁《棕榈竹赞》）③。较早进入审美视野的是野外丛生竹，如"杳篠丛生于水泽，疾风时纷纷萧飒"（班固《竹扇赋》）④、"有嫏（pián）娟之茂筱，寄江上而丛生"（萧纲《修竹赋》）⑤。南朝文学中开始出现栽植的丛生竹意象，如"窗前一丛竹，青翠独言奇"（谢朓《咏竹诗》）、"洞户临松径，虚窗隐竹丛"（刘孝先《和亡名法师秋夜草堂寺禅房月下诗》）。唐代，不少丛生竹品种进入文学表现，如王勃、乔琳都作有《慈竹赋》，对慈竹"如受制于篱界，不旁侵于土壤"（乔琳《慈竹赋》）⑥的形态多有描绘。

竹林多为散生竹，文学表现也以散生竹林为主。与丛生竹结丛而生的形态不同，散生竹林有上合下疏的特点，古人概括为"上密防露，下疏来风"（戴凯之《竹谱》）。竹林上部枝叶连接，故能防露，如"竹深盖雨，石暗迎曦"（江总《永阳王斋后山亭铭》）、"晞朝阳之素晖，羡绿竹之茂阴"（孙楚《登楼赋》）⑦，可见竹林遮雨遮阴的功能，因此防露是散生竹林区别于丛生竹林及其他树林的重要特点。"下疏来风"指林中下部环境。竹林下部较少枝叶和灌木的阻挡，风能吹进林间，

---

① ［清］董诰等编《全唐文》卷七四〇，中华书局1983年版，第8册第7650页下栏右。
② 《全唐文》卷一七七，第2册第1806页下栏左。
③ 《全宋文》第25册第34页。
④ 《全汉赋校注》上册第533页。
⑤ 《全上古三代秦汉三国六朝文》全梁文卷八，第3册第2998页上栏左。
⑥ 《全唐文》卷三五六，第4册第3614页上栏左。
⑦ 《全上古三代秦汉三国六朝文》全晋文卷六〇，第2册第1800页下栏左。

如"交松上连雾，修竹下来风"（北周李昶《陪驾幸终南山诗》）①、"上葳蕤而防露兮，下泠泠而来风"（东方朔《七谏·初放》）②，故称"清风在竹林"（孟浩然《洗然弟竹亭》），即使无风也有凉飕飕的感觉。散生竹林还能延生他处，所谓"竹进别成林"（许棠《冬杪归陵阳别业五首》其一）。

古来竹以修长为美，汉晋以降此风尤甚，故称"修竹茂林"。如枚乘《梁王菟园赋》"修竹檀栾夹池水"、王羲之《兰亭集序》"此地有崇山峻岭，茂林修竹"。南朝出现"梢云"一词及相关意象，如"竹生荒野外，梢云耸百寻"（刘孝先《咏竹诗》）、"高篠低云盖，风枝响和钟"（薛道衡《展敬上凤林寺诗》），也都是修竹为美观念的反映。后代如"坐修竹，临清池，忘今语古，何其乐也"（梁武帝萧衍《与何点手诏》），仍可见对修竹茂林之境的陶醉。竹林的整体美感还有新篁与旧林的不同，如"望初篁之傍岭"（萧纲《晚春赋》）、"竹缘岭而负筠"（萧子良《宾僚七要》）。竹林整体美感特色还有不少，如幽静、雅洁、闲适等，不能尽述。

四、不同季节、气候条件下的竹林美

以上所论是竹林整体美感特色，在不同季节、气候与地形环境等条件下，竹林景观又各有不同。竹林不同季节皆可赏，所谓"青林翠竹，四时俱备"（陶弘景《答谢中书书》）。如果仅是四季青翠，则显得单调，竹林还有物色形态的变化，如"春而萌芽，夏而解弛，散柯布叶，逮冬而遂"（苏辙《墨竹赋》），因而四季有值得欣赏的不同景象，如春之新秀，夏可致荫，秋冬之萧森。

春天，嫩笋构成竹林新景，如"笋林次第添斑竹"（[唐]曹松《桂

---

① 《先秦汉魏晋南北朝诗》北周诗卷一，下册第 2325 页。
② 《全上古三代秦汉三国六朝文》全汉文卷二五，第 1 册第 262 页上栏。

江》)、"深园竹绿齐抽笋"(徐夤《鬓发》)。春夏之交,新竹以生命之美、物色之新与花卉媲美,如"半山寒色与春争"(裴说《春日山中竹》)、"贞色夺春媚"(韩愈《新竹》)。炎夏则有竹林荫凉,如"东南旧美凌霜操,五月凝阴入坐寒"(李绅《南庭竹》)、"人间赤日迥不到,著我六月秋泠然"([元]吴镇《竹窝》)。

秋冬之季,一般花树都凋残枯萎,只有竹子与松柏等常青植物可供欣赏,居处竹林如"庭前有竹三冬秀"(《景德传灯录》卷二三《兴元府普通封和尚》)、"永安离宫,修竹冬青"(张衡《东京赋》),野外竹林如"竹则填彼山垠,陁弥阪域;蒙雪含霜,不渝其色"(刘桢《鲁都赋》),在肃杀寥落的环境中,青林翠竹的美感格外显眼而珍贵。故许敬宗《竹赋》云:"虽复严霜晓结,惊飚夕扇。雪覆层台,寒生复殿。惟贞心与劲节,随春冬而不变。考众卉而为言,常最高于历选。"

竹林在风雨霜雪等环境下可形成不同景致。风竹的姿态,如"竹枝任风转"(吴均《诣周承不值因赠此诗》)、"竹得风,其体夭屈,如人之笑"(唐李阳冰语),其潇洒形象有如君子,故有"松竹合封潇洒侯"(陆龟蒙)之说。雨竹之美,其颜色如"雨洗涓涓净"(杜甫《严郑公宅同咏竹得香字》),姿态如"满庭风雨竹萧骚"(韦庄《南省伴直》)。

前已略述秋冬竹林之景,霜雪之下的竹林风景又有不同,如"藉坚冰,负雪霜。振葳蕤,扇芬芳"(江逌《竹赋》)、"翠叶与飞雪争采,贞柯与曾冰竞鲜"(王俭《灵丘竹赋应诏》)[1],在霜雪的映衬对比之下,竹林更显青葱。风雨霜雪环境下的竹林还会形成不同的声音意境。风雨下的竹林,如"一顷含秋绿,森风十万竿"(李群玉《题竹》)、"风吹千亩迎雨啸"(李贺《昌谷北园新笋》四首其四),令人想象万竿交鸣、

---

[1]《全上古三代秦汉三国六朝文》全齐文卷九,第3册第2840页上栏左。

类似松涛的意境。

竹林与梧桐、枯荷等一样可以听秋声，但意境并不凄清落寞，如"欹枕韵寒宜雨声"（秦韬玉《题竹》）、"滴沥空庭，竹响共雨声相乱"（骆宾王《冒雨寻菊序》）。竹林落雪则又是一种境界，如"冬宜密雪，有碎玉声"（王禹偁《黄州新建小竹楼记》）。

五、不同地理环境的竹林美

竹林还可与环境形成不同景观，如"竹映风窗数阵斜"（唐彦谦《竹风》）的临窗之景、"林断山明竹隐墙"（苏轼《鹧鸪天》）的出墙之景等。以下略说竹坞等不同地形条件下的竹林景观。

（一）竹坞

唐代文学中已有桃坞、梅坞等花坞，也有茶坞、松坞、竹坞等景观。既称"坞"，应是成片或有一定规模，但又不至过于广袤。称"坞"而不称"林"，给人朦胧深密的感觉，如"竹覆青城合，江从灌口来"（杜甫《野望因过常少仙》）。

竹坞一般是村居或郊居所在，如"庸书酬万债，竹坞问樊村"（杜牧《奉送中丞姊夫偡自大理卿出镇江西叙事书怀因成十二韵》）。因此有时又称竹庄、竹村。僧院道观多植竹，也会形成竹坞，如"城隅竹坞近，梵刹开严阚"（晁补之《次韵钱济明赠感慈长老》）。竹坞也可能指野外竹林，如"夜月松江戍，秋风竹坞亭"（钱起《赋得绵绵思远道送岑判官入岭》）。宋代及以后竹坞更多的是指园林中的竹子造景，如沈括《梦溪园自记》所记园景"竹坞"，"有竹万个，环以激波"。

人造景点的竹坞常象征性地植竹数竿，可谓有名无实，如"（亭）

91

东隙地植竹数挺，曰竹坞"（程敏政《月河梵院记》）①。

竹坞风景与花坞的鲜艳耀眼不同，而是青翠清幽，如"竹坞蔼青葱，花岩被红素"（张耒《春游昌谷访李长吉故居》）②；竹坞也不像松坞、茶坞那样远离人居，而是与村舍融为一体，如"竹坞幽深鸡犬声"（韩偓《秋村》）。竹坞内景象丰富、境界层深，如"柳溪能作暝，竹坞别供凉"（宋庠《次韵和吴侍郎自号乐城居士》）③、"石门路险交游少，竹坞云深笋蕨多"（释清止《诗一首》）④，烟云深邃，其境清幽。所以钱起说："映竹疑村好，穿芦觉渚幽。"（《江行无题一百首》）因为境界幽深，村居竹坞甚至有"竹巷"之称，如"竹巷溪桥天气凉"（郑谷《郊野戏题》）。

（二）竹坡

竹坞多近人居，竹坡则多是山野竹林，如"邛竹缘岭"（左思《蜀都赋》）、"望初篁之傍岭"（萧纲《晚春赋》）。因为缘坡临水的生长习性，竹林一般是有山坡有溪水的景致，如"缘崇岭，带回川"（江逌《竹赋》）、"檀栾被层阜，萧瑟荫清渠"（李德裕《春暮思平泉杂咏二十首·竹径》）。有意提出"竹坡""竹溪"等名目，体现了不同的视角选择和审美趣味。缘坡竹林一般是远望所见，如"竹缘岭而负筠"（萧子良《宾僚七要》）、"绿筠绕岫，翠篁绵岭"（江淹《灵丘竹赋》）。观赏缘坡竹林会形成不同的视觉效果，如"缭绕青翠，若近复远"（江淹《学梁王兔园赋》），这是形态层次的感受；"参差黛色，陆离绀影"（江淹《灵丘竹赋》），这是

---

① ［明］程敏政撰《篁墩文集》卷一三，《影印文渊阁四库全书》第 1252 册第 222 页上栏左。

② 《全宋诗》第 20 册第 13338 页。

③ 《全宋诗》第 4 册第 2231 页。

④ 《全宋诗》第 33 册第 20914 页。

颜色深浅的感受。

竹林缘坡而生的特点，还被用以譬喻胡须。王褒《僮约》以"离离若缘坡之竹"形容髯奴的胡须，黄庭坚《次韵王炳之惠玉版纸》"王侯须若缘坡竹，哦诗清，起空谷"进一步以缘坡竹与空谷风形容只闻声不见嘴的大胡子。这类比喻虽是妙于形容胡须，其前提则是缘坡竹林已成为人们普遍熟悉的景致。

（三）竹溪

竹子临水生长的特点早在《诗经·淇奥》中已有表现。但有意拈出"竹溪"之景，还是唐人的功劳。沈佺期《从崇山向越常》："西从杉谷度，北上竹溪深。"这是野外竹溪。储光羲《同武平一员外游湖五首时武贬金坛令》："花潭竹屿傍幽蹊，画楫浮空入夜溪。"这是湖中竹屿。竹溪在农村是寻常之景，如"雨里鸡鸣一两家，竹溪村路板桥斜"（王建《雨过山村》）、"候吏立沙际，田家连竹溪"（刘禹锡《秋日送客至潜水驿》）。唐代园林别业和寺院道观也有竹溪之景，如"园庐二友接，水竹数家连"（孟浩然《冬至后过吴、张二子檀溪别业》）、"沓嶂围兰若，回溪抱竹庭"（宋之问《游云门寺》）。

其他如竹涧、竹沼、竹潭、竹浦、竹湾、竹洲、竹岛等，也是有竹有水的地方，而景观稍有不同，如涧、沼、潭等是较为静止的水面，但生长于水边缓坡的竹林一般都会形成"竹水俱葱翠"（萧纲《和湘东王首夏诗》）的意境。

竹溪的境界有点像芦苇荡，如"只载一船离恨、向西州。竹溪花浦曾同醉"（苏轼《虞美人》）、"凝望处，见桑村麦陇，竹溪烟浦"（曹冠《喜迁莺》）。竹溪风景因为有了溪水与月色，又有风雨助阵，就不仅是视觉上的相映成趣，也有听觉的点滴成韵，如"昨宵梦里还，云弄竹溪月"(李白《送韩准、裴政、孔巢父还山》)、"一溪云母间灵花，似到封侯逸士家"(陈陶《竹》十一首其七)，以月色与倒影突出视觉感受；"旧溪千万竿，风雨夜珊珊"(齐己《移竹》)、"春风花屿酒，秋雨竹溪灯"(李群玉《杜门》)，以风雨和秋灯营造可视化音响效果。

（四）竹径

竹径是竹林中的小径。竹子生长形态缭乱无次，所谓"旅竹本无行"(江总《侍宴瑶泉殿诗》)。竹笋竹枝都会侵径，如"暗竹侵山径"(宋之问《春日郑协律山亭陪宴饯郑卿同用楼字》)、"竹近交枝乱"(江总《经始兴广果寺题恺法师山房诗》)，甚至使小路迷不可见，如"竹重先藏路"(方干《雪中寄李知诲判官》)，竹径因此有别于其他树林中的小径。

竹径可赏之处在于小径两旁的竹子，如"径竹扶疏，直上青霄，玉立万竿"(无名氏《沁园春》)[1]，也在于竹子与小径的组合意境，如"山前无数碧琅玕，一径清森五月寒"(陆希声《阳羡杂咏十九首·苦竹径》)、"萦纡一道贯檀栾，入翠穿斜步履悭"(韦骧《竹径》)[2]。竹径之能成为一景，还在于其他景物的加盟进而形成不同景观，如"迹深苔长处，步狭笋生时"(姚合《陕下厉玄侍御宅五题·竹里径》)、"幽径行迹稀，清阴苔色古"(司空曙《竹里径》)、"寻多苔色古，踏碎箨声微"(薛能《竹径》)，藤花、苍苔、笋箨等共同营造了竹径氛围。

竹林的美感特色受季节、气候、环境等条件的影响很小，真可谓"宜烟宜雨又宜风，拂水藏村复间松"(郑谷《竹》)，这种随时随地成景的特点使得古代文学中相关表现非常丰富。以上仅是对古代文学竹林意象挂一漏万的匆匆巡视，竹林的美感特色和典型景致还有待更多的关

---

① 《全宋词》第5册第3781页。
② 《全宋诗》第13册第8527页。

注和进一步的研究。

第二节　新竹的美感与象征意义

唐前文学中新竹多是作为诗文中的意象偶尔出现,如"紫箨开绿筿,白鸟映青畴"(沈约《休沐寄怀诗》)①等。唐代文学中新竹开始作为诗歌题材正式出现,诗题中含"新竹"的有十六首之多。《全宋诗》诗题含"新竹"的有 39 首。新竹在竹题材文学中占有重要比重传统观点倾向于认为,竹子的美感特点不及花卉,虽然凌寒不凋,但四季一色缺少变化;虽然开花结实,但是时间间隔是六十年甚至更长。这些确实是竹子物色美感的不足之处,但这是自其"不变"的方面观察所得。如果从竹子"变化"的方面去观察,可能会得出不同的结论。至少竹笋和新竹都有物候特征,体现了竹子美感形态的变化。如果说"樱笋"代表竹笋食用方面的节令内涵,那么笋成新竹则可代表竹子物色美感的季节特点。

一、新竹的物色美感

新竹在文人心目中的位置,从一些诗句中可见一斑,如"不有小园新竹色,君来那肯暂淹留"(崔道融《郊居友人相访》)、"闲吟倚新竹,筠粉污朱衣"(白居易《晚兴》)、"停车欲去绕丛竹,偏爱新筠十数竿"(韦应物《将往滁城恋新竹,简崔都水示端》)、"引杖试荒泉,解带围新竹"(柳宗元《夏初雨后寻愚溪》)、"数竿新竹当轩上,不羡侯家立戟门"(司空图《涧户》),可见新竹有吸引人的特殊魅力。

---

① 《先秦汉魏晋南北朝诗》梁诗卷六,中册第 1641 页。

新竹的生长过程也是其物色之美的变化过程,新竹的物色美感既不同于旧竹和新笋,又同时具有旧竹和新笋的特点。我们将这一过程概括为"弃旧图新"的过程:

一方面,新竹渐渐脱去笋的痕迹,去掉箨的束缚。毕竟是"笋牙成竹冒霜雪"(元稹《有酒十章》),带有新笋的痕迹和气息,如"新绿苞初解,嫩气笋犹香"(韦应物《对新篁》)、"绿竹含新粉,红莲落故衣"(王维《山居即事》)、"细看枝上蝉吟处,犹是笋时虫蚀痕"(方干《越州使院竹》)。新竹自箨中长出,到笋箨垂落,解箨是笋成竹过程中的典型景象,如"野笋成竹,长风陨箨"(窦泉《述书赋上》)[1]、"解箨娟娟新竹长,弄香细细杂花开"(李处端《深静堂》)[2]、"半脱锦衣犹半著,箨龙未信没春寒"(杨万里《新竹》)[3],这种状态是新竹特有的,具有一定的美感价值。

另一方面,新竹自身的特点逐渐呈现,如新绿、霜粉、枝叶离披等。笋箨张开新竿抽出,如"笋竿抽玉管"[4]、"碧耸新生竹"(齐己《晚夏金江寓居答友生》)、"戢戢初成苗,骎骎渐可竿"(赵蕃《题新竹示韦德卿》)[5];竹竿呈现新绿,新竹之美呈露,如"婵娟碧鲜净"(杜甫《法镜寺》)、"细碧竿排郁眼鲜"(方干《题新竹》),丛竹则是"琅玕新脱笋,绿丛丛"(沈蔚《小重山》)。

新竹之美还在于含粉,如"新竹开粉奁"(刘禹锡《牛相公林亭雨后偶成》)、"节环腻色端匀粉"(方干《题新竹》)、"青苍才映粉,蒙密正含春"(朱庆余《震为苍筤竹》)、"箨干犹抱翠,粉腻若涂妆"(李建

---

① 《全唐文》卷四四七,第5册第4570页下栏左。
② 《全宋诗》第50册第31489页。
③ 《全宋诗》第42册第26243页。
④ 元晦残句,《全唐诗》卷五四七,第16册第6316页。
⑤ 《全宋诗》第49册第30532页。

勋《新竹》),有粉白黛绿之美。故白居易《题小桥前新竹招客》云:"皮开坼褐锦,节露抽青玉。筠翠如可餐,粉霜不忍触。"真是秀色可餐,令人倍加爱惜。

新竹之美也在枝叶的变化,"新竹日以密,竹叶日以繁"(郑刚中《大暑竹下独酌》)①,先是解箨放梢,如"小凤凰声吹嫩叶,短蛟龙尾袅轻烟"(方干《题新竹》)、"解箨时闻声簌簌,放梢初见叶离离"(陆游《东湖新竹》),到枝叶渐盛,如"含露渐舒叶,抽丛稍自长"(韦应物《对新篁》)、"垂梢丛上出,柔叶箨间成"(张蠙《新竹》),再到绿烟蒙密,如"墙头枝压和烟绿,枕上风来送夜寒"(李远《邻人自金仙观移竹》)、"直上心终劲,四垂烟渐宽"(齐己《新笋》),我们不难感受到新竹枝叶由少到多、由简趋繁的形态变化。

图18　新竹。王三毛摄于湖北恩施市芭蕉侗族乡戽口村。

笋成新竹的美感特点在于"层层离锦箨,节节露琅玕"(齐己《新笋》)的新旧交替过程,还未全脱笋箨,而又已具备老竹的植物特性。因此不少诗作着意表现其变化过程,如:

新篁才解箨,寒色已青葱。冉冉偏凝粉,萧萧渐引风。扶疏多透日,寥落未成丛。惟有团团节,坚贞大小同。(元稹《新竹》)

---

① 《全宋诗》第30册第19131页。

箨粉飘零干拂檐，午阴比似旧时添。栖留薄雾生秋意，勾引清风涤夏炎。弱质自同诗骨瘦，新竿也学舞腰纤。丁宁养就化龙杖，休劈轻丝织绣帘。（万俟绍之《次新竹韵》）[1]

无论是颜色青葱的变化、日影浓淡的添加，还是箨粉飘零、新竿纤纤，都是新竹物色之美的变化。新竹的特点还在于改变了环境，呈现出新的视觉趣味和美感境界，如"映水如争立，当轩自著行"（李建勋《新竹》），无论映水照影还是并立成行，都透着新竹对环境的美感渗透。再如"东风弄巧补残山，一夜吹添玉数竿"（杨万里《新竹》）[2]，新竹与残山互补而组成新的风景。

善于表现新竹情态的要数韩愈，其《新竹》诗云："笋添南阶竹，日日成清閟。缥节已储霜，黄苞犹掩翠。出栏抽五六，当户罗三四。高标陵秋严，贞色夺春媚。稀生巧补林，并出疑争地。纵横乍依行，烂熳忽无次。风枝未飘吹，露粉先涵泪。何人可携玩，清景空瞪视。"栏外户前罗列的几株新竹就构成了新风景，稀生补林、并出争地，或者纵横依行、烂熳无次，新竹形象在韩愈笔下显得鲜活生动。

新竹的物色美感虽然没有花卉艳丽，却也能以其新鲜嫩泽吸引人们审美的眼光，如"不有小园新竹色，君来那肯暂淹留"（崔道融《郊居友人相访》）。除了视觉美感，新竹在文人那里也有听觉感受，如"西斋新竹两三茎，也有风敲碎玉声"（刘兼《西斋》）、"幽禽啭新竹，孤莲落静池"（刘禹锡《酬乐天小台晚坐见忆》）。新竹之新还表现在一些幽微的方面，如"早蝉声寂寞，新竹气清凉"（张籍《夏日闲居》）、"要引好风清户牖，旋栽新竹满庭除"（李中《书郭判官幽斋壁》）、"新竹

---

① 《全宋诗》第 49 册第 30963 页。

② 《全宋诗》第 42 册第 26243 页。

傈傈韵晓风,隔窗依砌尚蒙笼"(刘禹锡《和宣武令狐相公郡斋对新竹》)、"心觉清凉体似吹,满风轻撼叶垂垂"(薛能《鳌峉官舍新竹》),这种清风带来的新竹气息是视觉和听觉所无法感受到的。

二、新竹的物候象征内涵

诗人应物有感,发为吟咏,因此文学中有一类自然物候意象。钟嵘《诗品序》云:"若乃春风春鸟,秋月秋蝉,夏云暑雨,冬月祁寒,斯四候之感诸诗者也。"文学中四季物候风景远不仅钟嵘所列几种。竹笋出土、解箨是春季的典型物事,因此与其他花树一起成为春天的象征,如"春笋方解箨,弱柳向低风"(萧琛《饯谢文学》)①,即以春笋解箨与弱柳向风并举为春季风景,"青苔已生路,绿筠始分箨"(韦应物《闲居赠友》)则以笋箨与青苔共同构成春景。

竹笋又与其他风物组成夏季景象,如"墙根新笋看成竹,青梅老尽樱桃熟"(韩元吉《菩萨蛮》)、"见笋成新竹,燕教雏飞,画堂清昼"(无

图 19　[清]石涛《笋竹图》

(天津艺术博物馆藏。纵 51.9 厘米,横 32.4 厘米。此画描写两枝竹笋破土而出,而一旁的新篁已经枝叶丛生。将竹笋的新鲜蓬勃以及新篁的翠叶、细枝刻画得十分传神。题诗:"出头原可上青天,奇节灵根反不然。珍重一身浑似玉,白云堆里万峰边。")

① 《先秦汉魏晋南北朝诗》梁诗卷一五,中册第 1804 页。

名氏《醉蓬莱》）①、"槐夏阴浓,笋成竿、红榴正堪攀折"（史浩《花心动》），分别以笋成竹与梅老樱熟、燕教雏飞、槐阴红榴等为夏季特征，以见春尽夏来。春笋飘箨类似花儿凋零，也能引起物候之感，如"风吹笋箨飘红砌，雨打桐花尽绿莎"（元稹《和乐天题王家亭子》）、"竹粉翻新箨，荷花拭靓妆"（程垓《望秦川》），笋箨与青苔、桐花、荷花等一起构成春尽夏来之景。

竹笋虽然在时间上关联着春夏两季，其情感意蕴却多牵系于春天。诗词中的相关意象多表达伤春去、恨夏来的情感，如"可堪春事已无多，新笋遮墙苔满院"（毛开《玉楼春》）、"花事阑珊竹事初，一番风味殿春蔬"（曾几《食笋》）②、"待得来时春尽也，梅著子，笋成竿"（辛弃疾《江神子》）等。

竹笋既是春季物事，笋是否已成新竹也就指示是否已经春去。敏感的诗人甚至于笋生时已预感春日无多，如"红紫飘零笋蕨抽，一年芳事又成休"（卫宗武《山行》其八）③、"荐笋同时，叹故园春事，已无多了"（王沂孙《三姝媚》）。因此竹笋已然成了时令的象征，"一年春事，柳飞轻絮，笋添新竹"（曾纡《品令》），故称"笋令"，如"情纵在，欢难更。满身香犹是，旧时笋令"（袁去华《满江红》）。较早表达竹笋物候内涵的，如鲍照《采桑》："季春梅始落，女工事蚕作。采桑淇洧间，还戏上宫阁。早蒲时结阴，晚篁初解箨。"④笋箨与早蒲构成初夏之景。笋成新竹既然能象征春去，进一步泛化也就可以象征时间流逝，如"已闻成竹木，更道长儿童"（皇甫冉《送王绪剡中》）。

---

① 《全宋词》第 5 册第 3690 页。
② 《全宋诗》第 29 册第 18572 页。
③ 《全宋诗》第 63 册第 39491 页。
④ 《先秦汉魏晋南北朝诗》宋诗卷七，中册第 1257 页。

古代伤春者典型的莫过于思妇，故新笋成竹意象多见于闺怨题材诗词中。孙擢《答何郎诗》："幽居少怡乐，坐静对嘉林。晚花犹结子，新竹未成阴。夫君阻清切，可望不可寻。处处多谖草，赖此慰人心。"①"新竹未成阴"与"晚花犹结子"组成晚春风景，主人公对此思春怀人。再如王僧孺《春怨诗》：

> 四时如湍水，飞奔竞回复。夜鸟响嘤嘤，朝光照煜煜。
> 厌见花成子，多看笋为竹。万里断音书，十载异栖宿。积愁
> 落芳鬓，长啼坏美目。君去在榆关，妾留住函谷。惟对昔邪房，
> 如愧蜘蛛屋。独唤响相酬，还将影自逐。象床易毡簟，罗衣
> 变单复。几过度风霜，犹能保茕独。②

诗写征人之妇思夫念旧的怨情。诗中"厌见花成子，多看笋为竹"既表示时间流逝，也暗含"茕独"无子的处境。后代"新笋已成堂下竹"（周邦彦《浣溪沙》）等富于创意的句子都可溯源自此。

笋成竹与花结子一样，都是闺怨女性怕见的物象，因其暗示春天已去，也喻示女人生子、子女长成，以此暗示时间流逝、青春老去，阻隔不偶的感情因此得到强烈渲染。敦煌曲子词《菩萨蛮》："朱明时节樱桃熟，卷帘嫩笋初成竹。小玉莫添香。正嫌红日长。四支无气力。鹊语虚消息。愁对牡丹花。不曾君在家。"③崔曙《古意》："绿笋总成竹，红花亦成子。能当此时好，独自幽闺里。夜夜苦更长，愁来不如死。"都写闺中女子看见笋变琅玕的景象而引发怀春之思。

诗人词客也每每感慨于新笋成竹，以寄托青春倏去、岁华难留之感，

① 《先秦汉魏晋南北朝诗》梁诗卷九，中册第 1715 页。
② 《先秦汉魏晋南北朝诗》梁诗卷一二，中册第 1770 页。
③ 《全唐五代词》，下册第 906 页。

如"几见林抽笋，频惊燕引雏"①、"看尽好花成子，暗惊新笋抽林"(利登《风入松》)、"新笋旋成林，梅子枝头雨更深"(韩元吉《南乡子》)、"但恐春将老，青青独尔为"(李颀《篱笋》)、"青春又归何处，新笋绿成行"(沈蔚《诉衷情》)，新笋成林也就意味着春事已去、韶华难留。

三、笋成新竹的成材之喻

俗语云："笋因落选才成竹。"其实是误解。据学者研究，开始出土的笋和后出的笋应全部挖掉，理由是："挖除全部早期笋，破坏了竹林的顶端优势，有利于诱使更多的笋芽萌发出笋，若在出笋初期留养新竹，则由于母竹所提供的营养物质大部被新竹所吸收，其他笋芽发育则受抑制，减少了出笋量。在出笋末期留笋养竹，则新竹长势不好。因此，笋用林应在出笋高峰期间逐日留足所需留养的母竹。"②古人对此也有认识，如"晚笋难成竹，秋花不满丛"(李端《题山中别业》)。可见成材是笋的目的，但并非因为落选才成材。

因为笋的目标是成竹成材，所以笋成新竹就有了成材的象征内涵，表现在：

其一，玉笋比喻人才。《新唐书·李宗闵传》："俄复为中书舍人，典贡举，所取多知名士，若唐冲、薛庠、袁都等，世谓之玉笋。"③这是玉笋比喻人才之始。其后玉笋比喻人才非常流行。如《鸡跖集》："李

---

① 白居易《东南行一百韵寄通州元九侍御澧州李十一舍人果州崔二十二使君开州韦大员外庚三十二补阙杜十四拾遗李二十助教员外窦七校书》，《全唐诗》卷四三九，第13册第4878页。
② 黄伯惠、华锡奇、陈伯翔《不同笋用竹种笋期生长规律观察》，《竹子研究汇刊》1994年第3期，第33页。
③ 《新唐书》卷一七四，第17册第5235页。

相知举门生多清秀,谓之玉笋生。"①刘弇《赠饶倅陈伯模朝奉二首郡事》其二:"宜有玺书旌治状,饱闻玉笋数门生。"②人才可喻为玉笋,因此"玉笋班"也可比喻朝班英才济济,如"浑无酒泛金英菊,漫道官趋玉笋班"(郑谷《九日偶怀寄左省张起居》)、"迹去金銮殿,官移玉笋班"(王禹偁《滁上谪居》其一)③。

其二,笋成竹,喻人成材。笋成竹的过程是才美不断外现的过程。初生之时,"笋在苞兮高不见节"(元稹《古决绝词》三首其二),随着新笋拔节,"箨落长竿削玉开"(李贺《昌谷北园新笋》四首其一),美感逐渐呈露。戴叔伦《女耕田行》:"乳燕入巢笋成竹,谁家二女种新谷。"此两句在全诗开头,比兴意味很浓,既指节令,也喻指二女成人。黄庭坚《元师自荣州来追送余于泸之江安绵水驿因复用旧所赋此君轩诗韵赠之并简元师法弟周彦公》:"箨龙森森新间旧,父翁老苍孙子秀。"④也以旧竹新笋比拟翁孙。

其三,笋高于竹,喻人才青出于蓝。新笋的长势令人惊讶,所谓"更容一夜抽千尺,别却园池数寸埃"(李贺《昌谷北园新笋》四首其一)。故新笋常常高于旧林,如"常羡庭边竹,生笋高于林"(曹邺《四怨三愁五情诗十二首·四情》),可用以譬喻新人胜旧。

笋成新竹比喻人成材,当源自两方面:一是从形象美感的角度以竹喻人,一是从经济价值的角度以竹喻才。对新竹经济价值的思考,如李涉《头陀寺看竹》:"寺前新笋已成竿,策马重来独自看。可惜班

---

① [宋]杨伯嵒撰《六帖补》卷七"门生"条引,《影印文渊阁四库全书》第948册第771页下栏左。
② 《全宋诗》第18册第12028页。
③ 《全宋诗》第2册第754页。
④ 《全宋诗》第17册第11600页。

皮空满地，无人解取作头冠。"说的是笋箨，而一般对新竹价值的理解主要在于竹子主干的利用。笋成新竹的材美象征内涵的形成，与笋喻稚子、竹喻佳人或君子也可能有关。李翱《来南录》："（元和四年六月）戊寅，入东荫山，看大竹笋如婴儿，过湞阳峡。"①以新笋比喻婴儿。新竹也常被与人比高，如"游归笋长齐童子，病起巢成露鹤儿"（李洞《赠三惠大师》）、"笋蹊已长过人竹，藤径从添拂面丝"（曹松《李郎中林亭》），这可能也对笋成新竹的材美之喻有所影响。

黄庭坚《刘明仲墨竹赋》：

> 子刘子山川之英，骨毛粹清。用意风尘之表，如秋高月明。游戏翰墨，龙蛇起陆。尝其余巧，顾作二竹。其一枝叶条达，惠风举之。瘦地笋笴，夏箁解衣。三河少年，禀生勤刚，春服楚楚，侠游专场。王谢子弟，生长见闻，文献不足，犹超人群。其一折干偃蹇，斫头不屈，枝老叶硬，强项风雪。廉、蔺之骨成尘，凛凛犹有生气。虽汲黯之不学，挫淮南之锋于千里之外。子刘子陵云自许，按剑者多，故以归我，请观谓何。②

文中黄庭坚形容画上两枝竹子，也是以人喻之，这种思路缘于自古以来竹喻君子的传统，是兼美感与气质而言。

四、笋成新竹的凌云之志象征意义

竹笋出土虽短小，终能长成高竹，蕴蓄着向上之势、凌云之心。唐前文学咏竹，言其高大多说"梢云"，如"竹生荒野外，梢云耸百寻"（刘孝先《咏竹诗》）③、"徒嗟今丽饰，岂念昔凌云"（沈满愿《咏五彩

---

① 《全唐文》卷六三八，第7册第6443页上栏右。
② 《全宋文》第104册第244页。
③ 《先秦汉魏晋南北朝诗》梁诗卷二六，下册第2066页。

竹火笼诗》)①, 还较少关注新笋的这种动态生长之势。唐诗中就多有相关诗句, 如"出来似有凌云势"(徐光溥《同刘侍郎咏笋》)、"凌虚势欲齐金刹"(陆龟蒙《奉和袭美闻开元寺开笋园寄章上人》), 或直接描写其长势, 或借金刹烘托其高大, 重心都在竹笋的长势, 甚至咏竹也描绘其凌云之势, 如"龙钟负烟雪, 自有凌云心"(袁邕《东峰亭各赋一物得阴崖竹》)。将新笋凌云之势应用于人格比德也始于唐代, 兹举三首代表性诗作如下:

绿竹半含箨, 新梢才出墙。色侵书帙晚, 阴过酒樽凉。雨洗娟娟净, 风吹细细香。但令无翦伐, 会见拂云长。(杜甫《严郑公宅同咏竹得香字》)

嫩箨香苞初出林, 五陵论价重如金。皇都陆海应无数, 忍翦凌云一寸心。(李商隐《初食笋呈座中》)

箨落长竿削玉开, 君看母竹是龙材。更容一夜抽千尺, 别却园池数寸埃。(李贺《昌谷北园新笋》四首其一)

以上三诗虽都是突出竹笋凌云之志, 但各有侧重, 前两诗都有爱材护才之意, 末诗则偏于材质身世而有自负之意。新笋凌云之志的象征意义多为后代文人所继承, 如"孤生崖谷间, 有此凌云气"([元]杨载《题墨竹》)、"竹林早识青云器, 茂苑争传白苎词"(徐中行《赠梁伯龙》)②。

---

① 《先秦汉魏晋南北朝诗》梁诗卷二八, 下册第 2135 页。
② [明]梁辰鱼撰《梁辰鱼集·附录》, 上海古籍出版社 1998 年版, 第 614 页。

第三节　竹林隐逸内涵研究

据现代学者研究，"士人好竹最早是从东晋开始"[1]，"与汉魏人在诗文中提到'竹'(曹植《节游赋》"竹林青葱")的气氛大不一样"[2]。到底怎么不一样，学者并未细究。大致说来，除物色美感之外，人格象征、隐逸内涵等方面因素应该起到重要作用，而竹林隐逸内涵的形成，无疑丰富了竹林的想象空间。

图20　［东晋］南京西善桥出土竹林七贤和荣启期砖刻画。（图片引自沈从文著《中国古代服饰研究》。商务印书馆2011年版。第240页）

---

[1]　胡俊《〈南朝〉画像砖〈竹林七贤与荣启期〉何以无竹》，《南京艺术学院学报》2007年第3期，第130页右。

[2]　刘康德《"竹林七贤"之有无与中古文化精神》，《复旦学报（社会科学版）》1991年第5期，第107页。

一、竹子隐逸文化内涵的形成

竹子隐逸内涵起源甚早，一是来自夷齐首阳孤竹，二是来自凤与竹的联系，三是渔父与作为钓竿之竹的联系。这三者其实是相通的，既有对现实世界的不满和对清明之世的期待，又有对自己独立人格的坚持。

（一）孤竹与隐逸内涵

先秦时期孤竹既指制作乐器的材料，也指国名。《周礼·春官·大司乐》："孤竹之管，云和之琴瑟，云门之舞，冬日至，于地上圜丘奏之。"郑玄注："孤竹，竹特生者。"[1]可见孤竹指材质的孤生特生，也与孤独、孤贞等品格有联系，也就易于形成不合时宜与难谐流俗的内涵。孤竹虽为良材，但生于深山，材难为用，也易于附会士人不遇的遭遇而形成隐逸内涵。

孤竹也指北方小国。《史记·周本纪》："伯夷、叔齐在孤竹，闻西伯善养老，盍往归之。"《集解》引应劭曰："在辽西令支。"《正义》引《括地志》云："孤竹故城在平州卢龙县南十二里，殷时诸侯孤竹国也，姓墨胎氏也。"[2]《庄子·让王》：

> 昔周之兴，有士二人，处于孤竹，曰伯夷、叔齐。二人相谓曰："吾闻西方有人，似有道者，试往观焉。"至于岐阳，武王闻之，使叔旦往见之，与盟曰："加富二等，就官一列。"血牲而埋之。二人相视而笑曰："嘻！异哉！此非吾所谓道也。昔者神农之有天下也，时祀尽敬而不祈喜；其于人也，忠信尽治而无求焉。乐与政为政，乐与治为治，不以人之坏自成也，

---

① 《周礼注疏》卷二二，第 587 页。
② 《史记》卷四，第 1 册第 116 页。

107

不以人之卑自高也，不以遭时自利也。今周见殷之乱而遽为政，上谋而下行货，阻兵而保威，割牲而盟以为信，扬行以说众，杀伐以要利，是推乱以易暴也。吾闻古之士遭治世不避其任，遇乱世不为苟存。今天下闇，周德衰，其并乎周以涂吾身也，不如避之以洁吾行。"二子北至于首阳之山，遂饿而死焉。若伯夷、叔齐者，其于富贵也，苟可得已，则必不赖。高节戾行，独乐其志，不事于世，此二士之节也。

后遂用"孤竹"借指伯夷、叔齐，也称孤竹二子。伯夷、叔齐可称隐士，"孤竹"因此具有隐逸内涵。

晋以前诗文中咏孤竹已很普遍，如：

穷隐处兮窟穴自藏。与其随佞而得志兮。不若从孤竹于首阳。（东方朔《嗟伯夷》）[1]

誓将去汝，适彼首阳。孤竹二子，与我连行。（扬雄《逐贫赋》）[2]

览首阳于东隅，见孤竹之遗灵。心于悒而感怀，意惆怅而不平。望坛宇而遥吊，抑悲古之幽情。（王粲《吊夷齐文》）[3]

原思悦于蓬户兮，孤竹欣于首阳。（陆云《喜霁赋》）[4]

无论是凭吊歌颂，还是感慨自比，都可见对孤竹二子孤高品格和隐逸行为的仰慕。

再如晋葛洪《抱朴子·博喻》："孤竹不以绝粒，易鹿台之富；子

---

① 《先秦汉魏晋南北朝诗》汉诗卷一，上册第101页。
② 《全上古三代秦汉三国六朝文》全汉文卷五二，第1册第408页下栏左。
③ 《全上古三代秦汉三国六朝文》全后汉文卷九一，第1册第966页上栏左。
④ 《全上古三代秦汉三国六朝文》全晋文卷一〇〇，第2册第2032页下栏右。

廉不以困匮，贸铜山之丰。"①阙名《邑主造像碑》："蒲车岩阿，访逸求贤。孤竹舍薇，黄绮执鞭。"②南朝宋范晔《逸民传论》："武尽美矣，终全孤竹之絜。"唐李德裕《赠右卫将军李安制》："往者，产禄擅朝，充躬交乱，每念王室，殆于陷危，不惮芳兰之焚，竟全孤竹之志。"从这些材料可以看出，孤竹已经成为伯夷、叔齐隐逸之志的代名词。《易·坤·文言》："天地变化，草木蕃；天地闭，贤人隐。"隐士多为贤人，由此又衍生出孤竹象征贤人的意蕴。

孤竹是国名，是否与竹子有关，学界迄无定论。但至少可以引发联想，从而将隐逸内涵附会于竹子③。较早产生这种联想的是唐人，如张祜《首阳竹》："首阳山下路，孤竹节长存。"杨万里《清虚子此君轩赋》："盖君子于竹比德焉。汝视其节凛然而孤也，所谓直哉史鱼邦有道如矢者欤？汝视其貌顒然而臞也，所谓伯夷叔齐饿于首阳之下民到于今称之者欤？汝视其中洞然而虚也，所谓回也其庶乎屡空有若无者欤？"清代符曾说："竹非晓人，不足与论。其清修高韵，离去尘垢，风节要在首阳之间。下此难与言扳跻矣。"又说："余性爱竹，寤寐不忘，孤竹君遂见梦于余曰：子亦知有墨台氏乎，吾即其二子也；

---

① ［晋］葛洪撰、杨明照校笺《抱朴子外篇校笺》卷三八《博喻》，中华书局1997年版，下册第277页。
② 《全上古三代秦汉三国六朝文》全后魏文卷五八，第4册第3807页下栏左。
③ 成书于战国时期的《尔雅·释地》云："觚竹、北户、西王母、日下，谓之四荒。"郝懿行《尔雅义疏》解释说："觚竹即孤竹。《齐语》云'北伐山戎，刜令支，斩孤竹'。汉《地理志》：'辽西郡令支有孤竹城。'按其地在今永平府也。"孤竹国地理范围的南限，一般根据《史记·周本纪》正义引《括地志》"孤竹故城在平州卢龙县南十二里，殷时诸侯孤竹国也"。按照竺可桢的观点，古代气候比现在温暖，孤竹国生长竹子不是没有可能。《述异记》载东海畔有孤竹，"斩而复生，中有管，周武王时，孤竹之国献瑞笋一株"。此传说反映了古人将孤竹国与竹子联系起来的观念。

赖子虚心，表余苦节，无以报子，报子以渭川千亩，子亦可以自豪矣。醒而诧于人曰：竹灵矣哉，富锡侯封，保赍余之厚也。"①竹笋也被附会说成孤竹子，如"笋如滕薛争长，竹似夷齐独清"（杨万里《看笋六言》）②、"定应孤竹子，未脱老莱衣"（蒋华子《笋》）③、"自从孤竹夷齐死，清节何人萃一门"（姜特立《啖笋》）④。

（二）凤栖食于竹与隐逸内涵

竹子与凤凰的联系较古。《庄子·秋水》："南方有鸟，其名鹓鶵，子知之乎？夫鹓鶵，发于南海而飞于北海，非梧桐不止，非练实不食，非醴泉不饮。"后代遂形成凤凰又非竹实不食的观念，如"翠实离离，凤皇攸食"（刘桢《鲁都赋》）⑤。

后来又附会出竹林是凤凰栖息之处的说法，如"来风韵晚径，集凤动春枝"（贺循《赋得夹池修竹诗》）⑥。竹实是凤凰的食物，成为吸引它降落栖息的重要因素，如"知尔结根香实在，凤皇终拟下云端"（李绅《新楼诗二十首·南庭竹》）。没有竹实或竹花，凤凰也就离去，如"甘泉无竹花，鹓鶵欲还海"（吴均《周承未还重赠诗》）⑦、"云生龙未上，花落凤将移"（张正见《赋得山中翠竹诗》）⑧。凤凰"匪桐不栖，匪竹不食"（刘琨《答卢谌诗》八章其六）⑨，成为其高洁品性的象征。因

① ［清］符曾《评竹四十则》，转引自范景中《竹谱》，载范景中、曹意强主编《美术史与观念史》第Ⅶ辑，南京师范大学出版社 2009 年版，第 300、302 页。
② 《全宋诗》第 42 册第 26158 页。
③ 《全宋诗》第 72 册第 45282 页。
④ 《全宋诗》第 38 册第 24159 页。
⑤ 《全汉赋校注》下册第 1121 页。
⑥ 《先秦汉魏晋南北朝诗》陈诗卷六，下册第 2554—2555 页。
⑦ 《先秦汉魏晋南北朝诗》梁诗卷一一，中册第 1742 页。
⑧ 《先秦汉魏晋南北朝诗》陈诗卷三，下册第 2495—2496 页。
⑨ 《先秦汉魏晋南北朝诗》晋诗卷一一，中册第 852 页。

此竹子与凤凰结缘也有着隐逸内涵。庄子以"非梧桐不止，非练实不食，非醴泉不饮"的鹓鶵自比，表现出对独立高洁人格的追求。

除了这种高洁人格的象征外，凤凰出现还是治世之象。《韩诗外传》谓："黄帝时，凤凰栖帝梧桐，食帝竹实，没身不去。"崔骃《七言诗》："鸾鸟高翔时来仪。应治归德合望规。啄食楝实饮华池。"①楝实即竹食。可见凤凰应治归德，只出现于治世。则养竹待凤也就具有隐逸待时的意义。刘桢《赠从弟诗三首》其三："凤皇集南岳，徘徊孤竹根。于心有不厌，奋翅凌紫氛。岂不常勤苦，羞与黄雀群。何时当来仪，将须圣明君。"②此诗"孤竹"也可能暗喻自己如伯夷、叔齐一样的处境与节操。但此诗主要是以凤凰自比，表达隐逸期时的愿望。

竹林是凤凰游食之地，就凤凰而言，是择林而栖。如刘善明《答释僧岩书》："度君齿德，方享元吉，未能俯志者，正当游翔择木，待椅桐竹实耳。"③就竹林而言，是待凤引凤，如"抱节不为霜霰改，成林终与凤凰期"（罗邺《竹》）。凤凰不至也就意味着世无知音，如宋之问《琴曲歌辞·绿竹引》："青溪绿潭潭水侧，修竹婵娟同一色。徒生仙实凤不游，老死空山人讵识。妙年秉愿逃俗纷，归卧嵩丘弄白云。"人们因此也以竹林为隐士高蹈之地，如谢灵运《山居赋》云："蔑上林与淇澳，验东南之所遗。企山阳之游践，迟鸾鷖之栖托。"④

（三）竹子材美与隐逸内涵

竹子拟喻人才的思想渊源较早，如"其在人也，如竹箭之有筠也"（《礼记·礼器》），到魏晋时代成为普遍意识。

---

① 《先秦汉魏晋南北朝诗》汉诗卷五，上册第 171 页。
② 《先秦汉魏晋南北朝诗》魏诗卷三，上册第 371 页。
③ 《全上古三代秦汉三国六朝文》全齐文卷一八，第 3 册第 2894 页下栏右。
④ 《全上古三代秦汉三国六朝文》全宋文卷三一，第 3 册第 2606 页上栏右。

阮籍《咏怀诗》八十二首其四十五：“幽兰不可佩，朱草为谁荣。修竹隐山阴，射干临增城。葛藟延幽谷，绵绵瓜瓞生。乐极消灵神，哀深伤人情。竟知忧无益，岂若归太清。”①“修竹隐山阴”本于《吕氏春秋·古乐》。曾国藩说：“‘幽兰’四句，喻当时之贤士。‘葛藟’二句，喻当时之在势者。”②此说稍有不当，修竹与射干是对比而言③。阮籍此诗所用修竹之典值得仔细体味，修竹生于嶰谷，比喻隐逸处境，未为世用，其材质比喻人才，为伶伦所识比喻为世所用。

张正见《赋得山中翠竹诗》：“修竹映岩垂，来风异夹池。复涧茂高节，重林隐劲枝。云生龙未上，花落凤将移。莫言栖嶰谷，伶伦不复吹。”④诗咏山中翠竹，也有怀才不遇之叹，“龙未上”“凤将移”以及“伶伦不复吹”都透露着这一信息。再如袁宏《三国名臣颂》：“赫赫三雄，并回乾轴。竞收杞梓，争采松竹。凤不及栖，龙不暇伏。谷无幽兰，岭无停菊。”⑤也是以“松竹”比喻人才。《汉魏南北朝墓志汇编》载《魏故处士元君墓志》：“君资性夙灵，神仪卓尔，少玩之奇，琴书逸影。虽曾闵淳孝，无以加其前；颜子餐道，亦莫迈其后。日就月将，

---

① 《先秦汉魏晋南北朝诗》魏诗卷一〇，上册第 505 页。
② 陈伯君校注《阮籍集校注》，中华书局 1987 年版，第 337 页。
③ 射干一为兽名，一为草名。此处指多年生草本植物，叶剑形排成两行，夏季开花，花被橘红色，有深红斑点。根可入药。《广雅·释草》：“鸢尾、乌蓬，射干也。”而增城为神话中地名，亦作“增成”。《楚辞·天问》：“增城九重，其高几里？”《淮南子·墬形训》：“掘昆仑虚以下地，中有增城九重，其高万一千里百一十四步二尺六寸。”可见增城是极高之地的代表。射干为矮草，却生于高处。故《荀子·劝学》云：“西方有木焉，名曰射干，茎长四寸，生于高山之上，而临百仞之渊。”
④ 《先秦汉魏晋南北朝诗》陈诗卷三，下册第 2495—2496 页。
⑤ 《晋书》卷九二《袁宏传》，第 8 册第 2394 页。

112

若望舒荡魄；年成岁秀，若腾曦洁草。松邻竹侣，熟不仰叹矣。"[①]"松邻竹侣"是形容其材如松如竹。

竹子虽然极具材美，功用广泛，但是处境幽隐，多生长崖下涧底，如"修竹郁兮翳崖趾"（夏侯湛《江上泛歌》）[②]、"清冷涧下濑，历落松竹林"（王羲之《答许询诗》）[③]，类似"涧底松"的处境。因为"涧底松"的不得意和"修竹隐山阴"的隐逸内涵，所以松竹并称也就具有山野隐逸、不为世用的意蕴，如"琴尊野尚，松竹山情"（杨炯《原州百泉县令李君神道碑》）[④]、"但对松与竹，如在山中时"（白居易《夏日独直寄萧侍御》）。辛弃疾《贺新郎·题赵兼善龙图东山小鲁亭》："快满眼，松篁千亩。把似渠垂功名泪，算何如、且作溪山主。"也是表现不得志的隐逸处境。

（四）竹子凌寒之性与隐逸内涵

对竹子凌寒之性的认识早在先秦时代已有。《礼记·礼器》："其在人也，如竹箭之有筠也，如松柏之有心也。二者居天下之大端矣，故贯四时而不改柯易叶。"此处松竹的共同特质在于虽处寒冬而不改柯易叶。凌寒修竹既具生命美感又有生命活力，魏晋以来重生意识勃发，修竹因此备受青睐。晋人印象中的竹子是带霜的，如"兰栖湛露，竹带素霜"（谢安《与王胡之诗》六章其五）[⑤]。再如张协《杂诗》十首其二：

大火流坤维，白日驰西陆。浮阳映翠林，回飚扇绿竹。

---

① 赵超著《汉魏南北朝墓志汇编·北魏·魏故处士元君墓志》，天津古籍出版社 2008 年版，第 68 页。

② 《先秦汉魏晋南北朝诗》晋诗卷二，上册第 594 页。

③ 《先秦汉魏晋南北朝诗》晋诗卷一三，中册第 896 页。

④ 《全唐文》卷一九四，第 2 册第 1967 页下栏右。

⑤ 《先秦汉魏晋南北朝诗》晋诗卷一三，中册第 905 页。

飞雨洒朝兰，轻露栖丛菊。龙蛰暄气凝，天高万物肃。弱条不重结，芳蕤岂再馥。人生瀛海内，忽如鸟过目。川上之叹逝，前修以自勖。①

诗中人生叹逝的感慨是魏晋时代的普遍意识，作者用以表现生命美好之象的有翠林、绿竹、朝兰、丛菊等，这些意象同时也是生命贞固的象征。竹林之景，如"幽意岁寒多"（张纮《和吕御史咏院中藂竹》）、"十亩琅玕寒照座"（苏过《从范信中觅竹》）②，其环境之清幽实在令人向往。

在各种植物耐寒性的比较中，竹子最终进入先进行列，与松柏等成为世俗意识中耐寒植物的代表。后代以松竹、竹柏并提，既比喻凌寒坚贞品格，也用以比喻隐逸处境，如"峭蒨青葱间，竹柏得其真"（左思《招隐诗二首》其二）③，竹柏凌寒青葱，环境清幽。再如戴逵《闲游赞》："故荫映岩流之际，偃息琴书之侧，寄心松竹，取乐鱼鸟，则澹泊之愿，于是毕矣。"④"寄心松竹"也是表达隐逸愿望。

（五）竹子的道教利用与隐逸内涵

很多植物都与道教有密切关系，其中一部分又形成隐逸内涵，松、竹是较为突出的。如陶弘景辞官，自称"灭影桂庭，神交松友"（陶弘景《解官表》）⑤。道教徒常常"松子为餐，蒲根是服"（萧绎《与刘智藏书》）⑥，竹实、竹笋也是常食之物。箫笛等乐器有助于成仙，也成为道教尊崇之物，如"王子好箫管，世世相追寻"（阮籍《咏怀》）。竹

---

① 《先秦汉魏晋南北朝诗》晋诗卷七，上册第 745 页。
② 《全宋诗》第 23 册第 15489 页。
③ 《先秦汉魏晋南北朝诗》晋诗卷七，上册第 735 页。
④ 《全上古三代秦汉三国六朝文》全晋文卷一三七，第 3 册第 2250 页下栏右。
⑤ 《全上古三代秦汉三国六朝文》全梁文卷四六，第 4 册第 3214 页上栏左。
⑥ 《全上古三代秦汉三国六朝文》全梁文卷一七，第 3 册第 3049 页上栏右。

子凌寒不凋之性在道教徒看来也是长生成仙的象征。如郭元祖《列仙传赞》云："若夫草木，皆春生秋落必矣。而木有松柏橿檀之伦百八十馀种，草有芝英萍实灵沼黄精白符竹翣戒火长生不死者万数，盛冬之时，经霜历雪，蔚而不凋。见斯其类也，何怪于有仙邪？"[①]竹子的这些道教功能使得修炼的道教徒常隐居深山竹林，竹林也因此染上隐逸内涵。竹子隐逸内涵还体现于带有神怪色彩的传说。如《四川志》："汉窦谊居蜀之峨眉，放浪不羁。月夜子规啼竹上，谊曰：'竹裂，吾可归峨峰。'是夕竹裂，黎明遁于峨峰。武帝三征，不起。"[②]以竹裂预示并坚定其归隐之志。

由以上分析可知，竹子隐逸内涵有多方面的表现形式，涉及竹子植物特性、材质功用、神话传说与道教利用等不同方面。这表明竹子隐逸内涵具有明显而丰富的存在，在象征隐逸的众多植物中特别突出，值得我们重视。

二、竹与隐逸生活方式

竹子与古代隐逸文化渊源颇深，隐逸文化各方面都渗透着竹子的影响，渔隐钓以竹竿，林隐隐于竹林，市隐也植竹寄情，都与竹子有关。本节根据传统所理解的隐居方式，及其与竹林的关系，分为渔隐、林隐、市朝之隐三种。

（一）渔隐

先秦隐者似乎多是渔父，如《庄子·渔父》《楚辞·渔父》等无名渔父，有名姓的渔父，早期较为著名的有吕尚、严光等。《史记·齐太

---

① 《全上古三代秦汉三国六朝文》全晋文卷一三九，第 3 册第 2262 页上栏左。
② ［清］汪灏等撰《御定佩文斋广群芳谱》卷八二，《影印文渊阁四库全书》
　　第 847 册第 276 页下栏左。《御定佩文斋广群芳谱》，以下简称《广群芳谱》。

公世家》："吕尚盖尝穷困，年老矣，以渔钓奸周西伯。"①吕尚钓于渭水，遇周文王，后辅佐武王伐纣灭殷。《后汉书·严光传》："（严光）少有高名，与光武同游学。及光武即位，乃变名姓，隐身不见。帝思其贤，乃令以物色访之。后齐国上言：'有一男子，披羊裘钓泽中。'帝疑其光，乃备安车玄纁，遣使聘之。三反而后至。"吕尚是先隐后仕，严光是不慕荣利，其目的虽稍有不同，隐为渔父的经历则一致。

渔钓既是一种职业或谋生手段，也反映了适意安闲的心境和材不为用的避世状态。《庄子·刻意》云："就薮泽，处闲旷，钓鱼闲处，无为而已矣。此江海之士，避世之人，闲暇者之所好也。"即是避世的渔钓形象。渔父形象多持竿垂钓，如"庄子钓于濮水，楚王使大夫二人往先焉，曰：'愿以境内累矣！'庄子持竿不顾"（《庄子·秋水》）。文献记载隐者未及渔钓的，好事者也要附会上去，可见渔隐之深入人心。《国语·越语》："反至五湖，范蠡辞于王……遂乘轻舟以浮于五湖，莫知其所终极。"因范蠡"泛舟五湖"，故后世文人也将他附会于渔钓，如"一船明月一竿竹，家住五湖归去来"（罗隐《曲江春感》）。

有的渔父生活在竹林，如"渔钓未归深竹里，琴壶犹恋落花边"（曹松《罗浮山下书逸人壁》）、"乍似秋江上，渔家半掩扉"（崔元翰《雨中对后檐丛竹》）、"野寺山边斜有径，渔家竹里半开门"（李嘉祐《送朱中舍游江东》），这也是渔父与竹子结缘的因素。甚至垂钓之台也就竹而垒，如"垂钓石台依竹垒"（杜荀鹤《山居寄同志》）。

竹子与渔父的联系虽说还有竹叶之舟、吹竹而歌等可联想之处，如"竹叶舟中渔父"（史浩《瓜州渡头六言》）②、"竹声渔父歌"（释

---

① 《史记》卷三二，第 5 册第 1477 页。
② 《全宋诗》第 35 册第 22158 页。

116

清江《湘川怀古》），但主要还是源于钓竿。竹子是天然合适的钓竿，如"左援修竹，右纵飞纶"（潘尼《钓赋》）①、"竹竿籊籊，河水浟浟"（南朝宋渔父《答孙缅歌》）②、"竹竿横翡翠，桂髓掷黄金"（张正见《钓竿篇》）③，都可见竹子的钓竿之用。因此人们见竹、种竹便思作钓竿之用，如"养一箔蚕供钓线，种千茎竹作渔竿"（杜荀鹤《戏赠渔家》）、"满眼尘埃驰骛去，独寻烟竹剪渔竿"（郑谷《宣义里舍冬暮自贻》）、"石径可行苔色厚，钓竿时斫竹丛疏"（杜荀鹤《戏题王处士书斋》）。再如"第一莫教渔父见，且从萧飒满朱栏"（李远《邻人自金仙观移竹》），从反面着笔，也是以钓竿用竹为前提。

竹子既作钓竿之用，便成为渔隐形象的核心元素之一，如"数尺寒丝一竿竹，岂知浮世有猜嫌"（李洞《曲江渔父》）、"一叶一竿竹，眉须雪欲零"（贯休《渔父》）、"此去行持一竿竹，等闲将狎钓渔翁"（刘长卿《避地江东，留别淮南使院诸公》）、"一竿青竹老江隈，荷叶衣裳可自裁"（秦韬玉《钓翁》）、"毕竟输他老渔叟，绿蓑青竹钓浓蓝"（齐己《潇湘》）。发展到后来，竹子就

图21　[清]冷枚《竹林七贤图》。（尺幅及收藏地信息不详。冷枚（约1669—1742），字吉臣，号金门画史，山东胶州（今山东胶县）人。清代宫廷画家）

---

① 《全上古三代秦汉三国六朝文》全晋文卷九四，第 2 册第 1999 页下栏左。
② 《先秦汉魏晋南北朝诗》宋诗卷一〇，中册第 1327 页。
③ 《先秦汉魏晋南北朝诗》陈诗卷二，下册第 2471 页。

成为渔竿、渔父的象征物，如"渭滨若更征贤相，好作渔竿系钓丝"（罗邺《竹》）、"吾家钓台畔，似此两三茎"（方干《方著作画竹》）、"只缘五斗米，辜负一渔竿"（岑参《初授官题高冠草堂》）。

（二）林隐

渔父之外，隐者大多栖隐山林，又多依竹林而居。竹间能遂隐逸之志，其意已见于汉代马融的表述。其《与谢伯世书》云："慊慊愁思，犹不解怀。思在竹间，放狗逐麋，晚秋涉冬，大苍出笼，黄棘下菟，苇以乾葵，以送余日，兹乐而已。"[1]东汉仲长统自叙志向时也表达归隐田园的愿望："居有良田广宅，背山临流，沟池环匝，竹木周布，场围筑前，果园树后。"[2]这些还只是对竹林间生活的向往，到魏晋时代已被大量实践。如：

（郭文）恒著鹿裘葛巾，不饮酒食肉，区种菽麦，采竹叶木实，贸盐以自供。（《晋书·郭文传》）[3]

（董京）于其所寝处惟有一石竹子及诗二篇。其一曰："乾道刚简，坤体敦密，茫茫太素，是则是述。末世流奔，以文代质，悠悠世目，孰知其实！逝将去此至虚，归我自然之室。"又曰："孔子不遇，时彼感麟。麟乎麟！胡不遁世以存真？"（《晋书·董京传》）[4]

前两例或食竹实，或采竹叶，后一例居处有竹子，可见隐于竹林或于居处栽竹已成隐士的典型行为。"竹林七贤"名号的出现与流行，其实也是基于这种隐逸风气。

---

① 《全上古三代秦汉三国六朝文》全后汉文卷一八，第1册第569页上栏右。
② 《后汉书》卷四九《仲长统传》，第6册第1644页。
③ 《晋书》卷九四，第8册第2440页。
④ 《晋书》卷九四，第8册第2427页。

盛唐时期有"竹溪六逸"。《旧唐书》卷一五四载:"孔巢父,冀州人,字弱翁。父如珪,海州司户参军,以巢父赠工部郎中。巢父早勤文史,少时与韩准、裴政、李白、张叔明、陶沔隐于徂来山,时号'竹溪六逸'。"《新唐书》卷二〇二《李白传》也载。徂徕山位于泰山南侧、汶水上游。比两《唐书》更早的关于李白史料中不见"竹溪六逸"的提法。李白《送韩准裴政孔巢父还山》是关于"竹溪六逸"的较有力的旁证,诗中有"时宵梦里还,云弄竹溪月"之句。

"晋人遁竹林,所以避乱世。唐士隐竹溪,所以养高致。"① 其动机容或不同,其隐居竹林则一。隐士选择竹林隐居,竹子在其生活中的作用表现在三方面:

首先,竹林是隐士栖息之处。既然选择远离人世、隐居山林,就得有个栖息之处。竹林适宜居处,是隐者与修竹结缘的重要原因。谢灵运《山居赋》描述山居生活:"比至外溪,封墱十数里,皆飞流迅激,左右岩壁缘竹。"② 《山居赋》也有"陟岭刊木,除榛伐竹。抽笋自篁,摘箬于谷"③ 的描写。他又有《石门新营所住四面高山回溪石濑茂林修竹》诗,可见其隐居生活在居住与衣食等多方面依赖于竹林。

南朝梁代,刘峻(孝标)栖隐金华山,自云:"爱洎二毛,得居岩穴,所居东阳郡金华山。东阳实会稽西部,是生竹箭。"(《东阳金华山栖志》)④ 其《始居山营室诗》也云:"激水檐前溜,修竹堂阴植。"⑤ 像

① [宋]陈景沂编辑《全芳备祖》后集卷一六引富文忠诗,农业出版社 1982 年版,第 1202 页。

② 《全上古三代秦汉三国六朝文》全宋文卷三一,第 3 册第 2604—2605 页。

③ 《全上古三代秦汉三国六朝文》全宋文卷三一,第 3 册第 2607 页上栏左。

④ 《全上古三代秦汉三国六朝文》全梁文卷五七,第 4 册第 3290 页上栏右。

⑤ 《先秦汉魏晋南北朝诗》梁诗卷一二,中册第 1758 页。

他这样建堂筑室毕竟需要相当经济实力，一般隐士没有这么阔气，如南朝陈代马枢"于竹林间自营茅茨而居"①。竹林作为隐士的居处环境或生活背景，在南朝已深入人心。如范缜《拟招隐士》云："修竹苞生兮山之岭，缤纷葳蕤兮下交阴。"②徐陵《奉和简文帝山斋诗》："竹密山斋冷，荷开水殿香。"③

图22　[清]禹之鼎《幽篁坐啸图》。(山东省博物馆藏。纵63厘米。横167厘米。此图画清代诗坛领袖渔洋山人王士禛。王士禛临坐于磐石上。横琴未弹，若有所思，具有诗人学者气质)

竹林隐者给人的印象是活动居住竹林之中，如"隐士竹林隈"(刘希夷《琴》)、"仙隐深深竹径中"(林季仲《次韵苗彦先题薛献可新居四首》其一)④，甚至出现"入户竹生床下叶"(李洞《春日隐居官舍感怀》)的荒凉景象。其居处虽神龙见首不见尾，但一般都被想象成竹篱茅舍的简陋居所，如"剪竹制山扉"(吴均《王侍中夜禁》)。竹篱茅舍因此成为隐居地的象征。

其次，竹子在隐居生活中的经济价值。竹实、竹笋可充食物⑤。真

① [唐]姚思廉撰《陈书》卷一九《马枢传》，中华书局1972年版，第265页。
② 《先秦汉魏晋南北朝诗》梁诗卷八，中册第1678页。
③ 《先秦汉魏晋南北朝诗》陈诗卷五，下册第2534页。
④ 《全宋诗》第31册第19969页。
⑤ 隐士食竹笋，可参看本书第一章第三节《笋的食用事象及相关文化意蕴》的相关论述。

正遁世的隐者多食竹实。如《三国志》引《魏氏春秋》："(阮)籍少时尝游苏门山，苏门山有隐者，莫知名姓，有竹实数斛、臼杵而已。"[①]有竹实，还有臼杵，可见以竹实为食。再如吴均《与顾章书》："既素重幽居，遂葺宇其上（引者按，指石门山），幸富菊华，偏饶竹实，山谷所资，于斯已办，仁智所乐，岂徒语哉！"[②]云"山谷所资"，是指食物之资，可见以菊花、竹实为食物。吴均曾言"绿竹可充食"（吴均《山中杂诗三首》其二）[③]，当指竹笋。竹笋是隐士的重要食物，所谓"只逢笋蕨杯盘日，便是山林富贵天"（杨万里《初食笋蕨》）[④]。陶渊明《桃花源诗》云："桑竹垂馀荫，菽稷随时艺。"诗序也云："有良田美池桑竹之属。"竹子可能是作为一种经济作物被写入《桃花源诗》，却进一步强化了隐逸色彩。

最后，竹子也能为枯寂的隐逸生活提供精神之娱。竹林可居、竹实可食都是物质层面的需求，竹林还能为隐士提供精神养料。梁元帝萧绎《与刘智藏书》："山间芳杜，自有松竹之娱；岩穴鸣琴，非无薜萝之致。"[⑤]"松竹之娱"其内涵如何？王维《辋川集·斤竹岭》云："檀栾映空曲，青翠漾涟漪。暗入商山路，樵人不可知。"竹林为山居提供悦目的美感享受。其《山居秋暝》所言"王孙自可留"的隐居环境也有竹子。在"绿竹猗猗，红桃夭夭"（萧衍《赠逸民诗》其九）[⑥]的环境中获得身心愉悦，是隐者所追求的情趣。悦目之外，隐者更重视悦心。

① 《三国志》卷二一，上册第 486 页。
② 《全上古三代秦汉三国六朝文》全梁文卷六〇，第 4 册第 3306 页上栏右。
③ 《先秦汉魏晋南北朝诗》梁诗卷一一，中册第 1752 页。
④ 《全宋诗》第 42 册第 26282 页。
⑤ 《全上古三代秦汉三国六朝文》全梁文卷一七，第 3 册第 3049 页上栏右。
⑥ 《先秦汉魏晋南北朝诗》梁诗卷一，中册第 1527 页。

庄子曾说："我宁游戏污渎之中自快，无为有国者所羁，终身不仕，以快吾志焉。"①葛洪《抱朴子·明本》称："山林之中非有道也，而为道者必入山林，诚欲远彼腥膻，而即此清净也。"②隐居本是以求快意适志。宋之问《绿竹引》云："青溪绿潭潭水侧，修竹婵娟同一色。徒生仙实凤不游，老死空山人讵识。妙年秉愿逃俗纷，归卧嵩丘弄白云。含情傲睨慰心目，何可一日无此君。"婵娟之色可赏之外，"含情傲睨慰心目"的心理认同也是隐居竹林的重要因素。

竹林既与隐士有如此深的联系，遂逐渐超迈众多植物而成为林隐的代称。孟浩然《卢明府九日岘山宴袁使君、张郎中、崔员外》："献寿先浮菊，寻幽或藉兰。烟虹铺藻翰，松竹挂衣冠。"菊、兰、松、竹这几种植物各有不同的文化功能和象征意义，在这里都具有明确的隐逸内涵。松竹之林被视为隐处之地，可能缘于对人类精神栖息之地的森林的怀想，所谓"翼翼归鸟，载翔载飞。虽不怀游，见林情依"(陶渊明《归鸟》其二)。

松竹虽同具凌寒之性，但松树形象多苍髯虬劲，松林较为阴暗幽深，故有"鬼灯如漆点松花"(李贺《南山田中行》) 之喻。而竹林相对疏朗明亮、婵娟可爱，更易亲近，如"檀栾映空曲，青翠漾涟漪。暗入商山路，樵人不可知"(王维《斤竹岭》)。释慧琳《龙光寺竺道生法师诔》："默荫去大，弭此腾口，增栖成英，复逸篁薮。遁思泉源，无阂川阜,庶乘间托,曰仁曰寿。"③北魏贵族"(拓跋延明) 惟与故任城王澄、

---

① 《史记》卷六三《老子韩非列传》，第 7 册第 2145 页。
② ［晋］葛洪撰、王明校释《抱朴子内篇校释》卷一〇，中华书局 1980 年版，第 170 页。
③ 《全上古三代秦汉三国六朝文》全宋文卷六三，第 3 册第 2781 页上栏右。

中山王熙、东平王略，竹林为志，艺尚相欢"①，都是以竹林为隐逸之地的代称。竹林俨然成为隐逸文化符号，因此人们一见竹林马上想到隐逸，如"偶逢池竹处，便会江湖心"②、"竹林茅宇，自冥栖隐之心"③。

（三）市朝之隐

如果说渔隐、林隐都是远离人世之"隐"，那么"朝隐"并非真实之"隐"，而是处"显"示"隐"。"隐"相对于"显"而言，是退与进、处与出、藏与行、穷与通的处世态度或命运状态的二维表述。《论语·泰伯》："天下有道则见，无道则隐。"士登于朝，是治世盛世之象，所谓野无遗贤；士退于野，是衰世乱世之象，所谓全身远祸。这样，出与处、仕与隐也就有了品格象征内涵。但古来有一种以隐而不显为高尚的传统。晋皇甫谧《高士传》载，尧闻许由之名而欲致天下，许由不欲闻之，洗耳于颍水滨。巢父曰："子若处高岸深谷，人道不通，谁能见子？子故浮游，欲闻求其名誉。"④巢父、许由二人置隐逸操守于世俗君权之上，表现了超尘逸俗的品格，巢父更为彻底。陆游曾说："志士山栖恨不深，人知已是负初心。不须先说严光辈，直自巢由错到今。"（《杂感十首》其一）⑤真正彻底的隐士，世人怎会知其名姓和踪迹？从这个意义上说，真正隐士是无人知晓的，既为人所知，也就不是真正隐士。

现实中富贵荣禄的诱惑、高压专制的威慑，都使得人们寻求新

---

① 《汉魏南北朝墓志汇编·北魏·魏故侍中太保特进使持节都督雍华岐三州诸军事大将军雍州刺史安丰王谥曰文宣元王墓志铭》，第 289 页。

② 张九龄《尝与大理丞袁公太府丞田公偶诣一所林沼尤胜因并坐其次相得甚欢遂赋诗焉以咏其事》，《全唐诗》卷四九，第 2 册第 604 页。

③ 宋之问《奉敕从太平公主游九龙潭寻安平王宴别序》，《全唐文》卷二四一，第 3 册第 2435 页上栏左。

④ ［晋］皇甫谧撰《高士传》卷上"许由"条，中华书局 1985 年版，第 14 页。

⑤ 《全宋诗》第 40 册第 24972 页。

图 23　沈敦和《竹溪六逸图》。（国画。

纵 163.3 厘米，横 81.3 厘米。中国嘉德国际拍卖有限公司 2009 秋季拍卖会，成交价 8.96 万元人民币。沈敦和（1866—1920），字仲礼，浙江鄞县（今浙江宁波）人）

的隐逸方式。故东方朔云："天子毂下，可以隐居，何自苦于首阳乎？"[1]晋代夏侯湛《东方朔画赞》也云："染迹朝隐，和而不同。"[2]东晋王康琚《反招隐》诗有"小隐隐陵薮，大隐隐朝市"[3]之句，明哲保身的市朝之隐既得高名，又得实利，逐渐成为隐逸文化的主流。失意文人也常借竹子自比。如元载《别妻王韫秀》："年来谁不厌龙钟，虽在侯门似不容。看取海山寒翠树，苦遭霜霰到秦封。"元载因见轻于王之亲属，游学之前作此诗别妻。诗以竹子（龙钟）自比，与受到秦封的松树进行对比，借竹子比喻现实处境，借松树寄托理想。

朝隐者一方面悠游竹林，寄托山林之志。古代竹林的自然分布广泛，为士人的隐逸情怀提供了寄托之所，如"荫绿竹以淹留，藉幽兰而容与"（谢朓《杜若赋奉隋王教于坐献》）[4]、"五月休沐归，相携竹林下"（孟浩然《宴包二融宅》）、"朝携兰省步，夕退竹林期"（张

① ［南朝梁］殷芸编纂、周楞伽辑注《殷芸小说》卷二，上海古籍出版社 1994 年版，第 62 页。
② 《全上古三代秦汉三国六朝文》全晋文卷六九，第 2 册第 1857 页下栏右。
③ 《先秦汉魏晋南北朝诗》晋诗卷一五，中册第 953 页。
④ 《全上古三代秦汉三国六朝文》全齐文卷二三，第 3 册第 2920 页下栏右。

说《酬崔光禄冬日述怀赠答》），都可见游于竹林之下以契幽怀的风气。游于竹林，同时不废仕宦，可谓一举两得。王泠然《汝州薛家竹亭赋》："夫其礼乐成器，清明在躬，官非称才，吾不谓之仕宦，人非克己，吾不谓之交通。处未全隐，和而莫同，且欲墼峥，崿苑蒙笼，闲亭一所，修竹一丛，萧然物外，乐自其中。"①既然身处庙堂，毕竟身不由己，除了偶尔淹留竹林身游其地，主要还是心向往之以寄托幽情。如戴逵《闲游赞》："故荫映岩流之际，偃息琴书之侧，寄心松竹，取乐鱼鸟，则澹泊之愿，于是毕矣。"②"寄心松竹"就是不必身游林下，只要心动即可。所以诗人多标榜竹林归隐以高其志。

另一方面则是庭院植竹寄情，也能体现隐逸高闲的趣味追求。梁元帝萧绎《全德志论》："但使良园广宅，面水带山，饶甘果而足花卉，葆筇篁而玩鱼鸟。"③毕竟隐居山林非一般人所能承受，而植竹寄情是对竹林隐逸进行廉价盗版的最佳方式，至少在形式上如同栖隐山林的效果，所谓"结茅竹里似岩栖"（徐庸《题姜舜民竹深处次苏雪溪韵》）、"丛竹想幽居"（韦应物《酬阎员外陟》）、"但对松与竹，如在山中时"（白居易《夏日独值，寄萧侍御》），可见堂前植竹是市隐的方便法门。

所以南朝以来无论真隐假隐，多于居处植竹，"高竹林居接翠微"（司空曙《早夏寄元校书》）。《梁书·阮孝绪传》载："义师围京城，家贫无以爨，僮妾窃邻人樵以继火。孝绪知之，乃不食，更令撤屋而炊。所居室唯有一鹿床，竹树环绕。"④阮孝绪屡征不就，可谓高洁不染，有如竹树。《旧唐书·牛僧孺传》："馆宇清华，竹木幽邃。常与诗人白

① 《全唐文》卷二九四，第 3 册第 2977 页下栏右。
② 《全上古三代秦汉三国六朝文》全晋文卷一三七，第 3 册第 2250 页下栏右。
③ 《全上古三代秦汉三国六朝文》全梁文卷一七，第 3 册第 3049 页下栏右。
④ ［唐］姚思廉撰《梁书》卷五一，中华书局 1973 年版，第 740 页。

居易吟咏其间，无复进取之怀。"①牛僧孺也借竹树寄托幽怀。

朝隐者"形虽庙堂，心犹江海"②，"身处朱门，而情游江海，形入紫闼，而意在青云"③。他们寄托隐逸情趣的物象有松、菊等，竹子也厕身其列。这既因为竹林分布广泛，可以悠游其下以代竹林居处；竹子易栽易活，可以庭院植竹以象山野隐居；也由于竹子的美感特点老少咸宜、四季皆可，当然还因为竹子逐渐形成的隐逸内涵。因为隐于竹林，难免"竹下朝衣露滴新"（皮日休《陪江西裴公游襄州延庆寺》），故挂冠于竹枝成为方便的隐逸象征，如"借地结茅栋，横竹挂朝衣"（韦应物《题郑拾遗草堂》）、"薜萝通驿骑，山竹挂朝衣"（张谓《道林寺送莫侍御》）。

三、竹子隐逸内涵的影响

竹子隐逸内涵既通过孤竹二子、凤凰栖食等表现出来，也表现于竹子的凌寒之性、材美功用以及道家利用等，因此人们面对竹林时易于引发隐逸内涵的联想。竹子隐逸内涵使人们形成这样的观念：竹子是隐者之象，竹林是隐逸之地。

（一）竹子与隐士形象

竹子隐逸内涵首先影响到人们心目中的隐士形象。具有隐逸传统的植物如松、兰、菊等，都是隐士形象的物化形式，松树高大挺直，兰菊芬芳馥郁，各有优胜之处。竹子的形象美感丝毫不输于这些"隐士"植物。撇开极高大与极细小的特殊品种不论，竹子具有较为合适得体

---

① ［后晋］刘昫等撰《旧唐书》卷一七二，中华书局 1975 年版，第 14 册第 4472 页。

② 沈约《司徒谢朏墓志铭》，《全上古三代秦汉三国六朝文》全梁文卷三〇，第 3 册第 3129 页上栏右。

③ 《南史·齐衡阳王钧传》载南齐宗室衡阳王萧钧巧妙回答孔珪之问，见［唐］李延寿撰《南史》卷四一，中华书局 1975 年版，第 1038 页。

的形象与秀外慧中的内涵，易于用来比附隐士形象。竹子与幽人的联系南朝已有，如"幽人住山北，月上照山东。洞户临松径，虚窗隐竹丛"（刘孝先《和亡名法师秋夜草堂寺禅房月下诗》）[1]，该幽人形象可理解为出世之人，但竹子还仅仅是其居处环境的一部分，没有与其隐逸形象相结合。

到唐代，杜甫《苦竹》诗赞美苦竹，也含自喻的成分，如末两句"幸近幽人屋，霜根结在兹"，已经以竹拟人，其野处寒守的境况也近似隐居生活。白居易《题卢秘书夏日新栽竹二十韵》："湘竹初封植，卢生此考盘。久持霜节苦，新托露根难。"也以竹子比拟隐士。到宋代，竹比幽人的譬喻非常流行，如"瘦竹如幽人，幽花如处女"（苏轼《书鄢陵王主簿所画折枝二首》其二）[2]、"居士竹，故侯瓜"（朱敦儒《诉衷情》），而且竹又与松一起形成隐逸组合，如"松竹隐君子，别来安稳不"（杨冠卿《秋日怀松竹旧友》其一）[3]、"伴苍松、修竹似幽人，相寻觅"（吕胜己《满江红》）。

除了形象气质上类似幽人，竹子还被隐士引为知音同道，如"恨幽客之方赏，嗟君侯之不知"（王勃《慈竹赋》）[4]，为竹子未受知于君侯而不平，为竹子受知于幽人隐士而遗憾。再如"无端种在幽闲地，众鸟嫌寒凤未知"（薛能《鳌屋官舍新竹》）、"尝闻幽士爱风竹，忍嗫其子吾何观"（谢薖《许巨源送笋》）[5]，对幽竹的爱赏都有引为同道的意思。

---

① 《先秦汉魏晋南北朝诗》梁诗卷二六，下册第 2065 页。
② 《全宋诗》第 14 册第 9395 页。
③ 《全宋诗》第 47 册第 29645 页。
④ 《全唐文》卷一七七，第 2 册第 1806 页下栏左。
⑤ 《全宋诗》第 24 册第 15770 页。

而护竹也体现了寄托幽情的愿望，如"莫遣儿童触琼粉，留待幽人回日看"（韦应物《将往滁城恋新竹，简崔都水示端》）。竹子也被附会于隐士形象。如黄滔《严陵钓台》："终向烟霞作野夫，一竿竹不换簪裾。直钩犹逐熊罴起，独是先生真钓鱼。"诗中想象严子陵的渔隐生活，竹子成为隐逸的象征。

　　竹子虽被视为隐士的知音，还未具备人性。后代又以竹拟人，形成修竹有情的意蕴。如沈约《咏檐前竹诗》："萌开箨已垂，结叶始成枝。繁荫上蓊茸，促节下离离。风动露滴沥，月照影参差。得生君户牖，不愿夹华池。"①此诗是代言口气，竹子愿与人同气相求，似通人性。关于这种植物亲人的意识，我们可以溯源到南朝。《世说新语·德行》："简文帝入华林园，顾谓左右曰：'会心处不必在远，翳然林水，便有濠濮间想也，觉鸟、兽、禽、鱼，自来亲人。'"借动物有情而自来亲人的主动行为表达隐逸情怀。唐宋时代许多诗人都表达过相似的意思：

　　杳杳东山携汉妓，泠泠修竹待王归。（杜甫《戏作寄上汉中王二首》其二）

　　欲去公门返野扉，预思泉竹已依依。（白居易《将归一绝》）

　　窗前故栽竹，与君为主人。（白居易《招王质夫》）

　　始怜幽竹山窗下，不改清阴待我归。（刘长卿《晚春归山居题窗前竹》，一作钱起《暮春归故山草堂》）

　　异乡流落谁相识，惟有丛篁似主人。（韦庄《新栽竹》）

　　今当舍竹去作吏，竹为嘿嘿如抱辱。（赵蕃《同成父过章泉，用前韵示之》）②

---

① 《先秦汉魏晋南北朝诗》梁诗卷七，中册第1651页。
② 《全宋诗》第49册第30518页。

以上各例或言竹子有情有义，或言竹子幽隐之情，对于竹子幽人形象的形成都有促进作用。隐逸内涵的形成促使竹子成为隐逸形象的象征，如古代梦书云"竹为处士田居。梦见竹者，忧处士也"[1]，孟浩然诗云"林栖居士竹，池养右军鹅"（《晚春题远上人南亭》），都可见竹子象征隐士的明确内涵。

（二）竹林与隐逸之地

隐士生活与竹子的关系体现于吟赏、食物、栖息等实用价值或物质层面，也体现于青翠幽静、清虚雅洁的精神享受或远离尘世的象征意蕴。以竹子比拟幽人隐士当与竹林清幽之境有关，如"清晨止亭下，独爱此幽篁"（韦应物《对新篁》）、"一溪云母间灵花，似到封侯逸士家"（陈陶《竹十一首》其七）。竹子生长于山野，是竹林成为隐逸之地的重要原因，所谓"山人爱竹林"（王勃《赠李十四四首》其一），也是突出其山野隐逸的象征意义。

高清逸致之士多选择竹林而居，如《旧五代史》卷六九《崔贻孙传》载："（崔）贻孙以门族登进士第，以监察升朝，历清资美职。及为省郎，使于江南回，以橐装营别墅于汉上之谷城，退居自奉。清江之上，绿竹遍野，狭径浓密，维舟曲岸，人莫造焉，时人甚高之。"庭院植竹也是取其野趣幽情，如"绕屋扶疏耸翠茎，苔滋粉漾有幽情"（刘言史《题十三弟竹园》）、"蕙草出篱外，花枝寄竹幽"（钱起《晚春永宁墅小园独坐，寄上王相公》）。

很多情况下，士人是因为仕途失意而寄情竹林。如白居易《新栽竹》

---

[1] 《太平御览》卷九六二，转引自刘文英编《中国古代的梦书》，中华书局1990年版，第20页。周宣等撰《占梦书》残卷云："竹为处士，梦者当归隐也。"见《中国古代的梦书》第22页。

云:"佐邑意不适,闭门秋草生。何以娱野性,种竹百余茎。见此溪上色,忆得山中情。"他在《长安闲居》中说得更为明白:"风竹松烟昼掩关,意中长似在深山。"居处植竹能营造竹林幽境,唐宋时代已形成普遍风气,如"檐下疏篁十二茎,襄阳从事寄幽情"(柳宗元《清水驿丛竹天水赵云余手植一十二茎》)、"竹窗幽,茅屋小,个中真乐莫向人间道"([宋]披云真人《迎仙客》)①、"石笋埋云,风篁啸晚,翠微高处幽居"(李彭老《高阳台》),可对竹林而兴隐逸之怀。

士人表达隐逸情怀也总是说:"欲挂衣冠神武门,先寻水竹渭南村。"(王嗣宗《题关右寺壁》)②明代袁宏道《瓶史》说:"夫幽人韵士,摒绝声色,其嗜好不得不钟于山水花竹,夫山水花竹者,名者所不在,奔竞所不主也。天下之士,栖止于嚣崖利薮,目迷尘沙,心疲计算,欲有之而有所不暇,故幽人韵士得以乘间而踞为一目之有。夫幽人韵士者,处于不争之地,而以一切让天下之人也。惟夫山水花竹,欲以让人,而人未必乐受,故居之也安,而踞之也无祸。"③竹林之能契合隐者之怀,正由于其山野无争的环境,故云"良辰美景,必躬于乐事;茂林修竹,每叶于高情"(杨炯《为薛令祭刘少监文》)④。

竹林为隐逸之地成为集体无意识以后,就会辐射影响到具体隐士与其他隐逸意象。竹子还被附会于具体的隐士如袁安、"竹林七贤"等,成为其隐逸形象的重要背景,如"湘浦何年变,山阳几处残。不知轩屏侧,岁晚对袁安"(刘长卿《同郭参谋咏崔仆射淮南节度使厅前竹》)。再如

---

① 胡孚琛著《道教与仙学》,新华出版社 1991 年版,第 127 页。
② 《全宋诗》第 1 册第 508 页。
③ [明]袁宏道著、钱伯城笺校《袁宏道集笺校》卷二四,上海古籍出版社 1981 年版,第 817 页。
④《全唐文》卷一九六,第 2 册第 1990 页下栏右。

诸葛亮，《三国志》及《诸葛亮集》中都未提及他隐居竹林，到《三国演义》里，诸葛亮已俨然竹林隐者，其居处是"修竹交加列翠屏，四时篱落野花馨"[1]。

再如具有隐逸内涵的"三径"最初未及竹子。晋赵岐《三辅决录》云："蒋诩字元卿，隐于杜陵，舍中三径，惟羊仲、求仲从之游。"[2]后因以"三径"指归隐者的家园。陶渊明《归去来兮辞》："三径就荒，松菊犹存。"将"三径"与松菊并举，也还未及竹子。唐代诗文中"三径"始与竹子相连，如"乱竹开三径，飞花满四邻"（王勃《赠李十四四首》其三）、"三径荒凉迷竹树，四邻凋谢变桑田"（韦庄《过渼陂怀旧》）。竹径也就具有隐逸内涵，如"到君栖迹所，竹径与衡门"（黄滔《题友人山居》）。松竹形成共同的隐逸内涵，如"晚松寒竹新昌第，职居密近门多闭"（白居易《醉后走笔酬刘五主簿长句之赠兼简张大贾二十四先辈昆季》），因此产生了一些相关隐逸意象如"竹篱茅舍""松窗竹户"等，都可见隐逸情怀的投射。

竹林既成为隐居之处的象征，隐士在竹林间的活动也值得一说。竹林弹琴最能表现隐士高洁品格，著名的如陶渊明、王维。陶渊明《时运》："斯晨斯夕，言息其庐。花药分列，林竹翳如。清琴横床，浊酒半壶。黄唐莫逮，慨独在余。"王维《竹里馆》："独坐幽篁里，弹琴复长啸。深林人不知，明月来相照。"陶渊明与王维都有隐居经历，他们诗中写到竹林弹琴，强化了竹林隐士的高雅生活气质。诗人写到隐士多表现其倚竹横琴之状，如"湖边倚竹寒吟苦，石上横琴夜醉多"（方干《题

---

① ［明］罗贯中著《三国演义》第三十七回《司马徽再荐名士，刘玄德三顾草庐》，上海古籍出版社 2004 年版，第 220 页。

② 《文选注》卷三〇谢灵运《田南树园激流植援一首》李善注引，《影印文渊阁四库全书》第 1329 册第 527 页上栏左。

桐庐谢逸人江居》)。此风又蔓延到文人士大夫，如"提琴就竹筱，酌酒劝梧桐"（徐陵《内园逐凉》）[1]、"交横碧流上，竹映琴书床"（杜牧《郡斋独酌》）。幽静清净的竹林环境，被认为与高雅脱俗的琴声正相契合，如刘禹锡《和游房公旧竹亭闻琴绝句》："尚有竹间路，永无綦下尘。一闻流水曲，重忆餐霞人。"

还有竹间饮宴。较早的竹林宴集如兰亭集会，王羲之《兰亭集序》所谓"此地有崇山峻岭，茂林修竹"，可见是在竹林或其附近。后代遂称竹林欢会，如"兰亭有昔时之会，竹林无今日之欢"（王勃《秋日宴季处士宅序》）[2]、"帝京形胜，借上林而入游；戚里池台，就修竹而开宴"（张说《季春下旬诏宴薛王山池序》）[3]。

竹林饮宴成为文人文采风流与隐逸情怀的表达形式，如"琴樽方待兴，竹树已迎曛"（王勃《山居晚眺赠王道士》）、"复如竹林下，而陪芳晏初"（李白《江夏使君叔席上赠史部》）、"雪过云寺宿，酒向竹园期"（司空曙《赠庾侍御》）。白居易《常乐里闲居偶题十六韵兼寄刘十五公舆王十一起吕二炅吕四颍崔十八玄亮元九稹刘三十二敦质张十五仲元时为校书郎》："窗前有竹玩，门处有酒酤。何以待君子，数竿对一壶。"竹林甚至成为劝酒的理由，如"今朝竹林下，莫使桂尊空"（钱起《九日寄侄然箕等》）。《旧五代史》卷九〇《张筠传》："（张筠）及罢归之后，第宅宏敞，花竹深邃，声乐饮膳，恣其所欲，十年之内，人谓'地仙'。"像这种花天酒地的生活与隐逸情趣毫不相干，已是附庸风雅。

还有竹里煎茶。唐人好饮茶，竹里煎茶始于唐人，如"花醑和松屑，

---

① 《先秦汉魏晋南北朝诗》陈诗卷五，下册第 2533 页。
② 《全唐文》卷一八一，第 2 册第 1843 页上栏左。
③ 《全唐文》卷二二五，第 3 册第 2271 页下栏。

茶香透竹丛"（王维《河南严尹弟见宿敝庐访别人赋十韵》）、"瓯香茶色嫩，窗冷竹声干"（岑参《暮秋会严京兆后厅竹斋》）。《南部新书·张志和碑铭》："肃宗尝赐奴婢各一，玄真配为夫妻，名夫曰渔童、妻曰樵青。人问其故，曰：渔童使捧钓收纶，芦中鼓枻；樵青使苏兰薪桂，竹里煎茶。"以渔童、樵青同言，芦中鼓枻与竹里煎茶并提，隐逸情趣较为明显。朱翌《猗觉寮杂记》卷上则云：

> 唐造茶与今不同。今采茶者，得芽即蒸熟焙干。唐则旋摘旋炒。刘梦得《试茶歌》："自傍芳丛摘鹰嘴，斯须炒成满室香。"又云："阳崖阴岭各殊气，未若竹下莓苔地。"竹间茶最佳，今亦如此。唐未有碾磨，止用臼，多是煎茶，故张志和婢樵青使竹里煎茶。柳子厚云："日午独觉无余声，山童隔竹敲茶臼。"①

他指的是竹间莓苔地面所生之茶最佳。竹间煎茶之受推崇，可能因为居处植竹普遍，竹林上密遮阴、下疏来风的清幽氛围，为文人士大夫所喜爱，如"对雨思君子，尝茶近竹幽"（贾岛《雨中怀友人》）。后来遂附会比德意义，使竹间煎茶多了一层高雅品格的寄托。

第四节　"竹林七贤"与竹文化

"竹林七贤"名号有"竹林"二字，晋代及以后文献又多载七贤游于竹林的活动，不少学者理解为七贤游于竹林之地，认为"竹林七贤"称名体现的是竹文化的物质层面。陈寅恪提出"竹林七贤"称名来自

———————————

① ［宋］朱翌撰《猗觉寮杂记》卷上，第16页。

佛教格义而非游于竹林，也有学者认为源自本土竹文化，这些观点强调的都是"竹林七贤"名号体现了竹文化的精神层面。笔者赞同"竹林七贤"称名与竹文化精神层面相关的观点，对"竹林七贤"称名的背景与细节试作探索。

一、"竹林七贤"称名并非源于"竹林之游"

图 24 ［清］任颐《竹林七贤图》。（尺幅及收藏地信息不详。任颐（1840—1896），字伯年，浙江山阴航坞山（今浙江萧山瓜沥镇）人，清末画家）

  "竹林七贤"称名是否与竹林之地有关，历史上也曾引起过怀疑①。但真正进行深入研究的是陈寅恪。他指出："大概言之，所谓'竹林七贤'者，先有'七贤'，即取《论语》'作者七人'之事数，实与东汉末'三君''八厨''八及'等名目同为标榜之义。迨西晋之末，僧徒比附内典、外书之'格义'风气盛行，东晋初年乃取天竺'竹林'之名加于'七贤'之上，至东晋中叶以后江左名士孙盛、袁宏、戴逵辈遂著之于书，而河北民间亦以其说附会。"②《寒柳堂集》复云："寅恪尝谓外来之故事名词，比附于本国人物事实，有似通天老狐，醉则见尾。如袁宏《竹林名士传》，戴逵《竹林七贤论》，孙盛《魏氏春秋》，臧荣绪《晋书》及唐修《晋书》等所载嵇康等七人，固皆支那历史上之人物也。独七贤所游之'竹林'，则为假托佛教名词，即'velu'或'veluvana'之译语，乃释迦牟尼说法处，历代所译经典皆有记载，而法显、玄奘所亲历之地。此因名词之沿袭，而推知事实之依托，亦审查史料真伪之一例也。"③在万绳楠记录整理的《魏晋南北朝史讲演录》中，更提出"'竹林'则非地名，亦非真有什么'竹林'"④的观点。由陈先生所论，可知"竹林七贤"取释迦牟尼说法的"竹林精舍"之名,附会《论语》"作者七人"之事数而成,并非历史实录。

---

① 如明代颜文选注骆宾王《饯骆四得钟字》其二"人追竹林会"句曾注云："晋嵇康、阮籍、阮咸、山涛、向秀、王戎、刘伶相与为友，号竹林七贤。佛国五精舍，一给孤园，二灵鹫山，三弥侯江，四罨箩树，五竹林园，即竹林非止以竹名也。"以为"竹林非止以竹名"似谓竹林非地名、七贤称名与佛教有关，可惜未展开讨论。

② 陈寅恪《陶渊明之思想与清谈之关系》，见陈寅恪《金明馆丛稿初编》，上海古籍出版社 1980 年版，第 181 页。

③ 陈寅恪《〈三国志·曹冲华佗传〉与佛教故事》，见陈寅恪《寒柳堂集》，生活·读书·新知三联书店 2001 年版，第 180 页。

④ 万绳楠整理《陈寅恪魏晋南北朝史讲演录》，黄山书社 2000 年版，第 50 页。

陈寅恪提到的两条质疑"竹林七贤"名号及事迹的材料都出自《世说新语》。《世说新语·伤逝类》"王濬冲为尚书令"条云：

> 王濬冲（王戎）为尚书令，著公服，乘轺车经黄公酒垆下过，顾谓后车客："吾昔与嵇叔夜、阮嗣宗共酣饮于此垆，竹林之游亦预其末。自嵇生夭、阮公亡以来，便为时所羁绁。今日视此虽近，邈若山河。"

而刘孝标注引戴逵《竹林七贤论》曰：

> 俗传若此，颍川庾爰之尝以问其伯文康（庾亮），文康云："中朝所不闻，江左忽有此论，皆好事者为之也。"

《世说新语·文学类》"袁彦伯作《名士传》成"条又云：

> 袁彦伯（袁宏）作《名士传》成，（刘注：宏以夏侯太初、何平叔、王辅嗣为正始名士，阮嗣宗、嵇叔夜、山巨源、向子期、刘伯伦、阮仲容、王濬冲为竹林名士，裴叔则、乐彦辅、王夷甫、庾子嵩、王安期、阮千里、卫叔宝、谢幼舆为中朝名士。）见谢公（谢安），公笑曰："我尝与诸人道江北事，特作狡狯耳，彦伯遂以著书。"

陈寅恪由此得出结论：

> 王戎与嵇康、阮籍饮于黄公酒垆，共作"竹林之游"，都是东晋好事者捏造出来的。"竹林"并无其处。
>
> 所谓正始、竹林、中朝名士，即袁宏著之于书的，是从谢安处听来。而谢安自己却说他与诸人"道江北事，特作狡狯"，初不料袁宏著之于书。[①]

限于文献材料，陈先生仅是作了大判断，未进行细致论证。

---

① 万绳楠整理《陈寅恪魏晋南北朝史讲演录》，第50—51页。

为了证明"竹林之游"确实存在，有人弥合各种疑问，提出："'竹林之游'既非一时，也非一地，甚至也不是七个人常聚在一起活动，相反，倒是在不同地点以分散活动的方式较多。"①也有人试图确定"竹林之游"的时间、成员及竹林位置②。但这些观点大多得自推测，还缺乏直接证据。嵇、阮及其同时代的人都未提及"竹林之游"或"竹林七贤"，后人却认为当时存在"竹林之游"，未免唐突古人。与其推测想象"竹林之游"的具体情况，不如对"竹林七贤"名号产生的时代背景与可能原因作一些研究。

二、"竹林七贤"称名的初期情况：多人同称、多名流行

　　自陈寅恪主张"竹林"并非实有、"竹林之游"也属附会的观点之后，"竹林七贤"名号何时首次出现、称名"竹林"有何意义等便成为重要问题。周凤章详细论证"竹林七贤"称名始于东晋谢安③，《世说新语》虽有多则材料涉及谢安称"竹林七贤"，但这些材料的传说倾向较为明显。马鹏翔就提出怀疑："谈论过'七贤'故事的庾亮（生于 289 年）、记录过'七贤'名号的孙盛（大约生于 300 年）、在《吊嵇中散》一文中有'取乐竹林，尚想蒙庄'之语的王导丞相掾李充年龄也远大于谢安（生于 320 年），因此说'竹林七贤'的名号出自谢安的推论很难让

---

① 高晨阳《阮籍评传》，南京大学出版社 1994 年版，第 28 页。类似的观点，如以为竹林七贤"只存在于一个精彩的历史瞬间"，此说由于强调巧合性也难以服人。见许德楠《论"诗史"的定位及其他》，学苑出版社 2004 年，第 281 页。

② 如卫绍生《竹林七贤若干问题考辨》，《中州学刊》1999 年 5 期；李中华《"竹林之游"事迹考辨》，《江汉论坛》2001 年 1 期；王晓毅《"竹林七贤"考》，《历史研究》2001 年 5 期。

③ 周凤章《"竹林七贤"称名始于东晋谢安说》，《学术研究》1996 年 6 期。

人信服。"①所以一般认为最早记载"竹林七贤"名号的文献是东晋孙盛所著《魏氏春秋》和《晋阳秋》②。

《三国志·魏志·王粲传》附《嵇康传》裴松之注引《魏氏春秋》云："(嵇)康寓居河内之山阳县,与之游者,未尝见其喜愠之色。与陈留阮籍、河内山涛、河南向秀、籍兄子咸、琅邪王戎、沛人刘伶相与友善,游于竹林,号为七贤。"③《世说新语·任诞》"竹林七贤"条,刘孝标注引《晋阳秋》曰:"于时风誉扇于海内,至于今咏之。"这两条材料至多说明两点:一、东晋时代"七贤"们被推崇的接受情况;二、出现"竹林七贤"名号及"游于竹林"的传说。

"竹林七贤"称名不见于七贤别集与同时代文献,见于文献的最早时间距离七贤中最年轻的王戎(234—305)逝世也将近半个世纪。韩格平指出:"就目前掌握的材料看,'竹林七贤'一词较早见于东晋中期的孙盛、袁宏、孙绰、戴逵等人的著作,至迟不应晚于孙绰逝世的咸安七年(371)。此后,'竹林七贤'的称呼与'竹林七贤'的高行在士人中广为流传。"④这样限定一个时间表未免过于牵强,但所概括的

---

① 马鹏翔《"竹林七贤"名号之流传与东晋中前期政局》,《中国哲学史》2008年第2期,第118—119页。

② 此从沈玉成说。他说:"《晋书·孙盛传》记孙盛十岁时避难渡江,即避永嘉五年(311)石勒南侵之难,以此推算,当生于惠帝永宁二年(302),卒于孝武帝宁康元年(373)。传又记'盛笃学不倦,自少至老,手不释卷。著《魏氏春秋》《晋阳秋》。'《世说新语·排调》记褚裒曾经问孙盛'卿国史何当成',国史即指《晋阳秋》。褚裒卒于永和五年(349),其时《晋阳秋》已着手撰写,《魏氏春秋》则应该已经完稿。而这个时候谢安尚高卧东山,袁宏仅二十一岁。显然,《魏氏春秋》中的'游于竹林'和谢安了无干涉。"见沈玉成《"竹林七贤"与"二十四友"》,《辽宁大学学报》1990年第6期,第41页。

③ 《三国志》卷二一,上册第486页。

④ 韩格平《竹林七贤名义考辨》,《文学遗产》2003年2期,第28页。

"竹林七贤"名号的出现时间及流行情况大致可信。[①]所以,"竹林七贤"称名出现初期是多人同称七贤,所称名号也不尽相同,如袁宏《名士传》称"竹林名士",戴逵称"竹林七贤"也称"竹林诸贤"等。更重要的是,"竹林名士""竹林诸贤"等称号就没有明确具体人数,至于"竹林七贤"称号具体所指人物,在很多情况下也未明确[②]。

　　这种称名不统一的情况说明"竹林七贤"名号的流行是后人追忆缅怀前辈的结果,其统一于"竹林七贤"名号又表明是历史淘汰的结果。"竹林七贤"名号东晋以后的流行情况,正如周凤章所言:"孙绰从宣扬佛道出发,以七僧和七贤相提并论,作《道贤论》;袁宏将'江北'名士析而为三,作《名士传》;戴逵为隐逸者张目,为七贤'辨迹''达旨',作《竹林七贤论》;王洵采之作赋、裴启辑之《语林》……而作为史学家的孙盛,采时贤之谈、众书之名以为大成。"[③]

---

① 马鹏翔以为"竹林七贤"之说始于晋阴澹《魏纪》,该书成于两晋之际(马鹏翔《"竹林七贤"名号之流传与东晋中前期政局》,《中国哲学史》2008年第2期,第117页)。所据为《事文类聚别集·礼乐部》引《魏记》:"谯郡稽康,与阮籍、阮咸、山涛、向秀、王戎、刘伶友善,号竹林七贤,皆豪尚虚无,轻蔑礼法,纵酒昏酣,遗落世事。"按,马先生改《魏记》作《魏纪》,也未考辨《魏纪》引文真实出处,就以为是晋阴澹所撰。据查,《事文类聚别集》所引文字出于《资治通鉴》卷七八《魏纪十》。所以马先生之说不足为据。

② 《南京西善桥南朝墓及其砖刻壁画》:"这两幅壁画,从外而内,依次为稽康、阮籍、山涛、王戎、向秀、刘灵、阮咸、荣启期。"荣启期是先秦时人,除他之外的七人与现在通行的"竹林七贤"人物相合。见南京博物院、南京市文物管理委员会编《南京西善桥南朝墓及其砖刻壁画》,《文物》1960年第8、9期合刊。七贤中王戎、山涛追求功名利禄,王戎更是贪财。颜延之《五君咏》未及山涛、王戎。故苏轼《和拟古》:"由来竹林人,不数涛与戎。"

③ 周凤章《"竹林七贤"称名始于东晋谢安说》,《学术研究》1996年6期,第106页。

三、"竹林七贤"名号与植物喻人意识

自东汉至魏晋，品评人物已经蔚成风气，以具体意象进行譬喻是普遍的做法。其中，植物喻人很流行，如"(孔明)释褐中林，鬱为时栋"(袁宏《三国名臣序赞》)，是以植物的材用比喻人才。常常用以譬喻的植物，有松、柳、芝兰等。以竹子比拟人才，体现的也是植物喻人的意识。以"竹林"比拟"七贤"群体形象，类似的如"茅喻群贤"①。正如《后汉书·崔骃传》所说："盖高树靡阴，独木不林。"以植物比喻群体形象，自先秦以来蔚为语林大观。《诗经·大明》："殷商之旅，其会如林。"孔颖达疏："殷商之兵众，其会聚之时如林木之盛也。"后以"林会"指如林木般会聚，极言其盛多。司马迁《报任安书》："士有此五者，然后可以托于世，列于君子之林矣。"《汉书·百官公卿表上》："又取从军死事之子孙养羽林，官教以五兵，号曰羽林孤儿。"张衡《应间》："于兹缙绅如云，儒士成林。"《文心雕龙·才略》："观夫后汉才林，可参西京；晋世文苑，足俪邺都。""才林"指文士会聚之处。这些例证只是其中极小部分，已足够说明"林"喻群体的意识与风气。

我们知道，汉代董仲舒《春秋繁露》有《竹林》篇。对《竹林》取名之由，钟肇鹏主编《春秋繁露校释》云：

> 苏注："篇名未详。司马相如《上林赋》'览观《春秋》之林'。《文选》注：如淳曰：'《春秋》义理繁茂，故比之于林也。'似足备一义。"《春秋》观成败，明善恶，义理丰富，故以竹林为喻。②

---

① 《后汉书》卷二三载桓帝末年京都童谣云："茅田一顷中有井，四方纤纤不可整。嚼复嚼，今年尚可后年饶。"并解释："《易》曰：'拔茅连茹。'以其汇征吉。茅喻群贤也。"

② 钟肇鹏主编《春秋繁露校释（校补本）》，河北人民出版社2005年版，第76页。

董仲舒可以取"竹林"为篇名，汉末士人也可加"竹林"之名于七贤，而以"竹林"为纽带，就轻易地实现了自然意象与社会态度的转换与更迭，形成了隐喻与互文的交流语境。这种思路早在《韩非子·说林》、《淮南子·说林》中就有。我们从嵇康及其同时代人的说法中可以略窥一二。《嵇康集校注》引叶渭清语：

> 按中散与山公交契至深，此书特以寄意，非真告绝也。《白孔六帖》二十四"恤孤"有云："嵇康临刑，谓子绍曰：'山公尚在，汝不孤矣。'"其中情相信如此，而云绝耶？康别传说之云："岂不识山之不以一官遇己情邪，亦欲标不屈之节，以杜举者之口耳。"斯言最为近之。[1]

嵇康关于其子"不孤"的说法，源自《论语·里仁》"德不孤，必有邻"，也自然流露出"有邻"或"成林"的期望与意识，而《嵇康别传》"标不屈之节"的评价，虽不能必然与竹画上等号，却至少透露着丝丝缕缕的信息。

再如《祖庭事苑》卷二：

> 《大智度论》卷三："僧伽，秦言众，多比丘一处和合，是名僧伽；譬如大树丛聚是名为林。"《大庄严论》："如是众僧者，乃是胜智之丛林、一切诸善行运集在其中。"《杂阿含（经）》（卷）二十五：佛告阿难：汝遥见彼青色丛林否？唯，然已见。是处名曰优留曼荼山，如来灭后百岁，有商人子名优波掘多，当作佛事，教授师中最为第一，即四祖优波毱多，梵音楚夏尔，以祖师居之，今禅庭称丛林也。[2]

---

[1] 戴明扬校注《嵇康集校注》，人民文学出版社 1962 年版，第 112 页。
[2] ［宋］善卿《祖庭事苑》卷二，藏经书院编《卍续藏经》，台湾：新文丰出版公司，1995 年，第 113 册第 29 页上。

佛教将僧众聚居的处所称为"丛林",可见"丛林"一词最初指僧众,后来才泛称寺院为丛林。《禅林宝训音义》:"丛林,乃众僧所止之处,行人栖心修道之所也。草不乱生曰丛,木不乱长曰林。言其内有规矩法度也。"①《大智度论》与《大庄严论》皆是东晋时后秦高僧鸠摩罗什(344—413)所译,《杂阿含经》为南朝宋求那跋陀罗(394—468)译。从时间上看,上述涉及"丛林"一词的三部佛经的汉译与"竹林七贤"的流行大致同时。

四、"竹林七贤"名号与竹的比德内涵

既然"竹林之游"属于附会,"竹林七贤"名号是多人称说的历史选择,那么"竹林七贤"称名中"竹林"二字具有何种意义,就成了重要问题。范子烨提出"竹林七贤"称名为天竺文化与儒学文化的合成品,韩格平主张与晋代崇竹文化有关,其后胡海义也持类似主张②。他们主要还是以晋代竹文化为"竹林七贤"称名的一般背景,未能细致探讨二者之间在何种意义上产生了密切联系。如范子烨指出,"'竹林'固然取义于内典,但谢安偏偏撷此二字,也体现了晋人对竹所特有的耽爱之情"③,并从竹子体现自然之美、是晋人性情的归托、是幽人逸士避俗的处所等方面论述了晋代竹文化内涵,即是以竹文化作为一般背景泛论的。

---

① [明]大建《禅林宝训音义》,藏经书院编《卍续藏经》,台湾:新文丰出版公司,1995年,第113册第250页下。

② 参见范子烨《论异型文化之合成品:"竹林七贤"的意蕴与背景》,《学习与探索》1997年第2期(又见范子烨《〈世说新语〉研究》相关章节);韩格平《竹林七贤名义考辨》,《文学遗产》2003年2期;胡海义《关于"竹林七贤"名义的思考》,《贵州文史丛刊》2005年第2期,第9页。

③ 范子烨《论异型文化之合成品:"竹林七贤"的意蕴与背景》,《学习与探索》1997年第2期,第118页。

在晋人的崇竹氛围里，拈出"竹林"冠于"七贤"头上，不仅出于一般背景，应当有特定象征内涵。本书主张，佛教格义、儒家比德、道家隐逸等方面分别代表竹文化与佛、儒、道三教的结合，体现了竹文化的主要方面。关于"竹林七贤"名号与佛教格义之间的关系，陈寅恪与范子烨有详细论述，此不赘言。

陈寅恪对"竹林七贤"的形成过程推测如下：

> "竹林七贤"是先有"七贤"而后有"竹林"。"七贤"所取为《论语》"作者七人"的事数，意义与东汉末年的"三君""八俊"等名称相同，即为标榜之义。西晋末年，僧徒比附内典、外书的"格义"风气盛行，东晋之初，乃取天竺"竹林"之名，加于"七贤"之上，成为"竹林七贤"。东晋中叶以后，江左名士孙盛、袁宏、戴逵等遂著之于书（原注：《魏氏春秋》《竹林名士传》《竹林七贤论》）。[1]

"作者七人"事数，语见《论语·宪问》，孔子原意是避世、避地、避色者有七个人，"作者七人"之称部分地具有隐逸内涵。东晋谢万"叙渔父、屈原、季主、贾谊、楚老、龚胜、孙登、嵇康四隐四显为《八贤论》，其旨以处者为优，出者为劣，以示孙绰。绰与往反，以体公识远者则出处同归"[2]。"以处者为优，出者为劣"，反映了崇尚自然、注重隐逸的舆论风气。"竹林七贤"名号应该包含了"贤"与"隐"两方面内涵，分别代表儒、道思想。

竹在人物品藻风气中被用以比附人物形象与品格。东晋士人称赏七贤的如谢安、孙绰等，同时也在其作品中称美竹子，如"兰栖湛露，

---

① 万绳楠整理《陈寅恪魏晋南北朝史讲演录》，第49页。
② 《晋书》卷七九《谢万传》，第7册第2086页。《世说新语·文学》91条也载。

竹带素霜"(谢安《与王胡之诗》六章其五）^①，"竹柏以蒙霜保荣，故见殊列树"(孙绰《司空庾冰碑》）^②。对魏末名士之贤与竹子之美都很爱赏，就很容易将两者结合起来进行比配类聚。人物品评风气对个性、气质与风度等内在因素的重视，往往超过学问、道德、功名等外在因素。对内在气质的把握往往较为笼统概括，也较易与植物比人意识相结合，如"嵇叔夜之为人也，岩岩如孤松之独立"(《世说新语·容止》），即体现了当时流行的植物比人意识。再如晋代桓玄《王孝伯诔》："岭摧高梧，林残故竹。人之云亡，邦国丧牧。"^③即以梧、竹之摧枯比喻王孝伯之死。

以竹子比拟品评"竹林七贤"中人物的，如《晋书·王戎传》：

> 戎有人伦鉴识，尝目山涛如璞玉浑金，人皆钦其宝，莫知名其器；王衍神姿高彻，如瑶林琼树，自然是风尘表物。谓裴颜拙于用长，荀勖工于用短，陈道宁缌缌如束长竿。^④

关于"缌缌"，徐复以为："字从系作，盖谓直绳，用以束长竿。为形容词。"^⑤似有未当。其字从系，却是形容竹竿而非直绳。有学者指出"缌缌"即"谡谡"之讹。谡谡，高挺貌^⑥。又，《世说新语·赏誉上》"世目李元礼（膺）'谡谡如劲松下风'"，刘孝标注引《李氏家传》："膺岳

---

① 《先秦汉魏晋南北朝诗》晋诗卷一三，中册第 905 页。

② 《全上古三代秦汉三国六朝文》全晋文卷六二，第 2 册第 1814 页下栏左。

③ 《全上古三代秦汉三国六朝文》全晋文卷一一九，第 3 册第 2145 页上栏左。

④ 《晋书》卷四三，第 4 册第 1235 页。

⑤ 徐复《徐复语言文字学晚稿》，江苏教育出版社 2007 年，第 223 页。

⑥ 顾绍柏《从"（缌）""（缥）"二字谈起——〈辞源〉修订琐记之四》，《学术论坛》1981 年第 3 期。《辞源》从之。

崤渊清，峻貌贵重。"①[日]秦士铉云："《礼记》:'谡谡，起也。'谡谡，风起貌。一说，谡与肃通。"②故"谡谡"当指森肃貌。"束长竿"即成捆的长竹竿。王戎所云"陈道宁缓缓如束长竿"，并非形容其体貌，而是比附其性格，这一点从王戎将他与裴颜、荀勖二人相提并论即可看出。西晋张协《杂诗》之四："密叶日夜疏，丛林森如束。""森如束"意思是繁密无间，犹如捆束。也可佐证。

再如袁宏《七贤序》:

> 阮公瑰杰之量，不移于俗，然获免者，岂不以虚中茎节，动无过则乎？中散遣外之情，最为高绝，不免世祸，将举体秀异，直致自高，故伤之者也。山公中怀体默，易可因任，平施不挠，在众乐同，游刃一世，不亦可乎！③

这则材料的意义不可低估，惜乎仅存残帙，无法窥其全貌。袁宏是最早提出"竹林七贤"名号的人之一，此处可见其称名缘由，是以竹子比附阮籍、嵇康、山涛三人性情气质（引文加着重号处）。所论三人可谓七贤领袖，且《七贤序》描叙三人时都借竹子比其德。《晋书·嵇康传》:"以高契难期，每思郢质，所与神交者唯陈留阮籍、河内山涛，豫其流者河内向秀、沛国刘伶、籍兄子咸、琅玡王戎，遂为竹林之游，世所谓'竹林七贤'也。戎自言与康居山阳二十年，未尝见其喜愠之色。"如果将嵇康比为竹子，仅是林中一株，而其所思"郢质"则可与他一起形成"竹林"。

五、"竹林七贤"名号与竹的隐逸内涵

竹林名士主张自然、高隐避世，这种性格气质与竹子隐逸内涵相

---

① ［南朝宋］刘义庆撰，刘强会评辑校《世说新语会评》，凤凰出版社2007年，第242页。

② 《世说新语会评》，第243页。

③ 《全上古三代秦汉三国六朝文》全晋文卷五七，第2册第1786页上栏。

符合。《晋书·阮籍传》云："魏晋之际，天下多故，名士少有全者。"在这种极端的政治恐怖氛围里，动辄得祸，如履薄冰，士人或清谈玄理，或放浪形骸。据陈寅恪研究，"可见自然与名教不同，本不能合一。魏末名士其初原为主张自然、高隐避世的人，至少对于司马氏的创业，不是积极赞助。然其中如山涛、王氏戎、衍兄弟，又自不同"，"兼尊显的达官与清高的名士于一身，既享朝端的富贵，仍存林下的风流，而无所惭忌"①，名利双收。无论是嵇康、阮籍等越名教而任自然，还是山涛等人兼名教与自然，虽出处殊途，但其形象都与自然玄谈、林泉隐逸相关，所谓气类相近。在晋人看来，七贤是自然放达的群体。嵇康等竹林名士崇尚自然，"或率尔相携，观原野，极游浪之势，亦不计远近，或经日乃归"②。戴逵在《放达为非道论》中说："竹林之为放，有疾而为颦者也，元康之为放，无德而折巾者也。"③又在《竹林七贤论》中说："是时竹林诸贤之风虽高，而礼教尚峻。"④以竹林诸贤的放达与矫情、礼教对比，突出其自然之性。"定名'竹林七贤'在相当长的时间里，也被称为'竹林名士''竹林诸人''竹林诸贤''林下诸贤'……称名虽别，关键词'竹林'（"林"）则是共有的。"⑤由这种称名可见崇尚自然的倾向。

"竹林七贤"称名突出"贤"，而实际处境却是悠游林下，这既是一种对比，也反映了隐者为高的思想倾向。竹既可比喻贤才，如"赫

---

① 万绳楠整理《陈寅恪魏晋南北朝史讲演录》，第 57 页、58 页。

② 《太平御览》卷四〇九引《向秀别传》，《影印文渊阁四库全书》第 896 册第 680 页下栏右。

③ 《晋书》卷九四《戴逵传》，第 8 册第 2457—2458 页。

④ 《全上古三代秦汉三国六朝文》全晋文卷一三七，第 3 册第 2252—2253 页。

⑤ 滕福海《"竹林七贤"称名依托佛书说质疑》，《温州师范学院学报（哲学社会科学版）》2002 年第 2 期，第 22 页右。

赫三雄，并回乾轴。竞收杞梓，争采松竹"（袁宏《三国名臣颂》），"今睹吾子之治《易》，乃知东南之美者，非但会稽之竹箭焉"（孔融《答虞仲翔书》）①，也可比拟隐士，如阮籍《咏怀诗》"修竹隐山阴"之句。就"世胄蹑高位，英俊沉下僚"（左思《咏史》其二）的现实处境而言，"修竹隐山阴"如同"郁郁涧底松"一样，既是遭受压抑的，也是遗世独立的。在当时的文化语境中，竹林也为隐逸之地。葛洪（284—364或343）在《抱朴子·杂应》中回答"或问隐沦之道"，云："或入竹田之中，而执天枢之壤。"②此处所言"隐沦之道"即隐身法术。南京西善桥南朝墓砖刻壁画中荣启期与七贤排列在一起，荣启期是春秋时隐士，似也透露南朝宋代对于"竹林七贤"隐逸处世态度的某种认同。而且，当时以"林下"指隐逸也蔚成风气。如《世说新语·贤媛》："王夫人神情散朗，故有林下风气。"再如《高僧传》卷五记载："（竺僧朗）与隐士张忠为林下之契。每共游处。"此两例相比竹林七贤，时间略后，可见当时称赏"林下"的时代趣味。

在名僧比名士的人物品评中，也多以隐者为高。《高僧传》载："孙绰制《道贤论》，以天竺七僧，方竹林七贤，以护匹山巨源。论云：'护公德居物宗，巨源位登论道。二公风德高远，足为流辈矣。'"③孙绰将天竺七僧与竹林七贤相比附，试图找出其间共同点："帛祖（远）衅起于管蕃，中散（嵇康）祸作于钟会。二贤并以俊迈之气，昧其图身之虑，栖心事外，轻世招患，殆不异也。"（《道贤论》）④除"轻世招患"的经

---

① 《全上古三代秦汉三国六朝文》全后汉文卷八三，第 1 册第 921 页下栏左。
② 《抱朴子内篇校释》卷一五，第 246 页。
③ ［南朝梁］释慧皎撰，汤用彤校注：《高僧传》卷一"晋长安竺昙摩罗刹"条，中华书局 1992 年版，第 24 页。
④ 《全上古三代秦汉三国六朝文》全晋文卷六二，第 2 册第 1813 页上栏右。

历外，"栖心事外"的高情也是备受推赏的重要因素，可见"竹林七贤"名号风行背后的世俗好尚。叶梦得《避暑录话》卷上对此也有认识："晋人贵竹林七贤，竹林在今怀州修武县。初若欲避世远祸者，然反由此得名。"①因此，"以天竺之'竹林'加于外典《论语》'作者七人'之上"②，不仅关合"游于竹林"的群体活动情况，也凸显贤者避世隐逸的内涵。

六、"竹林七贤"名号与"游于竹林"传说的形成

"竹林之游"的相关传说几乎与"竹林七贤"名号同时流传。孙盛《魏氏春秋》已云"游于竹林，号为七贤"。晋人李充《吊嵇中散》也云："寄欣孤松，取乐竹林。尚想蒙庄，聊与抽簪。"③抽簪意谓弃官引退。言松、竹是取其隐逸内涵，松言孤，竹称林，又是就其生长形态而言。

谢灵运《山居赋》云："蔑上林与淇澳，验东南之所遗。企山阳之游践，迟鸾鹥之栖托。"自注："上林，关中之禁苑。淇澳，卫地之竹园，方此皆不如。东南会稽之竹箭，唯此地最富焉。山阳，竹林之游；鸾鹥，栖食之所。"④谢灵运自己就有竹林隐逸的经历，从《山居赋》的表述依稀可见凤凰栖食竹林的比德内涵。凤栖竹林、众木成林的比德意识，以及游于竹林的隐逸内涵，这些中土竹文化都可能促成七贤"游于竹林"传说的形成。

其中最值得一提的是东晋士人游于竹林的普遍风气，与传说中七贤的"竹林之游"非常相似，我们可以列举若干材料加以对比。言及诸贤游于竹林的材料如：

---

① ［宋］叶梦得撰，徐时仪整理《避暑录话》卷上，朱易安、傅璇琮等主编《全宋笔记》第二编，第 10 册第 249 页。
② 汤用彤《理学·佛学·玄学》，北京大学出版社 1991 年版，第 283 页。
③ 《全上古三代秦汉三国六朝文》全晋文卷五三，第 2 册第 1766—1767 页。
④ 《全上古三代秦汉三国六朝文》全宋文卷三一，第 3 册第 2606 页上栏。

刘伶与阮籍、嵇康相遇，忻然神解，便携手入林。（《太平御览》卷五七引无名氏《晋书》）①

阮咸与籍为竹林之游，太原郭奕高爽，为众所推，见咸而心醉，不觉叹焉。（《太平御览》卷三七六引无名氏《晋书》）②

（王）戎每与籍为竹林之游，戎尝后至。籍曰："俗物已复来败人意。"戎笑曰："卿辈意亦复易败耳。"（《晋书·王戎传》）③

王戎少阮籍二十余年，相得如时辈，遂为竹林之游。（《太平御览》卷五七引南齐臧荣绪《晋书》）④

山涛……与嵇康、吕安善，后遇阮籍，便为竹林之交，著忘言之契。（《晋书·山涛传》）⑤

（阮）咸任达不拘，与叔父籍为竹林之游，当世礼法者讥其所为。（《晋书·阮咸传》）⑥

所有例子几乎都是笼统说七贤游于竹林，时间、地点及情境都很模糊。只有《晋书·王戎传》载有对话，似具特定情境，但这很可能是唐人以唐代流行的观念写入史书⑦。

---

① 此为《四部丛刊》本，转引自童强《嵇康评传》，南京大学出版社2006年版，第122页。
② 转引自童强《嵇康评传》，第122页。
③ 《晋书》卷四三《王戎传》，第4册第1232页。
④ 转引自童强《嵇康评传》，第127页。
⑤ 《晋书》卷四三《山涛传》，第4册第1223页。
⑥ 《晋书》卷四九《阮咸传》，第5册第1362页。
⑦ 竹子"不俗"的观念出现并风行于唐代，参见本书第三章第一节《君子与小人：竹的人格象征内涵》的相关论述。

而东晋士人游于竹林的情况就具体多了，如：

馆宇崇丽，园池竹木，有足玩赏焉。(《晋书·纪瞻传》)①

(谢安)于土山营墅，楼馆林竹甚盛，每携中外子侄往来游集。(《晋书·谢安传》)②

时吴中一士大夫家有好竹，欲观之，便出坐舆造竹下，讽啸良久。主人洒扫请坐，徽之不顾。将出，主人乃闭门，徽之便以此赏之，尽欢而去。尝寄居空宅中，便令种竹。或问其故，徽之但啸咏，指竹曰："何可一日无此君邪！"(《晋书·王徽之传》)③

(翟矫)好种竹，辟命屡至，叹曰："吾焉能易吾种竹之心，以从事于笼鸟盆鱼之间哉？"竟不就。(晋邓德明《南康记》)④

乐城张𫖮隐居颐志，家有苦竹数十顷。在竹中为屋，常居中。王右军闻而造之，𫖮逃避林中，不与相见。一郡号为竹中高士。(南朝宋郑缉之《永嘉郡记》)

永和九年，岁在癸丑，暮春之初，会于会稽山阴之兰亭，修禊事也。群贤毕至，少长咸集。此地有崇山峻岭，茂林修竹，又有清流激湍，映带左右。(王羲之《兰亭集序》)

前两例是园林有竹可供游赏，第三例是竹林啸咏，第四例是爱好种竹，第五例是隐于竹林，第六例是游于竹林，都或有细致情节，或有具体情境。所以晋代庾阐《扬都赋》说："竹则篂风箘籁，筱荡林棻。单棘箜莎，蓊蔚萧疏。贞筱捎风，劲节集雾。望之猗猗，即之倩倩。

① 《晋书》卷六八，第6册第1824页。
② 《晋书》卷七九，第7册第2075页。
③ 《晋书》卷八〇，第7册第2103页。
④ 周光培《历代笔记小说集成》，河北教育出版社1994年版，第1册第605页。

苍浪之竿，东南之箭。其林可游，其芳可荐。"①"其林可游"的说法，正反映了"游于竹林"的时代风气。因此我们推测：一方面，嵇、阮诸人多有清谈游赏活动，另一方面，东晋士人喜爱游于竹下，遂称七贤也有"竹林之游"。促使东晋士人作这种附会的动力则是他们对魏末名士的仰慕，这种仰慕是一时普遍风气，如王导见周顗风度翩然，称其"欲希嵇、阮"（《世说新语·言语》第40条）。

我们的结论是，"竹林之游"并未真正存在，竹林之地也属乌有，"竹林七贤"称名当源自竹文化的精神层面。在东晋崇竹的氛围里，士人以竹子比德、隐逸等内涵附会魏末名士，形成"竹林名士""竹林七贤"等名号。后又以佛教"竹林精舍"借用为中土竹林寺之名（东晋时建康、荆州、江陵等地都有竹林寺），以名僧比名士的人物品藻、以天竺名僧游于竹林比附魏末名士的竹林玄谈，也可能对"竹林七贤"名号的形成产生过影响。而晋人"游于竹林"的风气对于形成七贤"竹林之游"的传说也有直接影响。总之，"竹林之游"可能取意于两方面：竹喻人才与竹林为隐逸之地。

七、"竹林七贤"名号及相关传说对竹文化的影响

无论得名的具体原因是什么，"竹林七贤"名号及相关传说自东晋开始就与竹文化结下不解之缘。出于对竹林七贤的仰慕，后人不断附会七贤"竹林之游"的相关情事。竹子也被称做"嵇竹"，说成"七贤宁占竹"（李商隐《垂柳》），所谓"竹林文酒此攀嵇"（胡宿《赵宗道归辇下》），带上了浓厚的人文色彩与历史内涵。竹子还被附会于名胜遗迹。如《艺文类聚》卷六四引《述征记》曰："山阳县城东北二十里，魏中散大夫嵇康园宅，今悉为田墟，而父老犹谓嵇公竹林地，以时有

---

① 《全上古三代秦汉三国六朝文》全晋文卷三八，第2册第1678页下栏左。

遗竹也。"①《水经注》卷九也云：

> 又径七贤祠东，左右筠篁列植，冬夏不变贞萋。魏步兵校尉陈留阮籍，中散大夫谯国嵇康，晋司徒河内山涛，司徒琅邪王戎，黄门郎河内向秀，建威参军沛国刘伶，始平太守阮咸等，同居山阳，结自得之游，时人号之为竹林七贤。向子期所谓山阳旧居也，后人立庙于其处。庙南又有一泉，东南流注于长泉水。郭缘生《述征记》所云，白鹿山东南二十五里有嵇公故居，以居时有遗竹焉，盖谓此也。②

可见传说在层层累积，不断增加竹林七贤与竹文化的联系。文学作品中也进一步附会，如"疏叶临嵇竹，轻鳞入郑船"（张正见《赋得白云临酒诗》）③，"万顷歌王子，千竿伴阮公"（贾岛《题郑常侍厅前竹》），是附会七贤之名；如"渭川千亩，山阳数林"（吴筠《竹赋》）④，"独题内史琅玕坞，几醉山阳瑟瑟村"（陈陶《咏竹》十首其六），是附会山阳之地。甚至还想象七贤竹林游赏的高情，如"多留晋贤醉，早伴舜妃悲"（薛涛《酬人雨后玩竹》），"削玉森森幽思清，阮家高兴尚分明"（秦韬玉《题竹》）。人们想象七贤的竹林欢会，如"山公弘识量，早厕竹林欢"（萧统《咏山涛王戎诗二首》其一）⑤；借七贤竹林欢会表达隐逸情怀，如"偶随香署客，来访竹林贤"（韦应物《陪王郎中寻孔征君》），"东篱摘芳菊，想见竹林游"（储光羲《仲夏觐魏四河北觐叔》）；更多的

---

① ［唐］欧阳询撰，汪绍楹校《艺文类聚》卷六四，上海古籍出版社 1965 年版，下册第 1144 页。
② 《水经注校证》卷九"清水"，第 225 页。
③ 《先秦汉魏晋南北朝诗》陈诗卷三，下册第 2492 页。
④ 《全唐文》卷九二五，第 10 册第 9643 页下栏右。
⑤ 《先秦汉魏晋南北朝诗》梁诗卷一四，中册第 1795 页。

是以竹林之期比拟朋友欢会，如"遥思竹林友，前窗夜夜开"（祖孙登《宫殿名登高台诗》）[1]，"何言蒿里别，非复竹林期"（江总《在陈旦解醒共哭顾舍人诗》）[2]，"传清举白，奏瑟调簧，符林竹之游，契濠梁之宴"（北齐张海翼墓志）[3]。到唐代诗人笔下，明写七贤的竹林之游，暗写朋友聚会，或寄托怀古之情，或附庸风雅之兴，颇有"六经注我"的气概。如"闻道今宵阮家会，竹林明月七人同"（武元衡《闻严秘书与正字及诸客夜会因寄》），"下客依莲幕，明公念竹林"（李商隐《自桂林奉使江陵途中感怀寄献尚书》），"谬入阮家逢庆乐，竹林因得奉壶觞"（卢纶《酬赵少尹戏示诸侄元阳等因以见赠》），"竹林一自王戎去，嵇阮虽贫兴未衰"（刘禹锡《和陈许王尚书酬白少傅侍郎长句因通简汝洛旧游之什》）。

除了竹意象被附会上"竹林七贤"的活动印记及精神象征，后代文人还想象"竹林之游"的相关活动，主要内容有饮酒、弹琴、歌啸、玄谈、服食等。《世说新语·任诞》云：

> 陈留阮籍、谯国嵇康、河内山涛，三人年皆相比，康年少亚之，预此契者：沛国刘伶、陈留阮咸、河内向秀、琅玡王戎，七人常集于竹林之下，肆意酣畅，故世谓之"竹林七贤"。

此处云"肆意酣畅"，可能不限于饮酒，也包括清谈、弹琴等其他酣情畅志的行为。七贤中有人后来出仕，并不妨碍共同的兴趣爱好，所谓"虽出处殊途，而欢爱不衰也"（嵇康《与吕长悌绝交书》）。故后人多说"竹林之乐""竹林之欢""竹林之期"等，如"阮家今夜乐，

---

① 《先秦汉魏晋南北朝诗》陈诗卷六，下册第 2543 页。
② 《先秦汉魏晋南北朝诗》陈诗卷八，下册第 2588 页。
③ 罗新、叶炜《新出魏晋南北朝墓志疏证》，中华书局 2005 年版，第 182 页。

应在竹林间"(李端《送张淑归觐叔父》)、"阮公留客竹林晚,田氏到家荆树春"(许浑《与郑秀才叔侄会送杨秀才昆仲东归》)。再如岑参《送李别将摄伊吾令充使赴武威,便寄崔员外》:"词赋满书囊,胡为在战场。行间脱宝剑,邑里挂铜章。马疾飞千里,凫飞向五凉。遥知竹林下,星使对星郎。"所谓"遥知竹林下"是想象武威相见的情景,可见竹林相会已经成为高情嘉会的符号。竹林既是相会之地,也就与离别相关,如"终悲去国远,泪尽竹林前"(卢纶《送从叔士准赴任润州司士》)。

关于七贤饮酒于竹林的最早材料出自《世说新语》。《世说新语·排调》载:"嵇、阮、山、刘在竹林酣饮,王戎后往。步兵曰:'俗物已复来败人意!'"《世说新语·伤逝》"王濬冲为尚书令"条也载:

> 王濬冲(王戎)为尚书令,著公服,乘轺车经黄公酒垆下过,顾谓后车客:"吾昔与嵇叔夜(嵇康)、阮嗣宗(阮籍)共酣饮于此垆,竹林之游,亦预其末。自嵇生夭、阮公亡以来,便为时所羁绁。今日视此虽近,邈若山河。"

刘孝标注引《竹林七贤论》:"俗传若此。颍川庾爱之尝以问其伯文康,文康云:'中朝所不闻,江左忽有此论,皆好事者为之也'。"可知是好事者踵事增华所为。

一方面,七贤多好饮,如"(阮)籍放诞有傲世情,不乐世宦……后闻步兵厨中有酒三百石,忻然求为校尉。于是入府舍,与刘伶酣饮"(《世说·任诞》注引《文士传》)。鲁迅说:"正始名士服药,竹林名士饮酒。竹林的代表是嵇康和阮籍。但究竟竹林名士不纯粹是喝酒的,嵇康也兼服药,而阮籍则是专喝酒的代表。但嵇康也饮酒,刘伶也是这里面的一个。他们七人中差不多都是反抗旧礼教的。"[1]饮酒与反抗

---

① 鲁迅著《鲁迅全集》第 3 卷,人民文学出版社,1982 年,第 510 页。

旧礼教在骨子里是相通的。

另一方面，晋人好酒的同时又爱竹，如："(辛宣仲)春月鬻笋充肠，酌，截竹为罂，用充盛置。人问其故，宣仲曰：'我惟爱竹好酒，欲令二物常相并耳。'"(晋王韶《南雍州记》)[①]七贤爱竹好饮的这些传说成了诗文中的常用典故，如"黄公酒炉处，青眼竹林前"(卢照邻《哭明堂裴主簿》)。

竹林弹琴的传说始自向秀《思旧赋序》："余与嵇康、吕安，居止接近；其人并有不羁之才。然嵇志远而疏，吕心旷而放，其后各以事见法。嵇博综技艺，于丝竹特妙。临当就命，顾视日影，索琴而弹之。余逝将西迈，经其旧庐。于时日薄虞渊，寒冰凄然。邻人有吹笛者，发声寥亮；追思曩昔游宴之好，感音而叹，故作赋云。"因为嵇康善弹琴，向秀又曾预"竹林之游"，故作赋怀旧。刘禹锡《伤愚溪三首》其三："纵有邻人解吹笛，山阳旧侣更谁过。"即是用此典故。

后人根据《思旧赋序》附会出竹林弹琴取乐的活动，如庾信《暮秋野兴赋得倾壶酒诗》："刘伶正捉酒，中散欲弹琴。但使逢秋菊，何须就竹林。"[②]想象嵇康在竹林中弹琴的风雅行为。后人又加进阮籍。如李峤《琴》："名士竹林隈，鸣琴宝匣开。风前中散至，月下步兵来。"孟浩然《听郑五愔弹琴》："阮籍推名饮，清风满竹林。半酣下衫袖，拂拭龙唇琴。一杯弹一曲，不觉夕阳沉。予意在山水，闻之谐夙心。"此两诗都想象阮籍竹林弹琴的情境。由七贤竹林弹琴推而广之，竹林弹琴成了文人高雅生活的代称，如"鸟啼花间曲，人弹竹里琴"(李端《题从叔沇林园》)。

---

① 《历代笔记小说集成》，第 1 册第 606 页。
② 《先秦汉魏晋南北朝诗》北周诗卷四，下册第 2405 页。

第三章　竹子比德意义研究

　　一种植物为人所欣赏，必有其独特的美感。但仅有物色美感而缺乏象征意义，又未免底蕴不厚、内涵空虚。古来文人士大夫喜欢竹子，不仅因其自然外观之美，更由于它丰富的比德意义。竹子比德象征意义是在竹子与人之间架设譬喻比拟的桥梁，体现了物为我用、取其类似之处的思维方式。其中由竹子植物特点、成材及材用等所引发的比德意义最为丰富。竹子的植物特性如凌寒不凋、虚心有节、刚直坚韧等都在文学中形成相应的象征内涵。竹子品种如方竹、慈竹等也被依其形体或生长特点而附会了品格方正、慈孝相依等人类品德。笋成新竹是一种动态生长过程，也被附会上成材与凌云之志等象征意义。竹子材用广泛，又形成秋竹、竹筠、竹材、竹箭等不同的词汇意象与取譬角度。竹子与其他花木的比德组合较多，本章选取松竹、竹柏、梅竹等予以考察。

　　竹子比德意义的形成是由实用到审美、由零散到系统逐渐丰富的过程。先秦时期人们已注意到竹子的植物特性与材质功用并应用于比德。如《礼记·礼器》："其在人也，如竹箭之有筠也，如松柏之有心也。二者居天下之大端矣，故贯四时而不改柯易叶。"竹箭有筠是取其材用，凌寒不凋则取其植物特性。竹子比德意义在唐前不断丰富，但主要还是限于材质功用与植物特性两方面。唐代尤其中唐以来，文学中对竹子比德意义的贡献至少体现在三方面：系统阐发竹子的比德意义、出现与竹子品种相关的比德意义、出现贬竹内涵。宋代以后竹子比德意义虽渐趋丰富与细化，要之不出唐代范围。

第一节 君子与小人：竹的人格象征内涵

竹子与其他花木及物品相比，形象美感上的优势并不明显，其得历代文人士大夫的喜爱，主要还是因为附着积淀于竹子的象征意义。正如何乔新《竹坡记》所云："陶元亮之好菊，宋广平之好梅，牛奇章公之好石，彼岂有声色臭味之可好哉？盖有所取焉耳。竹之为物，非有梅菊之芳，亦非若石有瑰奇之观。今吾种竹如是之多，而且以自号者，心与之契而有所取尔。"可见竹子已成品格象征的符号，满足了人们的心灵需求。这是一种普遍意识，如"惟修竹之劲节，伟圣贤之留赏"（许敬宗《竹赋》）①、"高人必爱竹，寄兴良有以。峻节可临戎，虚心宜待士"（刘禹锡《令狐相公见示赠竹二十韵仍命继和》），从中我们不难感受到古人见竹思贤、寄兴比德的赏竹风气与思维习惯。古人心目中飞潜动植既有善类也有恶类，竹子比德意义也体现了这种思维特点。

一、竹的君子象征内涵

古有所谓君子树。《艺文类聚》卷八九引《晋宫阁记》曰："华林园中有君子树三株。"梁元帝《芳树》也云："芬芳君子树，交柯御宿园。"这些文献都未明言君子树是何树种。《升庵集》卷八〇"君子树"条：

《太平御览》引《广志》曰："君子树似柽松，曹爽树之于庭。"

戴嵩诗："接楱称交让，连树名君子。"江总诗："连楹君子树，

---

① 《全唐文》卷一五一，第2册第1537页下栏左。

对幌女贞枝。"皆用此事。①

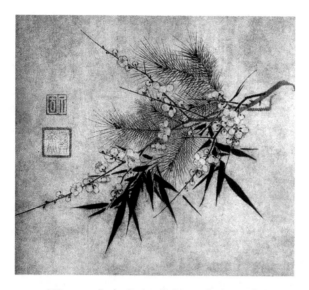

图 25 ［宋］赵孟坚《岁寒三友图》（局部）。（上海博物馆藏。纵 24.3 厘米，横 23.3 厘米。赵孟坚（1199—1267？），字子固，号彝斋居士，浙江湖州人。宋宗室，太祖十一世孙。此图绘松、竹、梅折枝，松叶如钢针，竹叶如刀剑，更表现出梅花的傲骨冰心。画扇的右上方钤"子固"白文印）

《广志》只是说君子树似松，后代遂以松树附会为君子树。如左芬《松柏赋》："若君子之顺时，又似乎真人之抗贞。"萧统《锦带书十二月启·夹锺二月》："寻五柳之先生，琴尊雅兴；谒孤松之君子，鸾凤腾翩。"②唐李峤《松》："鹤栖君子树，风拂大夫枝。"范仲淹《岁寒堂三题》："松曰君子树。"都是松树君子之喻的一脉相承。

竹子被喻为君子也有悠久传统。《诗经·淇奥》："瞻彼淇奥，绿竹猗猗。有匪君子，如切如磋，如琢如磨。"毛《传》："治骨曰切，象曰磋，玉曰琢，石曰磨。道其学而成也。听其规谏以自修，如玉石之见琢磨也。"③这是竹喻君子之始，主要是取竹子的形象美感与生殖崇拜内涵。清代高朝璎《诗经体注图考大全》："竹虚中励节，清修有文，乃植物中之君子，故诗人借以起

---

① ［明］杨慎撰《升庵集》卷八〇"君子树"条，《影印文渊阁四库全书》第 1270 册第 804 页。
② 《全上古三代秦汉三国六朝文》全梁文卷一九，第 3 册第 3062 页上栏左。
③ 《毛诗正义》卷三之二，第 216 页。

兴。"①"虚中励节，清修有文"的品格附会是后起的，高朝璎以后起之义解释，混淆了竹子比德内涵的时间顺序。"清修有文"在时间上还稍为久远，因为《礼记·礼器》已说"其在人也，如竹箭之有筠也"，至于"虚中励节"的比德意义，是魏晋南朝以来渐起的。

东晋王徽之说"何可一日无此君"②，在历史上产生深远影响。但是除此句之外，他并未留下关于竹子比德的片言只语。王徽之的思想不纯粹是儒家，也有道家成分。他称竹子为"此君"，还不是以竹比德，而是当作朋友，将竹子作为自己人格的外化与对象化，作为自我形象的对照物与体现物。至中唐以前，竹生殖崇拜仍占重要地位，竹比情人与竹拟君子并行不悖，中唐文人尤其是白居易的吟咏赞美，竹子的比德含义渐趋丰富，逐渐形成松竹梅"岁寒三友"的比德组合③。

唐代,竹子比德内涵更为丰富而系统。白居易在其《养竹记》中说："竹似贤。何哉？竹本固，固以树德，君子见其本，则思善建不拔者；竹性直，直以立身，君子见其性，则思中立不倚者；竹心空，空以体道，君子见其心，则思应用虚受者；竹节贞，贞以立志，君子见其节，则思砥砺名行夷险一致者。夫如是，故君子人多树之，为庭实焉。"将竹子"本固""性直""心空""节贞"等特点，比拟君子的品德修养。唐刘岩夫《植竹记》也云："君子比德于竹焉，原夫劲本坚节，不受霜雪，刚也；绿叶凄凄，翠筠浮浮，柔也；虚心而直，无所隐蔽，忠也；不孤根以挺耸，必相依以林秀，义也；虽春阳气王，终不与众木斗荣，谦也；四时一贯，荣衰不殊，恒也。垂蕡实以迟凤，乐贤也；岁擢笋

---

① 转引自张树波编著《国风集说》，河北人民出版社 1993 年版，上册第 504 页。
② 《晋书》卷八〇，第 7 册第 2103 页。
③ 参见程杰《岁寒三友缘起考》，《中国典籍与文化》2000 年第 3 期，第 32 页。

以成干，进德也。"也依竹子形体美感、生长特性及相关传说而附会君子所具有的各种品德。可见唐代文学中对竹子的君子比德意义进行系统总结的迹象，可见竹子比德意识的增强，这有别于唐前竹子象征意义的零见散出。

宋代文学中进一步丰富了竹子的君子象征意义。如郑刚中《感雪竹赋》："盖其与蒲柳异类，松柏同条，遭玄冥之强梁兮，虽抑遏而谩屈，分巉谷之余暖兮，终櫛蠹而不凋。故积累之势暂可枉其直，复还旧观则又吟风而飘摇也。其在人也，初如蔽欺之隔君子，权势之折忠臣，其窘迫而寒冷，则夫子之被围、原宪之居贫也，终则如浸润决去、朋党遽消，其气舒而体闲，则二疏之高引、渊明之不复折其腰也。虽然，云兮正同，雪兮未止，勿抉瀊瀊之势，孰见猗猗之高。在物犹然，人奚不尔。亦有穷卧偃塞于环堵之间者，

图 26 ［宋］文同《墨竹图》。

（绢本，水墨，纵 113.6 厘米，横 105.4 厘米。台北故宫博物院藏。文同（1018—1079），字与可，号笑笑居士、笑笑先生，人称石室先生，梓州梓潼郡永泰县（今属四川绵阳盐亭县）人。此图画一枝低垂而倔曲向上的墨竹。这种"俯而仰"的竹谓之"纡竹"。文同有《纡竹记》。文同去世后，苏轼《跋与可纡竹》："想见亡友之风节，其不屈不挠者盖如此云。"）

160

谁其引之使幡然而起？"主要从雪竹意象引申出比德意义，突出刚直不屈的节操。王炎《竹赋》："其偃蹇挫折者，如忠臣节士，赴患难而不辞；其婵娟萧爽者，如慈孙孝子，侍父祖而不违；其挺拔雄劲者，气毅色严，又如侠客与勇夫；其孤高介特者，格清貌古，又如骚人与臞儒。"由竹子各种形象美感譬喻不同身份者的品德节操。其他著名的文赋如黄庭坚《对青竹赋》、杨万里《清虚子此君轩赋》等。

从竹子的不同形态进行比德，是宋元以来的风气。元代李衎《纡竹图》跋云：

> 东嘉之野人，编竹为虎落以护蔬果。既殒获则舍而弗顾。予过其旁，怜无罪而就桎梏者，乃命从者释其缚而扶植之，不胜困悴。再阅月而视之，则芃芃然有生意矣。噫，当其长养之时，横遭屈抑，盘辟已久，伛偻者卒不能伸，偃顿者卒不能起，萧条寂寞，见弃于时。虽外若不堪其忧，而霜筠雪色，劲节虚心，存诸内者，固不少衰也。猗与，伟与！此君之盛德也！贫贱不移，威武不屈，有大丈夫之操；富贵不骄，阨穷不悯，有古君子之风。忆绘而传之好事，抑可化强梁于委顺之境，拯懦弱于卓尔之途，其于世教或有助云。①

将竹子的劲节虚心置于屈抑编篱的境遇中，以突出其贫贱不移、威武不屈的品格，这无疑是竹子君子比德意义的进一步发展，类似清龚自珍的《病梅馆记》，其源头则在南朝。萧正德《咏竹火笼诗》："桢干屈曲尽，兰麝氛氲消。欲知怀炭日，正是履霜朝。"②桢干屈曲、良

---

① 转引自范景中《竹谱》，载范景中、曹意强主编《美术史与观念史》第Ⅶ辑，第304页。
② 《先秦汉魏晋南北朝诗》梁诗卷二五，下册第2061页。

材怀炭，咏竹制器物的同时寄托对人才遭屈处境的同情。宋代文同不仅居处广栽竹木，还给居室住所取名"墨君堂""竹坞""霜筠亭""此君庵"等，且作《纡竹记》，歌颂低垂而又偃曲向上的纡竹，并借以自喻。类似的还有王禹偁《怪竹赋》。

张潮《幽梦影》卷下："植物中有三教焉：竹梧兰蕙之属，近于儒者也；蟠桃老桂之属，近于仙者也。"称竹子"近儒"，也是就竹子的君子之喻而言。明代韩雍《竹坡记》："见其心之空，思虚以受善也；见其节之贞，思砥砺名行也；见其性之直，思中立而不倚也；见其本坚劲而叶萋依，思刚柔之相济也；见其独凌霜雪岁寒不变，思夷险之一致也；见其裂而为简可书、镞而为矢可射，思文武之兼用也。"①在竹子植物特性之外还列出其材用的象征意义。桑悦《竹赋》："直而不窒，圆而不倚，节操如是，可谓君子。"王阳明作君子亭，有《君子亭记》。王国维《此君轩记》说："竹之为物，草木中之有特操者与？群居而不倚，虚中而多节。可折而不可曲，凌霜而不渝其色……其超世之致与不可屈之节，与君子为近，是以君子取焉。"②对竹子君子象征内涵作了进一步阐发，强调"其超世之致与不可屈之节"。可见竹子已逐渐浓缩包含了古代士大夫理想中主要的品德象征内涵，而成为君子的代称。

以上所论竹子比德内涵多依附竹子植物特性，因为以竹比拟君子，又发展出"清"与不俗等内涵。高洁与俗气相对，唐代出现竹子"不俗"的象征内涵。杨炯《竹》："森然几竿竹，密密茂成林。半室生清兴，一窗余午阴。俗物不到眼，好书还上心。底事忘羁旅，此君同此襟。"

---

① ［明］韩雍撰《襄毅文集》卷九，《影印文渊阁四库全书》第1245册第725页下栏。
② ［清］王国维著《王国维文集》第一卷，中国文史出版社1997年版，第132页。

在诗中，竹子与俗物相对而言。竹子不俗还表现在其为良材，与俗材相区别，如"难将混俗材"(元稹《山竹枝》)；也由于与凤凰结缘而具有高洁不俗的内涵，如"聊将仪凤质，暂与俗人谐"(卢照邻《临阶竹》)；竹林清音与俗声相区别，如"交戛敲欹无俗声，满林风曳刀枪横"(无名氏《斑竹》)[①]。

更为重要的是，竹子还能去俗。一方面是俗客不来，如"竹洞何年有，公初斫竹开。洞门无锁钥，俗客不曾来"(韩愈《奉和虢州刘给事使君三堂新题二十一咏·竹洞》)，一方面是祛除俗念，如"窗竹多好风，檐松有嘉色。幽怀一以合，俗念随缘息"(白居易《玩松竹二首》其二)、"剩养万茎将扫俗，莫教凡鸟闹云门"(陈陶《竹十一首》其六)。苏轼说海棠"嫣然一笑竹篱间，桃李漫山总粗俗"[②]，是以竹篱为背景衬托海棠花的不俗。其《于潜僧绿筠轩》云："可使食无肉，不可使居无竹。无肉令人瘦，无竹令人俗。"[③]也以居有竹为气质不俗。

竹子"清"的特点当来自竹林的荫凉清风与四季青翠的物色等所形成清雅形象，如"何妨积雪凌，但为清风动"(李咸用《题友生丛竹》)、"清光溢空曲，茂色临水澈"(李益《竹溪》)。曾参《范公丛竹歌(并序)》将这种比德联系表现得更为明显：

> 职方郎中兼侍御史范公，乃于陕西使院内种竹，新制丛竹诗以见示，美范公之清致雅操，遂为歌以和之。

> 世人见竹不解爱，知君种竹府庭内。此君托根幸得地，种来几时闻已大。盛暑翛翛丛色寒，闲宵槭槭叶声干。能清

---

① 《全唐诗》卷七八五，第22册第8859—8860页。

② 苏轼《寓居定惠院之东杂花满山有海棠一株土人不知贵也》，《全宋诗》第14册，第9301页。

③ 《全宋诗》第14册第9176页。

案牍帘下见，宜对琴书窗外看。为君成阴将蔽日，迸笋穿阶踏还出。守节偏凌御史霜，虚心愿比郎官笔。君莫爱，南山松，树枝竹色四时也不移，寒天草木黄落尽，犹自青青君始知。

诗中赞美范公"清致雅操"，其与竹林清风、翠色、凌寒不凋等形象美感与比德意义的联系较为明显。郑板桥题画竹："一节复一节，千枝攒万叶。我自不开花，免撩蜂与蝶。"则从另一侧面表现竹子"清"的象征意义。竹子凌寒之性要到秋冬才能显现。如苏轼《和文与可洋川园池三十首·霜筠亭》："解箨新篁不自持，婵娟已有岁寒姿。要看凛凛霜前意，须待秋风粉落时。"[①]新篁虽有岁寒姿，也要等到秋风之时，故称"濯如春柳，劲逾霜竹"[②]。但是古人并不局限于此，甚至竹子的耐暑也成了君子品格的象征。谢肇淛《五杂俎》云："移花木，江南多用腊月，因其归根不知摇动也。《洛阳花木记》则谓秋社后九月以前栽之，盖过此沍寒。亦地气不同耳。独竹于盛暑烈日中移，得其法，无不成长。盖其坚贞之性，不独耐寒，亦足敌暑。如有德之士，贫贱不移，富贵不淫也。"[③]则有点爱屋及乌的味道了。

二、历代贬竹文学初探

通常所说"比德"一词偏指比拟美德，其实比拟恶德同样历史悠久，至迟屈原已大量运用，"善鸟香草，以配忠贞；恶禽臭物，以比谗佞"（王逸《离骚序》）。善与恶本不同类，其比类的含义也自有别，所谓"兰艾不同香，自然难为和"（孟郊《君子勿郁郁士有谤毁者作诗以赠之》），所以标举香花美草、贬抑恶草臭物就成了固定的思维模式。

---

① 《全宋诗》第 14 册第 9223 页。

② ［唐］娄师德《镇军大将军行左鹰扬卫大将军兼贺兰州都督上柱国凉国公契苾府君碑铭》，《全唐文》卷一八七，第 2 册第 1898 页上栏右。

③ ［明］谢肇淛著《五杂俎》卷一〇"物部二"，中华书局 1959 年版，第 284 页。

就同一种植物而言，其品格象征也有历史境遇的前后变化，如梅花以清姿傲骨著称于世，却也受到"寒梅最堪恨，常作去年花"（李商隐《忆梅》）之讥，其他花木如杨柳、桃杏等也都经历过被赞美与受贬抑的炎凉曲折。这些都反映了古人植物比譬品格的视角与意趣极为丰富。以下试以竹为例，探讨古代贬竹文学的内涵及其成因。

在古人心目中，竹子名属"岁寒三友""四君子"，它既可譬喻君子贤人，也涉及败类恶流，具有多种品格的比附意义，因此古代文学中有贬竹系列作品，其中较为重要的意象有恶竹、妒母草等。诗文中最早描写恶竹意象的是杜甫。他的《将赴成都草堂，途中有作，先寄严郑公》诗云："新松恨不高千尺，恶竹应须斩万竿。"以恶竹与新松对举，"言君子之孤难扶植，小人之多难驱除也"[①]。所说恶竹当是不成材的蒙笼细竹，这种竹子多在洗竹时被砍伐，所谓"先除老且病，次去纤而曲"（白居易《洗竹》）。以成材与否为衡量标准，对于竹子而言就有不同的待遇与品评，或"洗竹年年斩恶竿"（何耕《寒碧亭》）[②]，或"洗竹可留三数竿"（胡仲弓《竹坞》）[③]。在以崇尚高大修长的审美趣味和以材用为贵的实用意识观照下，恶竹无论美感还是材用都难称人意，故后代多以恶竹象征小人。

笋也有"妒母"的恶谥。中华民族历来讲究母慈子孝，"胜母""妒母"之名有违孝道，为人摒弃，故"里名胜母，曾子不入"（邹阳《狱中上梁王书》）。竹笋由径寸微物长成参天修竹，甚至超过老竹，容易使人想到母竹的让贤与新笋的妒母。就老竹而言，新笋新竹的成长全

---

① 《鹤林玉露》丙编卷之二"松竹句"条，第 272 页。
② 《全宋诗》第 43 册第 26846 页。
③ 《全宋诗》第 63 册第 39802 页。

图27 ［明］杜堇《东坡题竹图轴》。（立轴，绢本，设色。纵191厘米，横104.5厘米。北京故宫博物院藏。杜堇，明代画家，生活在十五至十六世纪初，原姓陆，字惧男，号柽居、古狂、青霞亭长，江苏丹徒（今江苏镇江）人。左上题诗："竹色经秋似水清，小阑凉气午来生；新诗题上三千首，散作铿金戛玉声。柽居杜堇。"从题诗知此图绘苏轼题竹的故事。画面正中高帽长须、执笔题竹者即为苏轼）

凭其扶持保护。郑燮《题画竹》："新竹高于旧竹枝，全凭老干为扶持。明年再有新生者，十丈龙孙绕凤池。"歌颂母竹的虚心品格。

就新笋而言，它生长迅速，最终超过老竹，其比德意义有两方面内涵：一是体现凌云之志，为其他植物所羡慕，如"更容一夜抽千尺，别却池园数寸泥"（李贺《昌谷北园新笋四首》其一）、"槟榔自无柯，椰叶自无阴。常羡庭边竹，生笋高于林"（曹邺《四怨三愁五情诗十二首·四情》）。二是体现妒母的恶德，为人所不齿。"俗呼竹名妒母草，言笋生旬有六日而齐母也"①，是说竹笋生长速度快，急于赶上母笋，揭示其不知谦让的心态。《五杂俎》也云："竹名妒母，后笋之生必高前笋。竹初出土时，极难长，累旬不盈尺。逮至五六尺时，潜记其处，一夜辄尺许矣。"②后笋高于前笋，前笋不应指同一年出土的竹笋，不然

---

① 《山堂肆考》卷二〇二"妒母"条，《影印文渊阁四库全书》第978册第162页上栏左。
② 《五杂俎》卷一〇"物部二"，第284页。

何以称"母"？故所谓"妒母"应指新笋高于旧竹，侧重其高过母竹的结果。

新笋穿苔也可视为凌云之志的象征，如"竞将头角向青云，不管阶前绿苔破"（[明]岳岱《新笋歌》）[1]。但是在贬竹者看来，竹笋就扮演了破坏美景的恶者形象。如杜牧《题刘秀才新竹》："数茎幽玉色，晓夕翠烟分。声破寒窗梦，根穿绿藓纹。渐笼当槛日，欲碍入帘云。不是山阴客，何人爱此君。"此诗主题是赞美刘秀才，通过新竹"破坏环境"来表现，因此"根穿绿藓纹"是作为新竹不受欢迎的证据之一而被提出的。再如"界开日影怜窗纸，穿破苔痕恶笋芽"（钱俶《宫中作》），笋芽"比喻宫中奸臣"[2]。

不仅有这些"恶行"，笋的形象也是猥琐的。毛主席在《改造我们的学习》中批评党内一些不学无术的同志，引用明代解缙对联"墙上芦苇，头重脚轻根底浅；山间竹笋，嘴尖皮厚腹中空"，将山中竹笋和那些夸夸其谈并无实学的虚伪者联系在一起，其形象奸猾猥琐，紧扣笋的三大形体特点：嘴尖、皮厚、中空。但是笋在文学史上曾具有正面的美感内涵与品格象征，嫩笋曾用于形容女性手指，"玉笋"也可形容俊秀人才，如"嫩箨香苞初出林"（李商隐《初食笋呈座中》），笋的形象是鲜香美好的，其心虚的特点也是诗人师法的对象，如"竹解心虚即我师"（白居易《池上竹下作》）。

较早贬抑竹子中空有节的，如隋代裴略云"虚心未得待国士，皮上何须生节目"（《启颜录》）。故事中这两句是作为"嘲戏"语而说的，

---

① 《广群芳谱》卷八六，《影印文渊阁四库全书》第847册第349页上栏左。
② ［日］池泽滋子著《吴越钱氏文人群体研究》，上海人民出版社2006年版，第22页。

针对竹子虚心有节的特点进行揶揄嘲弄。其后韩愈有"外恨苞藏密，中仍节目繁"（《和侯协律咏笋》）之句，似乎不仅形容笋"皮厚"，还含有机心多、城府深之意。明代崇祯初年小说《龙阳逸史》第七回："那杭州正是作兴小官时节，那些阿呆真叫是眼孔里着不得垃圾，见了个小官，只要未戴网巾，便是竹竿样的身子，笋壳样的脸皮，身上有几件华丽衣服，走去就是一把现钞。"以竹竿形容身材瘦、以笋壳比喻脸皮厚，干瘪猥琐的形象呼之欲出。

竹子的直节常被人们赞颂，但至迟唐代文学中已出现竹子折节的形象。魏晋以来，人们爱以"风折长松，霜摧翠竹"（北魏殷伯姜墓志）[1]形容人的亡故。到唐代，元稹写竹节无用，如"久拥萧萧风，空长高高节"（《遣兴十首》），其实是为了突出"严霜荡群秽""独立转亭亭"的凌寒之性。他还写竹之折节，如"多惭折君节，扶我出山来"（《山竹枝（自化感寺携来，至清源，投之辋川耳)》）、"竹垂哀折节，莲败惜空房"（元稹《景申秋八首》其六）。

这种垂头折节的形象是此前竹文化史上所没有的。风能欺竹，主要因为嫩笋细长、新竹柔弱，如杜甫诗云"绿垂风折笋"（杜甫《陪郑广文游何将军山林十首》其五），而竹的坚韧主要由于竹节的约束，所谓"坚多节"（《易·说卦》），多节才坚。其后杜牧也有"一夜风欺竹，连江雨送秋"（杜牧《忆齐安郡》）。

竹受风欺雪辱，成为丧失气节的象征，此后不断出现于文人笔下。如对联："竹被雪欺，倒地拜天求日救；花遭雨打，垂头滴泪欲人怜。"[2]联中竹子已无气节可言，折节受辱于雪的淫威，甚至乞怜求救于天日。

---

[1] 罗新、叶炜著《新出魏晋南北朝墓志疏证》，中华书局2005年版，第108页。
[2] 邓叙萍编《楹联漫话》，广西人民出版社1987年版，第371页。

唐代以来人们常以竹子有节比喻妇女守节，妇女失身则比为竹子失节或破节。明代民歌《挂枝儿·箫》："紫竹儿，本是坚持操，被人通了节，破了体，做下了箫，眼儿开合多关窍。舌尖儿餂 (tiǎn) 着你的嘴，双手儿搂着你腰。摸着你的腔儿也，还是我知音的人儿好。"①所咏可能是沦落风尘的女子，整首歌词处处紧扣箫与情人的关系，其中箫的形象由"坚持操"到"多关窍"是一个被迫堕落的过程，是"被人通了节，破了体"，以破竹通节形容女子失身。

节外生枝是许多植物的共同特点，但竹子似乎最明显最典型。"节外生枝""横生枝节""节上生枝"比喻在原有问题之外又岔生新问题。如朱熹《答吕方子约 (九月十三日)》："随语生解，节上生枝，则更读万卷书，亦无用处也。"许多植物的枝与干交接处都有坚硬纠结的部分，称为"节目"。

自先秦以来，植物尤其竹子的"节目"常被比为缺点、难点或障碍、麻烦。如《礼记·学记》："善问者如攻坚木，先其易者，后其节目，及其久也，相说以解。""节目"即是形容难解之处。晋代车永《与陆士龙书》："具说此县既有短狐之疾，又有沙虱害人。闻此消息，倍益忧虑。如其不行，恐有节目，良为愁愤。"《三国志·魏志·公孙度传》裴松之注："而后爱憎之人，缘事加诬，伪生节目。"此两例中"节目"都指麻烦。再如《吕氏春秋·举难》："尺之木必有节目，寸之玉必有瑕璃。"将树木的节目与玉的瑕疵进行比类，也指缺点。"节目"用于譬喻人的缺点始于魏晋时代。《世说新语·赏誉》："庾子嵩目和峤森森如千丈松，虽磊砢有节目，施之大厦，有栋梁之用。""有节目"与松树之"森森""千

---

① ［明］冯梦龙编纂、刘瑞明注解《冯梦龙民歌集三种注解》，中华书局 2005 年版，第 237 页。

丈"相对而言，显指缺点。

竹节能使竹子更加坚韧，破竹为篾时遇到有节处相对困难一些。破竹时，如果关节处已通过就很容易顺势而下、毫无阻碍，故"势如破竹"常比喻做事顺利，多形容战争节节胜利的态势。如《晋书·杜预传》："今兵威已振，譬如破竹，数节之后，皆迎刃而解。"后代以"捎（或作稍）关打节"形容疏通重要环节，多指暗中行使贿赂。如关汉卿《望江亭》第三折："俺则待稍关打节，怕有那惯施舍的经商不请言赊。""关节"至迟唐代已成词。唐代苏鹗《杜阳杂编》卷上："（薛）瑶英善为巧媚，载惑之，怠于尘务。而瑶英之父曰宗本，兄曰从义，与赵娟递相出入，以构贿赂，号为关节。"① "关节"可能与"节目"有关②。

以上关于竹子恶德的诗文都是主要抓住从嫩笋到成竹的各个生长阶段的个别特点进行附会类比，近代出现了较为全面地总结竹子恶德象征意义的作品。1935 年 10 月 29 日《人间世》第 38 期发表丁文江《嘲竹》诗："竹似伪君子，外坚中却空。成群能蔽日，独立不禁风。根细善攒穴，腰柔惯鞠躬。文人多爱此，声气想相同。"林语堂在案语中赞为"妙喻而意深"。丁文江精于科学、长于办事，此诗系感慨当时儒道荡然、斯文扫地而作，但视角独特、见解犀利，紧扣竹子虚心、柔弱、上密下疏、根鞭较多等特点，确实譬喻形象、比拟恰当。早在唐代韩愈就写过《和侯协律咏笋》诗，独创性地以嘲戏笔调揭发新笋的恶行："纵横公占地，罗列暗连根。狂剧时穿壁，横强几触藩。深潜如避逐，远

---

① 《唐五代笔记小说大观》，下册第 1376 页。

② 吴曾《能改斋漫录·事始》"关节"条以为"关节"本于"关说"。《史记·佞幸列传序》："此两人非有材能，徒以婉佞贵幸，与上卧起，公卿皆因关说。"司马贞索隐："关训通也。谓公卿因之而通其词说。刘氏云'有所言说，皆关由之'。"吴曾的观点实源于司马贞，虽可备一说，毕竟弯绕太多。

去若追奔。始讶妨人路，还惊入药园。萌芽防寖大，覆载莫偏恩。已复侵危砌，非徒出短垣。身宁虞瓦砾，计拟揽兰荪。且叹高无数，庸知上几番。短长终不校，先后竟谁论。外恨苞藏密，中仍节目繁。"诗中涉及竹笋多方面的恶德内涵，因为全诗主题并非讽时刺世，所以未能引起更多关注。

丁文江所言在历史上代不乏人。《晋书·张天锡传》载："(张)天锡数宴园池，政事颇废。荡难将军、校书祭酒索商上疏极谏，天锡答曰：'观朝荣则敬朝秀之士，玩芝兰则爱德行之臣，睹松竹则思贞操之贤，临清流则贵廉洁之行，览蔓草则贱贪秽之吏，逢飚风则恶凶狡之徒。若引而申之，触类而长之，庶无遗漏矣。'"①张天锡虽是为自己诡辩，却符合传统比德视角，即同一植物既可比拟德行高尚者，也可比拟芜秽凶狡者。再如隋代奸臣杨素，他的《山斋独坐赠薛内史诗二首》其一云："兰庭动幽气，竹室生虚白。"沈德潜说："武人亦复奸雄，而诗格清远，转似出世高人，真不可解。"(《古诗源》卷一四)所说"不可解"正是杨素人格矛盾之处，或者说成是掩盖的手段、标榜的口号也未尝不可。

关于植物象征意义的生成原因，程杰先生在《梅花象征生成三大原因》②一文中曾有深刻揭示。具体到竹子，因为其比德意义兼具正反、包融善恶，所以情况有所不同，以下试作分析。

(一)经济社会原因。竹子很早就在经济文化方面发挥重要作用，可作弓箭、竹简、毛笔、竹使符等，这些使得竹子不仅具有较高的经济价值，还具有崇高的文化内涵。谢灵运《命学士讲书诗》："望尔志尚隆，远嗣竹箭声。"这是文学作品中较早出现的具有比德内涵的诗句。

---

① 《晋书》卷八六，第 7 册第 2250 页。
② 程杰《梅花象征生成三大原因》，《江苏社会科学》2001 年第 4 期。

图 28 孝顺竹。图片引自百度百科。

谢诗其实是用典。《礼记·礼器第十》曰："其在人也，如竹箭之有筠也，如松柏之有心也。二者居天下之大端矣。故贯四时而不改柯易叶。"《管子·小匡》："是以羽旄不求而至，竹箭有馀于国，奇怪时来，珍异物聚。"《尔雅·释地》："东南之美者，有会稽之竹箭焉。"从这些记述不难看出，因为具有较高的经济价值，自先秦以来竹子一直名属珍异、称美东南，谢灵运正是基于这样的文化观念而对学士提出期望的。[后周]武帝答沈重："开府汉南杞梓，每轸虚衿，江东竹箭，亟疲延首，故束帛聘申，蒲轮征伏。"（《周书·沈重传》）就已经以竹箭比喻人才。

重视经济材用的另一面，是轻视贬低无用之物。通过与其他植物的比较，能凸显竹的实用价值，也丰富了竹的人格比德内涵。试以为竹杖为例。冯植《竹杖铭》："都蔗虽甘，犹不可杖。佞人悦已，亦不可相。"① 由杖的辅助功能自然联系到丞相的辅佐作用，甘蔗不堪为杖，

① 《全上古三代秦汉三国六朝文》全汉文卷三七，第 4 册第 4242 页。

172

而桃枝竹、筇竹、方竹等都是制杖良材。冯植《竹杖铭》云："杖必取材，不必用味。相必取贤，不必所爱。"①竹杖为人们提供方便的同时，也易于被人们附会以贤者形象。不同植物之间可以进行品评比较，同一种植物也有其优劣长短，由此思维路径出发就更能体会杜甫所称的"恶竹"不是良材，也能进一步认识到山间竹笋之被嘲笑实是基于其不堪食用。

（二）思想史原因。君子与小人的象征意义同聚一物，这种比德模式源于善人恶类共处的现实环境与人们反省精进或互相批劣揭短的心理基础。

首先，人与植物各有其先天不足，这就需要广德自进或挟行自退，在师法自然的过程中提升品德、远离恶行。竹子的很多特点最初没有品格象征意义，人们基于其形态物色而不断开发出截然相反的精神品格。

如空心作为竹子的形体特点，其品格喻托意义朝着两个方向发展：一是引向虚心的美德。竹子中空的特点早在汉魏时代就引起文人注意，如"体虚畅以立干"（曹植《九华扇赋》），但还没有品格象征意义，到晋人笔下，如"含虚中以象道"（江逌《竹赋》）②，也还只是笼统抽象的言说，到庾信笔下则出现了谦虚、虚心的意义，如"渭南千亩之竹，更惧盈满"（庾信《周大将军司马裔碑》）③。二是引向无心的恶德。中空曾作为竹子的缺点为人们所认识。《史记》引孔子语："竹外有节理，中直空虚；松柏为百木长，而守门闾。日辰不全，故有孤虚。黄金有疵，白玉有瑕……物安可全乎？"④空心就是作为竹子的缺点被提出来。

① 《全上古三代秦汉三国六朝文》全汉文卷三七，第 4 册第 4242 页。
② 《全上古三代秦汉三国六朝文》全晋文卷一〇七，第 2 册第 2073 页上栏右。
③ 《全上古三代秦汉三国六朝文》全后周文卷一三，第 4 册第 3948 页上栏左。
④ 《史记》卷一二八，第 10 册第 3237 页。

这种观念在后代也有延续，如"香兰愧伤暮，碧竹惭空中"（李商隐《李肱所遗画松诗书两纸得四十韵》）。在此背景下，出现了"孰知其不合兮，若竹柏之异心"（东方朔《七谏·初放》）的说法，到宋代，像"鸟啼争奈竹无心"（李新《感事》）[①]、"离情难似竹无心"（释怀深《颂古三十首·其一二》）[②]一类诗句较为流行。明代民歌《挂枝儿·箫》："奴好似玉箫儿，受尽千般气，想当初，你与我声口儿相依，谁知你放手轻抛弃。音响儿不见你，那一节不是虚。自笑我有眼无心也，颠倒挂着你。"[③]根据箫中空有眼的特点附会情人"那一节不是虚"的假情假意与自己"有眼无心"的真情虚受。

其次，善与恶的情感倾向聚集于同一种植物，还缘于人们对不同花木的品评比较。将竹子同其他植物比较优劣的情况，如"数竿君子竹，五树大夫松"（李渔《笠翁对韵》）、"数竿君子竹，一径美人花"（丁瀚《临江仙》）[④]，都是其他植物正面映衬竹子的君子形象。以其他花木反衬竹子的，如"高标陵秋严，贞色夺春媚"（韩愈《新竹》）、"蕙兰虽许相依日，桃李还应笑后时"（罗邺《竹》），通过桃李等春媚花卉反衬竹的凌寒不凋、四季青翠。当竹子的美好品格成为普遍符号、时尚潮流以后，无论善人还是恶类都想依草附木，而类比譬喻作为一种思维方式，善人与恶类都可以采用，或以自励，或以揭短，这时候内涵稳定的象征符号就面临被颠覆的可能。

（三）生物学原因。竹子分布广泛、品种丰富、形态鲜明，这些使

---

① 《全宋诗》第 21 册第 14198 页。
② 《全宋诗》第 24 册第 16157 页。
③ ［明］冯梦龙编纂、刘瑞明注解《冯梦龙民歌集三种注解》，第 237 页。
④ ［清］丁绍仪《听秋声馆词话》，唐圭璋编《词话丛编》，中华书局 1986 年版，第 3 册第 2582 页。

得其正面的比德意义极为丰富，而"恶"的内涵也相对多于其他植物。竹子之所以成为品格象征的符号，在于其众多的物性特点能满足人们多方面的心灵需求。正如明代何乔新《竹坡记》所云："陶元亮之好菊，宋广平之好梅，牛奇章公之好石，彼岂有声色臭味之可好哉？盖有所取焉耳。竹之为物，非有梅菊之芳，亦非若石有瑰奇之观。今吾种竹如是之多，而且以自号者，心与之契而有所取尔。"竹子的很多特点都有相应的比德意义，如凌寒不凋、虚心有节、性直坚韧、圆通应物、孤竹与群竹等。白居易《养竹记》结合竹"本固""性直""心空""节贞"等特点，比拟君子的众多品德，是较早以竹子众多特点集中比拟君子品格的作品。相应地，几乎每一种竹子特点都曾发展出"恶德"内涵。竹子根须细密，可引申为"根深本固"，也可比为"善于钻营"；竹林群竹共生，可比为"不孤根以挺耸，必相依以林秀，义也"（刘岩夫《植竹记》）、"群居而不倚"（王国维《此君轩记》），也可能被视为"成群能蔽日"的结党连群。总之，竹与君子、小人之间的品格比拟，一般都是基于其材用、有节、中空等物性特点的附会。

以上大致勾勒了古代贬竹文学的主要内涵及其成因，无论是相关作品的数量还是比拟喻托的细节与深度，相对于竹子的美德象征意义而言，这些负面品德象征都实在只能算是细枝末节，也未动摇竹子主要的人格象征意义。但我们最终初步完成了这项工作，在真伪杂陈、善恶并存的当今社会，也许不仅可以丰富人们对竹子人格象征的认识，如果对于还原真实全面的古代竹文化能起到引玉之资，也是我们所衷心期望的。

第二节　竹子的植物特性与比德意义

竹子何以能从众多植物中脱颖而出，成为众多品格德操的寄托物？这与竹子的植物特性、品种等都有关系。竹子的植物特点很多，如形体上非草非木，具有地上茎（竹杆）和地下茎（竹鞭）。竹杆多为圆筒形，极少为四角形。竹杆空心有节，节上分枝。竹子也会开花结果，竹花由鳞被、雄蕊和雌蕊组成，果实多为颖果。竹类一旦开花结实，全部根株即枯死而完成一次生命周期。竹子品种繁多，古代竹谱笋谱所记有百种左右。竹子植物特性如凌寒不凋的形象、虚心有节的形体、刚直坚韧的质性等，其品种如方竹、慈竹等，都能引起相关品格的联想与附会。

一、凌寒不凋

竹子是经冬不凋的常绿植物，相比其他落叶植物显得非常可贵。谢肇淛《五杂俎》云："夫子称松柏后凋，盖中原之地，无不凋之木也。若江南树木花卉，凌冬不凋者，多矣。如荔支、龙目、桂桧、榕栝、山茶之属，皆经霜逾翠，盖亦其性耐寒，非南方不寒也。至于兰、菊、水仙，皆草本萎恭，当陨霜杀菽、万木黄落之时，而色泽益媚，非性使然耶？"①说的是其他花木，也未尽恰当，但对于我们理解竹子比德意义不无启发意义。竹子地域分布广泛，南方北方皆有，尤其在北方的冬季更为显眼。竹子又多成林连片，秋冬季节依然青翠，所谓"绿

---

① 《五杂俎》卷一〇"物部二"，第 279 页。

竹经寒在"（刘长卿《使回次杨柳过元八所居》），与其他植物的枯萎凋落景象对比明显。朱翌《猗觉寮杂记》卷上云：

> 《语》云："松柏后凋。"松柏未尝不凋，特岁寒时不凋，凋时后众木耳。《记》云："贯四时而不改柯易叶。"柯不改是也，叶未尝不易也。松竹皆于雪霏之际不凋，至春秋则换叶。《记》杂汉儒之言，与圣人之言迥然不同。[①]

又指出竹子换叶与不凋的关系，可见竹子"不改柯易叶"是古人一厢情愿地美化竹子。

这些求真求实的言论，对于了解竹子植物特性很有帮助，但是对于理解竹子比德意义却无助益，因为比德体现的是类比思维，是取其主要方面而不及其余。竹柏以秋冬不死的形象得到道家的推崇。《金楼子》即云："谓夏必长，而荠麦枯焉；谓冬必死，而竹柏茂焉。"[②] 儒家心目中的祥瑞植物"灵草冬荣，神木丛生"（班固《西都赋》），竹子也被儒家看作祥瑞植物。《鹤林玉露》云："松柏之贯四时，傲雪霜，皆自拱把以至合抱。惟竹生长于旬日之间，而干霄入云，其挺特坚贞，乃与松柏等。此草木灵异之尤者也。白乐天、东坡、颍滨与近时刘子翚论竹甚详，皆未及此。杜陵诗云：'平生憩息地，必种数竿竹。'梅圣俞云：'买山须买泉，种树须种竹。'信哉！"[③] 再如"永安离宫，修竹冬青"（张衡《东京赋》）[④]、"竹柏以蒙霜保荣，故见殊列树"（孙

---

① ［宋］朱翌撰《猗觉寮杂记》卷上，第 32 页。
② ［梁］萧绎撰《金楼子》卷五《志怪篇十二》，中华书局 1985 年版，第 89 页。
③ 《鹤林玉露》乙编卷之四"竹"条，第 184 页。
④ 《全汉赋校注》下册第 679 页。

绰《司空庾冰碑》）[①]、"竹枝不改茂"（范泰《九月九日诗》）[②]、"人天解种不秋草"[③]等说法，都无非突出竹子没有秋天和冬天、四季青翠的植物特性。故许敬宗《竹赋》云："惟贞心与劲节，随春冬而不变。考众卉而为言，常最高于历选。"[④]

图 29 ［元］郭畀《雪竹图》（局部）。（长卷纸本，墨笔。纵 31.8 厘米，横 145.2 厘米。台北故宫博物院藏。郭畀（bì）（1280—1335），字天锡，又字祐之，别号北山，开沙（今江苏省丹徒县高桥乡）人。图中大雪纷飞，千里茫茫，雪野之中，竹丛由于积雪的重压而倾斜向一边）

在植物耐寒性的评比中，竹子最终与松柏等脱颖而出，成为耐寒植物的代表，以致后代形容严寒常说松竹枯死，如"松阴叶于翠条，竹摧柯于绿竿"（夏侯湛《寒苦谣》）[⑤]，意思是像松竹这样耐寒的植物

① 《全上古三代秦汉三国六朝文》全晋文卷六二，第 2 册第 1814 页下栏左。
② 《先秦汉魏晋南北朝诗》宋诗卷一，中册第 1144 页。
③ ［金］马天来句，见［金］元好问编《中州集》，中华书局 1959 年版，第 361 页。
④ 《全唐文》卷一五一，第 2 册第 1538 页上栏右。
⑤ 《先秦汉魏晋南北朝诗》晋诗卷二，上册第 595 页。

都被冻死,其严寒自不待言。形容其他植物耐寒也会以松竹为衡量标尺,如夏侯湛《荠赋》"齐精气于款冬,均贞固乎松竹"[1]、周祗《枇杷赋》"名同音器,质贞松竹"[2]。

竹子凌寒不凋,因此被称为"青士"。唐代樊宗师《绛守居园池记》"有柏、苍官、青士拥列"注:"苍官,松也。青士,竹也。言亭边有柏有松有竹也。"[3]这是"青士"一词的最早出处[4]。"青士"取名之由,即是因其凌寒不凋,所谓"言其劲正,则苍官青士共傲岁寒也"(宋濂《王氏乐善集序》)[5]。其他称赏竹子凌寒之性的词语还有贞心、劲节等,如"无人赏高节,徒自抱贞心"(沈约《咏竹诗》)[6]、"非君多爱赏,谁贵此贞心"(明克让《咏修竹诗》)[7]。

竹子凌寒之性较早就应用于比德。《礼记·礼器》:"其在人也,如竹箭之有筠也,如松柏之有心也。二者居天下之大端矣,故贯四时而不改柯易叶。"竹子凌寒之性成为取譬对象,从而形成松竹连誉的传统。宋玉《讽赋》:"臣复援琴而鼓之,为《秋竹》、《积雪》之曲。"以"秋竹"为曲名,也是取其坚贞耐寒之意。

---

① 《全上古三代秦汉三国六朝文》全晋文卷六八,第2册第1852页。
② 《全上古三代秦汉三国六朝文》全晋文卷一四二,第3册第2277页上栏右。
③ [唐]樊宗师撰,[元]赵仁举注、吴师道许谦补正《绛守居园池记》,《影印文渊阁四库全书》第1078册第563页下栏右。有误以柏为苍官者,如宋朱胜非撰《绀珠集》卷一三"青士"条:"樊宗师绛守居园记柏曰苍官竹曰青士。"也有以为出自《三水小牍》者,如宋潘自牧撰《记纂渊海》卷九六。
④ 《世说新语·言语》注引《滔集》:"此皆青士,有才德者也。"是伏滔与习凿齿论青楚人物时所言,"青""楚"皆指地名,与竹子无关。
⑤ [明]宋濂撰《文宪集》卷六,《影印文渊阁四库全书》第1223册第407页上栏右。
⑥ 《先秦汉魏晋南北朝诗》梁诗卷七,中册第1662页。梁刘孝先《咏竹诗》中也有此二句,见《先秦汉魏晋南北朝诗》梁诗卷二六,下册第2066页。
⑦ 《先秦汉魏晋南北朝诗》隋诗卷二,下册第2646页。

晋代无疑是松竹比德风气较为普遍的时代,如"贞人在冬则松竹,在火则玉英"(孙绰《孙子》)①、"推诚岁寒,功标松竹"(周祇《执友箴》)②、"睹松竹,则思贞操之贤"(《晋书·张天锡传》)③,都将竹子秋冬不凋的坚贞之性用于比拟譬喻人物品格。凌寒之竹具有物色美感。如张仲方《赋得竹箭有筠》:"东南生绿竹,独美有筠箭。枝叶讵曾凋,风霜孰云变。偏宜林表秀,多向岁寒见。碧色乍葱茏,清光常蒨练。皮开凤彩出,节劲龙文现。爱此守坚贞,含歌属时彦。"此诗所云"碧色"、"清光"、劲节、枝叶等物色之美,主要还是就其凌寒之性而言。

　　凌寒之竹有时也被用以比譬人物材美,如"魏世重双丁,晋朝称二陆。何如今两到,复似凌寒竹"(梁元帝萧绎《赠到溉到洽诗》)④、"于穆吾子,含贞藉茂。如彼松竹,陵霜擢秀"(宗钦《赠高允诗》十二章其二)⑤,此二诗都以凌寒竹赞美所欣赏的人物,主要都是因为其形象美感。

　　严寒处境是凌寒竹与人格品德发生联想比附的重要着眼点。庾信《拟咏怀诗》二十七首其一:"步兵未饮酒,中散未弹琴。索索无真气,昏昏有俗心。涸鲋常思水,惊飞每失林。风云能变色,松竹且悲吟。由来不得意,何必往长岑。"⑥可见无论身在山林草野,还是身在仕途,都会有不得意的时候,都会有考验坚贞与否的处境。李程《赋得竹箭

---

① 《全上古三代秦汉三国六朝文》全晋文卷六二,第2册第1815页下栏右。
② 《全上古三代秦汉三国六朝文》全晋文卷一四二,第3册第2277页下栏右。
③ 《晋书》卷八六,第7册第2250页。
④ 《先秦汉魏晋南北朝诗》梁诗卷二五,下册第2055页。
⑤ 《先秦汉魏晋南北朝诗》北魏诗卷一,下册第2198页。
⑥ 《先秦汉魏晋南北朝诗》北周诗卷三,下册第2367页。

有筠》:"常爱凌寒竹,坚贞可喻人。能将先进礼,义与后凋邻。冉冉犹全节,青青尚有筠。陶钧二仪内,柯叶四时春。待凤花仍吐,停霜色更新。方持不易操,对此欲观身。"可见"不易操"是竹子与人在严寒处境时所表现出来的共同品节。经冬不凋、耐寒常青,是意志坚定、坚贞不渝的表征。正如苏轼《御史台榆槐竹柏四首·竹》诗所说的"萧然风雪意,可折不可辱"[1]。

在与其他植物的比较中也可见竹子比德意义。笼统地与花卉进行比较,如"千花百草凋零后,留向纷纷雪里看"(白居易《题李次云窗竹》),与具体花木的比较,如"不学蒲柳凋,贞心常自保"(李白《姑孰十咏·慈姥竹》)、"君莫爱,南山松,树枝竹色四时也不移,寒天草木黄落尽,犹自青青君始知"(曾参《范公丛竹歌》)、"君不见桃李花,随风飘宕落谁家,又不见君子竹,叶叶冰霜守寒绿"(朱朴《沈列女》)[2],都是贬抑其他植物的经寒凋零,而以竹子不凋为高。这些植物是作为对立面反衬竹子的,以其他植物的坚贞正面烘托竹子,就形成了比德组合,如"金石为节,松竹表贞"[3],著名的如"岁寒三友"等。非生物如金石等也有坚贞不渝的象征意义,因此也常与竹子形成比德组合。如陈子昂《与东方左史虬修竹篇》:"岁寒霜雪苦,含彩独青青。岂不厌凝冽,羞比春木荣。春木有荣歇,此节无凋零。始愿与金石,终古保坚贞。"石头千年不变,竹子凌寒不凋,都表坚贞,因为意蕴相近而成为比德组合。

---

① 《全宋诗》第 14 册第 9294 页。
② [明]朱朴撰《西村诗集》卷下,《影印文渊阁四库全书》第 1273 册第 428 页下栏右。
③ 阙名《唐贝州永济县故马公郝氏二夫人墓志铭》,《全唐文》卷九九六,第 10 册第 10318 页下栏左。

二、虚心与气节

竹杆的节间中空，形成"竹节几重虚"（杨炯《和石侍御山庄》）的特点。竹子中空最初是作为无心、空虚等缺点为人所诟病的。如《史记》引孔子语："神龟知吉凶，而骨直空枯。日为德而君于天下，辱于三足之乌。月为刑而相佐，见食于虾蟆。猬辱于鹊，腾蛇之神而殆于即且。竹外有节理，中直空虚；松柏为百木长，而守门间。日辰不全，故有孤虚。黄金有疵，白玉有瑕。事有所疾，亦有所徐。物有所拘，亦有所据。罔有所数，亦有所疏。人有所贵，亦有所不如。何可而适乎？物安可全乎？"[①]空心即是作为竹子的缺点被提出来。

这种观念在后代也有延续，如"香兰愧伤暮，碧竹惭空中"（李商隐《李肱所遗画松诗书两纸得四十韵》）。南朝以来虚心成为竹子的美德，如"含虚中以象道"（江逌《竹赋》）[②]、"渭南千亩之竹，更惧盈满"（庾信《周大将军司马裔碑》）[③]，前者指竹子空心而言，后者则指竹子成林而言。到唐代，竹子虚心的象征意义已较普遍，如"水能性淡为吾友，竹解心虚即我师"（白居易《池上竹下作》）、"众类亦云茂，虚心宁自持"（薛涛《酬人雨后玩竹》）等。

竹节由籆环和杆环构成，每节上分枝。有节是竹子较为显著的植物特性之一，因此其他植物有节也常借竹子来形容，如槟榔树"其皮似桐而厚，其节似竹而概"（喻希《林邑有鸟名归飞》）[④]。像《北户录》

---

① 《史记》卷一二八，第 10 册第 3237 页。
② 《全上古三代秦汉三国六朝文》全晋文卷一〇七，第 2 册第 2073 页上栏右。
③ 《全上古三代秦汉三国六朝文》全后周文卷一三，第 4 册第 3948 页上栏左。
④ 《全上古三代秦汉三国六朝文》全晋文卷一三三，第 3 册第 2225 页下栏左。

所载"溱川通竹，直上无节"①的情况毕竟极为罕见。古代使臣出使在外用竹符，即所谓"符节"。颜师古《汉书注》："节以毛为之，上下相重，取象竹节，因以为名。"②《说文解字》："节，竹约也。"③

有节，是坚贞不屈的标志，竹子也是因为有节才不至过于柔弱。竹笋出土已有节，所谓"自怜孤生竹，出土便有节"（曹邺《成名后献恩门》），不过是"笋在苞兮高不见节"（元稹《决绝词三首》其二）。竹梢拔高则竹节必露，比喻高节，如"峻节高转露，贞筠寒更佳"（元稹《和东川李相公慈竹十二韵》）。竹节本身颇具美感，如"更得锦苞零落后，粉环高下捣烟寒"（陆龟蒙《奉和袭美闻开元寺开笋园寄章上人》）。但古人不爱以审美眼光欣赏，多以比德思维寄托人格情趣，如"竹死不变节，花落有余香"（邵谒《金谷园怀古》）、"玉可碎而不能改其白，竹可焚而不可毁其节"，用以象征士人守节。因为竹子有节的自然特性与品格气节的附会联想，最初用以象征节操的旄节随着外交场合渐少使用而淡出，因竹子分布广泛而使得"竹节"渐渐成了象征气节的最为普遍的物象。相应地，苦竹也就具有苦节的象征意义，如"进箨分苦节，轻筠抱虚心"（柳宗元《巽公院五咏·苦竹桥》）。

"高节"是部分品种竹子的植物特征之一。左思《蜀都赋》："于是乎邛竹缘岭，菌桂临崖。旁挺龙目，侧生荔枝。布绿叶之萋萋，结朱实之离离。迎隆冬而不凋，常晔晔以猗猗。"刘渊林注："邛竹出兴古

---

① ［唐］段公路撰《北户录》卷三"方竹杖"条，《影印文渊阁四库全书》第589册第57页下栏左。
② 《汉书》卷一上颜师古注，第1册第23页注释［五］。
③ 王绍峰以为后世词义演变的重要支点是"约"。见氏著《初唐佛典词汇研究》，安徽教育出版社2004年版，第260—261页。

盘江以南，竹中实而高节，可以作杖。"①晋代以后，竹子高节的内涵得到进一步阐发，如"劲直条畅，节高质贞"（苏彦《邛竹杖铭》）②、"嘉兹奇竹，质劲体直。立比高节，示世矜式"（傅咸《邛竹杖铭》）③、"婵娟高节"（庾信《邛竹杖赋》）④等，无不是欣赏竹子高节贞质的物色美感及象征意义。

很早的时候人们就以"高节"一词来形容君子高尚的节操。《庄子·让王》："若伯夷、叔齐者，其于富贵也，苟可得而已，则不必赖，高节决行，独乐其志，不事于世，此二士之节也。"《史记·鲁仲连邹阳列传》："（鲁仲连）不肯仕宦任职，好持高节。"到唐宋时代，竹子高节的象征内涵更为普遍，如"虚心高节依然在，几见繁英落又开"（韩琦《次韵和方谨言郎中再观省中手植竹》）。明代何乔新作《岁寒高节亭记》，以比守道君子、忠臣烈士。

高节之外，又衍生出直节、贞节、劲节、瘦节等比德意义，称名不同，内涵也各有侧重。直节指竹竿形直与有节，取其刚直与有节操，似起于唐代，较早的如"多节本怀端直性，露青犹有岁寒心"（刘禹锡《酬元九侍御赠璧竹鞭长句》）、"缄书取直节，君子知虚心"（钱起《裴侍郎湘川回以青竹筒相遗因而赠之》）、"爱竹只应怜直节，书裙多是为奇童"（徐夤《山阴故事》）。清代彭玉麟家训说："或则栽竹数畦，一以期气象葱郁，一以其直节取警身心。"⑤可见栽竹的目的，是获得竹

---

① ［梁］萧统编、［唐］李善注《文选注》卷四，《影印文渊阁四库全书》第 1329 册第 74 页上栏右。
② 《全上古三代秦汉三国六朝文》全晋文卷一三八，第 3 册第 2255 页下栏右。
③ 《全上古三代秦汉三国六朝文》全晋文卷五二，第 2 册第 1761 页下栏右。
④ 《全上古三代秦汉三国六朝文》全后周文卷九，第 4 册第 3926 页下栏右。
⑤ 成晓军主编《名臣家训》，湖北人民出版社 1995 年版，第 308 页。

子的美感价值与直节象征意义。

劲节、贞节云云，加上了凌寒不凋的品格因素，如"朗劲节以立质"（傅玄《团扇赋》）[1]、"陪嘉宴于秋夕，等贞节之岁寒"（顾野王《拂崖筱赋》）[2]、"翁郁新栽四五行，常将劲节负秋霜"（薛涛《竹离亭》）。冬为岁末，故竹节又称岁暮之节，如"采摘愧芳鲜，奉君岁暮节"（李益《竹碛》）、"晚岁君能赏，苍苍劲节奇"（薛涛《酬人雨后玩竹》）。

晚唐以来以瘦硬为美的观念盛行，出现瘦节意象，如"虚心高自擢，劲节晚愈瘦"（欧阳修《初夏刘氏竹林小饮》）[3]。虚心与气节常常并提对举，如"高节人相重，虚心世所知"（张九龄《和黄门卢侍郎咏竹》）、"虚心如待物，劲节自留春"（席夔《赋得竹箭有筠》）、"为重凌霜节，能虚应物心"（卢象《和徐侍郎丛筱咏》）。

竹子虚心、气节之受推崇，是儒家人格比德观念的投射，也可能与道教有关。《真诰》云："且竹虚素而内白，桃即却邪而折秽，故用此二物，以消形中之滓浊也。"[4]所谓"虚素而内白""清素而内虚"等，都是强调洁净与内虚的特点。庾信《道士步虚词十首》其十："成丹须竹节，刻髓用芦刀。"[5]可见竹节的道教用途。

三、性直与坚韧

前已述竹子杆直的形体特点与直节的象征意义。竹子材质的纹路也是直的，如"破松见真心，裂竹见直纹"（孟郊《大隐咏崔从事郑以

---

[1] 《全上古三代秦汉三国六朝文》全晋文卷四五，第2册第1716页上栏右。

[2] 《全上古三代秦汉三国六朝文》全陈文卷一三，第4册第3474页下栏左。

[3] 《全宋诗》第6册第3758页。

[4] ［日］吉川忠夫等编、朱越利译《真诰校注》卷九《协昌期第一》，中国社会科学出版社2006年版，第290页。

[5] 《先秦汉魏晋南北朝诗》北周诗卷二，下册第2351页。

图 30 [元] 赵
孟頫《东坡小像》。

（赵孟頫书苏轼《前后赤壁
赋》，并作此东坡像于卷首。
台北故宫博物院藏）

正臇官》）。杆直与纹直是形体或材质的表象美，古人早有认识并形诸文字，如"南山有竹，不柔自直"（《孔子家语》）①、"青青之竹形兆直"（班固《竹扇赋》）②。更为人称道的还是由杆直与纹直等表象延伸出来的竹子性直的象征意义。《云笈七签》卷一〇〇"轩辕本纪"条："时有瑞草生帝庭，名屈轶，佞人入则指之，是以佞人不敢进。时外国有以神兽来进，名獬豸，如鹿，一角，置于朝，不直之臣兽即触之。帝问：'食何物？'对曰：'春夏处水泽，秋冬处松竹。'此兽两目似熊。"③神兽獬豸能辨曲直，由其秋冬处松竹的特性可知人们意识中竹子已是代表性的形直植物。古人称像竹子那样正直之心为"筠心"。《晋书·虞潭顾实等传赞》："顾实南金，虞惟东箭。铣质无改，筠心不变。"④江淹《知己赋》："我筠心而松性，君金采而玉相。"挺直是立身的榜样、百折不挠的象征。如白居易《酬元九对新栽竹有

---

① 杨朝明注说《孔子家语》卷五《子路初见第十九》，河南大学出版社 2008 年版，第 200 页。

② 《全汉赋校注》上册第 533 页。

③ 《云笈七签》卷一〇〇"轩辕本纪"条，《影印文渊阁四库全书》第 1061 册第 162 页。

④ 《晋书》卷七六，第 7 册第 2019 页。

怀见寄》：“昔我十年前，与君始相识。曾将秋竹竿，比君孤且直。”刘子翚《此君传》云：“此君性强项，未尝折节下人。”曾协则以竹子直节名其堂，曰“直节堂”，并为作《直节堂记》。

竹子枝干又较柔弱，不像松树那样挺直坚劲，尤其在风雪天气更能见出这种区别。竹子材质柔韧，所谓“束物体柔，殆同麻枲”（戴凯之《竹谱》）[①]，这种特点使其应用非常广泛，如“梢风有劲质，柔用道非一。平织方以文，穿成圆且密”（沈约《咏竹槟榔盘诗》）[②]。

古人虽有因此而贬竹者，更多的则是附会出新的比德意义，如“瞻彼中唐，绿竹猗猗。贞而不介，弱而不亏。杳袅人表，萧瑟云崖”（谢庄《竹赞》）[③]、“千磨万击还坚劲，任尔东西南北风”（郑板桥《竹石》），弱而不亏、能屈能伸的比德意义都是就竹枝柔韧的特点而言。《抱朴子》云：“金以刚折，水以柔全，山以高移，谷以卑安。是以执雌节者，无争雄之祸；多尚人者，有召怨之患。”[④]竹子柔弱坚韧的特点与其虚心谦卑的形象是一致的。至于比德意义如“萧然风雪意，可折不可辱”（苏轼《御史台榆槐竹柏四首·竹》）[⑤]，似乎与竹子的植物特性不太吻合，已有强加之嫌。

纤竹、风竹、雪竹等意象等能较好地表达竹子坚韧的象征意义。如苏轼《跋与可纤竹》：“纤竹生于陵阳守居之北崖，盖岐竹也。其一未脱箨，为蝎所伤；其一困于嵌嵓，是以为此状也。吾亡友文与可为陵阳守，见而异之，以墨图其形，余得其摹本，以遗玉册宫祁永，使

---

① ［晋］戴凯之撰《竹谱》，《影印文渊阁四库全书》第 845 册第 176 页下栏左。
② 《先秦汉魏晋南北朝诗》梁诗卷七，中册第 1651 页。
③ 《全上古三代秦汉三国六朝文》全宋文卷三五，第 3 册第 2631 页上栏左。
④ 《抱朴子外篇校笺》卷三九《广譬》，下册第 360 页。
⑤ 《全宋诗》第 14 册第 9294 页。

刻之石，以为好事者动心骇目诡特之观，且以想见亡友之风节，其屈而不挠者，盖如此云。"将纤竹意象与文同的曲折遭遇之间作了恰当的比拟。

第三节 竹子的品种与比德意义

竹子品种繁多，不同品种有不同的形象特点，或体现于竹杆、竹叶，或体现于丛生、散生的群体形态。竹子品种特异者不下几十种，但形成比德意义的不多，仅方竹、慈竹等少数几种。

一、方竹

竹子形体"示圆于外，而抱虚于中"（[明]金寔《方竹轩赋》）[1]，体圆是竹子的重要形体特征，但是相关象征意义却较少，也不够深刻，可能与古人重方轻圆的比德思维有关。

关于竹子体圆的象征意义，有的较为笼统抽象，如"体圆质以仪天"（江逌《竹赋》）[2]，有的则以其他比德意义予以补充，如"圆以应物，直以居当"（苏彦《邛竹杖铭》）[3]。体圆的特征在佛教里则受到推崇。佛教称成就圆满、功德圆成，如"胡僧论的旨，物物唱圆成"（[唐]常达《山居八咏》之七），故而竹子体圆的形象得到僧人喜爱，如"一条青竹杖，操节无比样。心空里外通，身直圆成相"（楚圆编集《汾阳无德禅师歌颂》卷下）[4]，但这种竹子体圆譬喻功德圆成的影响较小。

---

① [清]陈元龙编《御定历代赋汇》卷八一，《影印文渊阁四库全书》第1420册第766页上栏左。
② 《全上古三代秦汉三国六朝文》全晋文卷一〇七，第2册第2073页上栏右。
③ 《全上古三代秦汉三国六朝文》全晋文卷一三八，第3册第2255页下栏。
④ 《大正藏》第47册，627b。

虽然人们实际行动上喜圆恶方，但在言论或观念上却是喜方恶圆，认定"立意诡随者，推圆机之士"（[明]张秉翀《龙泉寺方竹说》），"攉圆质以象智"（慕容彦逢《岩竹赋》）①，故而关于竹子体圆所形成的象征意义如"圆以智行兮，方以义守，智或有穷，义则可久"（金寔《方竹轩赋》）②，或"直而不窒，圆而不倚，节操如是，可谓君子"（[明]桑悦《竹赋》），"圆"都并未作为正面道德的最高境界提出来。也有以体圆为竹子不足者，如"所不足者，其形乃圆……既方既劲，斯为全德"（徐铉《方竹杖赞》）③，还出现插竹而竹子"易圆而方"（[明]张秉翀《龙泉寺方竹说》）的传说。所以古代关于竹子体圆的比德意义较少。

方竹见于文献记载较迟④。唐段公路《北户录》卷三"方竹杖"条："澄州产方竹，体如削成，劲挺堪为杖。"澄州在今广东。这是今见较早的记载方竹的文献。

方竹实心性坚。如赞宁《笋谱》云："其笋（引者按，即方竹笋）硬，不堪食；其竹节平，其性坚，其心实。"又云："唐僖宗朝陆龟蒙处士隐苏台甫里村，亦号甫里先生，著《笋赋》云：'洪杀靡定，方圆不均。'自注曰：'南方有方竹，今澧州游川铁冶多方竹。竹内实，微通心，若

---

① 《全宋文》第 135 册第 290 页。
② 《御定历代赋汇》卷八一，《影印文渊阁四库全书》第 1420 册第 766 页下栏左。
③ 《全宋文》第 2 册第 255 页。
④ 如班固《竹扇赋》："削为扇翣成器美，托御君王供时有，度量异好有圆方。"曹操《内戒令》："孤不好作鲜饰严具，所用杂新皮韦笥，以黄韦缘中。遇乱无韦笥，乃作方竹严具，以皂韦衣之，粗布作裹，此孤之平常所用者也。"曹植《九华扇赋》序云："昔吾先君常侍得幸汉桓帝，帝赐尚方竹扇，不方不圆，其中结成文，名曰九华。"赋云："方不应矩，圆不中规。"说的都是竹制器具，还不能确定是方竹品种。

钗股许。笋可食,亦实。湘川人取竹作床椅,有四棱,上穿孔入当耳。'"① 则方竹笋有可食、不可食两种。宋祁《方竹赞》云"大叶而实中""厚倍于窍,缃节棱棱"②。知方竹并非完全实心,不过是孔径较厚而已。这些都是方竹区别于一般竹子的重要特点,但最为显著的还是其方正的外形。宋祁《方竹赞》:"圆众方寡,取贵以名。"③可见体形端方是其得名之由。

图 31　方竹。马炜梁摄于福建省支提寺。(图片引自中国植物图像库,网址:http://www.plantphoto.cn/tu/283283。方竹为禾本科竹类植物。竿直立,高 3—8 米,竹秆呈青绿色,小型竹秆呈圆形,成材时竹秆呈四方型,竹节头带有小刺枝,绿色婆娑成塔形)

方竹的比德意义基于其竹杆的方形。唐代是形成方竹比德意义的初期,有一则关于李德裕的著名传说。《桂苑丛谈》载:"李德裕镇浙右,游甘露寺,赠老僧筇竹杖,公云:'是大宛国人所遗竹,惟此一茎而方者也。'后数年,再领朱方,到院,问柱杖何在,僧曰:'至今宝之。'公请出观,则规圆而漆之也。

---

① ［宋］赞宁撰《笋谱》"四之事",《影印文渊阁四库全书》第 845 册第 202 页下栏左。
② 《全宋文》第 25 册第 35 页。
③ 《全宋文》第 25 册第 35 页。

公自此不复目其僧。"[1]李德裕失望于老僧，是因为该僧将方竹杖削圆，可见李德裕看重的不是方竹的珍稀，而是其方正品格的象征意义。

此传说成为关于方竹比德意义的著名典故，如"欲理瘦筇寻五柳，摩挲方竹已成规"（徐瑞《王子贤疲于役移家彭泽示诗索和》)[2]，后句即是咏此事。"多病扶筇老自便，得君方竹更轻坚。平生正以方为累，拟付山僧任削圆"（张守《人惠方竹杖》)[3]，则是从反面咏此事。

明代也有关于方竹的故事。黄佐《赐御制诗文》："洪武六年五月戊辰，上御武楼，学士承旨詹同备顾问，因及于竹，同谓晋戴凯之所谱至五十余种，惟吴越山中有方竹，可为筇，若有廉隅不可犯之色，因以一枝进。于是亲御

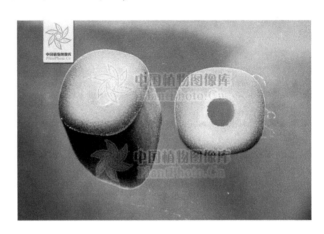

图 32　方竹。马炜梁摄。（图片引自中国植物图像库，网址：http://www.plantphoto.cn/tu/283283）

翰墨，草《方竹记》一通。始言品物之伙，中序格致之难，及其末也，谓同为人俊伟气象，且以豪俊称之。"[4]詹同也是取方竹四棱廉隅的比德意义。这些都基于竹子体形端方与方正品德的比附。

---

① ［宋］曾慥编纂、王汝涛等校注《类说校注》卷五二引《桂苑丛谈》"规圆方竹杖"条，福建人民出版社 1996 年版，下册第 1546 页。

② 《全宋诗》第 71 册第 44710 页。

③ 《全宋诗》第 28 册第 18030 页。

④ ［明］黄佐撰《翰林记》卷一六，《影印文渊阁四库全书》第 596 册第 1034 页上栏左。

楼钥《戏答益老寄方竹杖》云："家家竹杖只圆光，此竹如何得许方。削得团栾无可笑，蓦然夺去亦何妨。咄哉，得力处不在这个。"①此诗强调品德在人而不在物，但所针对的也是方竹的比德意义。方竹逐渐形成品行端正的比德意义，如"方竹同吾操，端然直物间"（王安国残句）②，以方竹自励。"为报世间邪佞者，如何不似竹枝贤"（张咏《方竹》其一）③，则是以方竹与邪佞对比。袁枚《随园诗话》卷六："紫峰与客观方竹，客戏云：'世有方竹无方人。'"④也是感慨方正品德的可贵。

二、慈竹

慈竹丛生，一丛或多至数十百竿，根棄盘结，四时出笋。竹高至二丈许。新竹旧竹密结，高低相倚，若老少相依，故名慈竹，又称义竹、慈孝竹、子母竹。宋祁《慈竹赞》："别有数种，节间容八九寸者曰笼竹，二尺者曰苦竹，弱梢垂地者曰钓丝竹。"⑤是慈竹有笼竹、苦竹、钓丝竹数种。慈竹之名初唐已有，王勃有《慈竹赋》。《浙江通志》云："慈竹，弘治《绍兴府志》，即桃枝竹，又名四季竹，作篾柔韧，堪为箪，越人多植之为篱。"⑥知慈竹又名桃枝竹。先秦已有桃枝，如《山海经》即载有桃枝竹。慈竹在南方分布较为广泛。《竹谱详录》云："慈竹，又

① 《全宋诗》第 47 册第 29542 页。
② 《全宋诗》第 11 册第 7540 页。
③ 《全宋诗》第 1 册第 548 页。
④ ［清］袁枚撰《随园诗话》卷六第九一则，人民文学出版社 1982 年版，上册第 201 页。
⑤ 《全宋文》第 25 册第 34 页。
⑥ 《浙江通志》卷一〇四"物产四·绍兴府"，《影印文渊阁四库全书》第 521 册第 631 页下栏左。

名义竹，又名孝竹。两浙江广处处有之。"①慈竹的分布不仅限于两浙江广，四川也有。乐史《慈竹》："蜀中何物灵？有竹慈为名。"②

慈竹是丛生竹，其生长形态有别于散生竹。《竹谱详录》云："(慈竹) 高者至二丈许，丛生。一丛多至数十百竿，根窠盘结，不引他处。"③宋祁《慈竹赞》也云："性丛产，根不外引，其密间不容笴……根不它引，是得慈名。"④慈竹丛生，前抱后引，故形成"慈竹春阴覆"(杜甫《假山》)、"慈竹笋如编"([唐]贾弇《孟夏》)、"矛攒有森束"(元稹《和东川李相公慈竹十二韵》) 的景观。

慈竹别名较多，大多与其生长形态及相关比德意义

图33　慈竹。黄江华摄于贵州省望谟县乐元镇由么村巧峨。（图片引自中国植物图像库，网址：http://www.plantphoto.cn/tu/1984543）

有关。任昉《述异记》云："南中生子母竹，今慈竹是也。汉章帝三年，子母竹笋生白虎殿前，谓之孝竹，群臣作《孝竹颂》。"故知"孝竹"

① [元] 李衎著，吴庆峰、张金霞整理《竹谱详录》卷三《全德品》，第56页。
② 《全宋诗》第1册第228页。
③ [元] 李衎著，吴庆峰、张金霞整理《竹谱详录》卷三《全德品》，第56页。
④ 《全宋文》第25册第34页。

之名是因子竹而得。清代符曾说："有名慈竹者，冬月竿从中出，枝向外，余月竿从外出，枝向内，若母之抚其子者，故名。"①则"慈竹"之名是因母竹而得。故王勃《慈竹赋》云："如母子之钩带。"其他如慈孝竹、子母竹等名称，也是因其生长形态的比德意义而得。

慈竹又名"义竹""兄弟竹"。《竹谱详录》载："《晋安海物记》云：'义竹亦曰兄弟竹，秋丛生曰秋竹。'注云：'其笋丛生，俗谓之兄弟竹，笋味不中食也。'"②五代王仁裕《开元天宝遗事》卷下"竹义"条："太液池岸有竹数十丛，牙笋未尝相离，密密如栽也。帝因与诸王闲步于竹间，帝谓诸王曰：'人世父子兄弟，尚有离心离意，此竹宗本不相疏，人有生贰心怀离间之意，睹此可以为鉴。'诸勋王皆唯唯，帝呼为竹义。"③可见"义竹""兄弟竹"之名是取譬兄弟之情。"类宗族之亲比，同朋友之造膝"(乔琳《慈竹赋》)，也是比拟宗族、朋友等人伦之情。总之，慈竹以相守不渝的群体形态为特征，并构成相应的象征意义。对于慈竹的象征意义，王勃《慈竹赋》概括道："不背仁以贪地，不藏节以遁时。故其贞不自炫，用不见疑。"④

第四节　竹笋的食用、竹子的材用及其象征内涵

竹子、竹笋经济用途很多，因此相关象征意义也较丰富。同时也

① ［清］符曾《评竹四十则》，转引自范景中《竹谱》，载范景中、曹意强主编《美术史与观念史》第Ⅶ辑，第 303 页。
② ［元］李衎著，吴庆峰、张金霞整理《竹谱详录》卷三《全德品》，第 56 页。
③ ［五代］王仁裕等撰、丁如明辑校《开元天宝遗事》卷下"竹义"条，上海古籍出版社 1985 年版，第 107 页。
④ 《全唐文》卷一七七，第 2 册第 1807 页上栏右。

形成谏食竹笋、护竹爱材等象征内涵。

一、谏食、护笋及相关意蕴

自然环境会妨碍竹笋生长，如"栏摧新竹少，池浅故莲疏"（许浑《经倪处士旧居》）。还有动物进行破坏，如"林藏狒狒多残笋，树过猩猩少落花"（许浑《送黄隐居归南海》）、"见他桃李忆故园，馋獠应残绕窗竹"（黄庭坚《谢景叔惠冬笋雍酥水梨三物》）[1]。当然，更大的危险还是来自人类，如儿童戏折、行路踩踏、修路开渠、斧斤斫取等，都会损伤或妨碍竹笋生长。路边竹笋容易侵入路中，如"山阶笋屡侵"（杨师道《春朝闲步》）、"竹牙生碍路"（裴说《访道士》），也就容易受到踩踏。尤为令人担心的是人们的口腹之欲。还有偷笋者。《华阳国志》卷一一："（何）随家养竹园，人盗其笋。"[2]《宋书》卷九一："（郭原平）宅上种少竹，春月夜有盗其笋者，原平偶起见之，盗者奔走坠沟。"[3]《南史》记沈道虔："人又拔其屋后大笋，令人止之，曰：'惜此笋欲令成林，更有佳者相与。'乃令人买大笋送与之，盗者惭不取，道虔使置其门内而还。"[4]可见偷笋之风。更有善偷者。《岳阳风土记》载："闾阎偷笋，隔篱埋（原注：阙）于墙下，其笋自进出。"[5]这些偷笋者多是为满足口腹之欲。

因此涉及竹笋的保护。护笋成了爱笋者心头挥之不去的想法。首

---

① 《全宋诗》第 17 册第 11374 页。

② ［晋］常璩撰、刘琳校注《华阳国志校注》卷一一，巴蜀书社 1984 年版，第 846 页。

③ ［梁］沈约撰《宋书》卷九一，中华书局 1974 年版，第 8 册第 2245 页。

④ 《南史》卷七五《沈道虔传》，第 1863 页。

⑤ ［宋］曾慥编纂《类说》卷四三引《岳阳风土记》"竹生日"条，《影印文渊阁四库全书》第 873 册第 759 页上栏左。按，王汝涛等校注《类说校注》卷四三（福建人民出版社 1996 年版，下册第 1323 页）以为引自《文心雕龙》，误。

先是保护挡路竹笋，如"养竹不除当路笋，爱松留得碍人枝"（贯休《山居诗二十四首》）、"笋头齐欲出，更不许人登"（张籍《和韦开州盛山十二首·竹岩》）。再如"新径通村避笋开"（方干《许员外新阳别业》）、"堂西长笋别开门"（杜甫《绝句四首》其一），修路、开门都因为护笋而改变计划。

杜甫《三绝句》其三："无数春笋满林生，柴门密掩断行人。会须上番看成竹，客至从嗔不出迎。"姚培谦《松桂读书堂诗话》："杜诗《三绝句》……第三首是恶客也。"①"恶客"倒未必，"柴门密掩"或许正是突出护竹之意。《杜诗详注》解释："此咏春笋也，杜门谢人，护笋成竹，有圣人对时育物意。《杜臆》：'种竹家，初番出者壮大，养以成竹。后出渐小，则取食之。'"②

口腹之欲无疑是竹笋面临的最大危险。白居易《食笋》："且食勿踟蹰，南风吹作竹。"卢仝《寄男抱孙》："篝龙正称冤，莫杀入汝口。"白居易劝食、卢仝谏食，此后劝食与谏食成了对立双方的共同话题。穆修《友人烧笋之约未赴》："久约烧林笋，何时会胜园。未尝清气味，每厌俗盘殽。渐痛烟犀老，方怜露锦繁。如何玉川子，苦惜篝龙冤。"③以食笋为愿，不顾篝龙称冤之说。袁说友《野堂惠老惠笋》："春来不讼篝龙冤，每诵坡仙食无肉。"④也是嗜食竹笋者的托词。李光《忆笋》："乡味不可忘，坐想空涎流。人生各有适，勿语王子猷。"⑤则借王子

① ［清］姚培谦撰、王雨霖整理《松桂读书堂诗话》，蒋寅、张伯伟主编《中国诗学》第十二辑，人民文学出版社 2008 年版，第 293 页。
② ［唐］杜甫著、［清］仇兆鳌注《杜诗详注》卷一一，中华书局 1979 年版，第 897 页。
③ 《全宋诗》第 3 册第 1615 页。
④ 《全宋诗》第 48 册第 29901 页。
⑤ 《全宋诗》第 25 册第 16389 页。

猷表达了对乡味竹笋的挂念。

古代很早就形成蔬果被食比喻人才得用的象征内涵。如古诗《橘柚有华实》云："橘柚有华实，乃在深山侧。闻君好我甘，窃独自雕饰。委身玉盘中，历年冀见食。芳菲不相投，青黄忽改色。人傥欲我知，因君为羽翼。"诗人自比橘柚，希望委身玉盘，得到赏识。竹笋这方面的象征意义较少。

无论谏食还是护笋，首先都是出于爱材的考虑。竹笋成材，用途多多，如"护笋冀成筒"（元稹《春六十韵》）、"我欲添清閟，殷勤护箨龙"（王十朋《州宅杂咏·竹》）①、"丁宁下番须留取，障日遮风却要渠"（曾几《食笋》）②。护竹除因为其经济价值外，更多的还是出于爱材和爱德的考虑。卢仝言箨龙称冤，即是表达爱材之意。箨龙之材与口腹之欲相比，前者更为重要，因此才有箨龙称冤之说。护笋即是爱材，如"见竹不敢穿，生怕伤箨龙"（朱淑《入山二首·其一》）③。

谏食新笋也有爱材之意，如"高人爱笋如爱玉，忍口不餐要添竹"（杨万里《谢唐德明惠笋》）④、"丁宁莫采箨龙儿，造物成材各有时"（方一夔《看笋》）⑤。陈造《爱笋》："少忍充庖得补林，主人为目不为腹。论材似也子胜人，终竟鼻祖与膏馥。"⑥"主人为目不为腹"显然出于材美象征的考虑。韩驹《答蔡伯世食笋》："吾宁饱甘肥，愤咤那忍咽。请归谓主孟，厨人后当谏。苦苣杂嘉蔬，沉香和甲煎。柯亭既误橼，

① 《全宋诗》第 36 册第 22844 页。
② 《全宋诗》第 29 册第 18572 页。
③ 《全宋诗》第 47 册第 29018 页。
④ 《全宋诗》第 42 册第 26073 页。
⑤ 《全宋诗》第 67 册第 42279 页。
⑥ 《全宋诗》第 45 册第 28062 页。

画障或遭练。古来可叹事，千载寄明辨。作诗吊箨龙，助子当食叹。"①
用柯亭竹被误用为椽之典，发出误才之叹。

其次，护笋也因为竹笋的比德意义，所谓"他日要令高士爱，不应常共宰夫供"②。新笋还具有凌云之志等象征内涵。如李商隐《初食笋呈座中》云："嫩箨香苞初出林，五陵论价重如金。皇都陆海应无数，忍翦凌云一寸心。"借谏食新笋表达了对新笋凌云之志的珍爱。

苏轼多次表达爱笋护竹之意。其《于潜僧绿筠轩》："可使食无肉，不可使居无竹。无肉令人瘦，无竹令人俗。人瘦尚可肥，俗士不可医。旁人笑此言，似高还似痴。若对此君仍大嚼，世间那有扬州鹤。"③李俊民《一字百题示商君祥·竹》："潇洒能医俗,檀栾看上番。我宁负此腹，忍使箨龙冤。"④都可见护笋谏食的目的是有竹"医俗"。

谏食护笋还为了竹笋的凌寒坚贞之性。苏轼《和黄鲁直食笋》："萧然映樽俎，未肯杂菘芥。君看霜雪姿，童稚已耿介。胡为遭暴横，三嗅不忍嚼。"⑤再如"箨龙似欲号无罪，食客安知惜后凋"（苏辙《食樱笋二首》其二）⑥、"著庭谨护箨龙儿，养就坚高抗雪姿"（程大昌残句）⑦、"斧斤幸贷凌云姿，留以观渠岁寒操"（元李孝光《笋》），也都表达了同样的意识。

---

① 《全宋诗》第 25 册第 16588 页。
② 李鬳《友人董耘馈长沙猫笋鬳以享太史公太史公辄作诗为贶因笋寓意且以为赠耳鬳即和之亦以寓自兴之意且述前相知之情焉》，《全宋诗》第 20 册第 13629 页。
③ 《全宋诗》第 14 册第 9176 页。
④ ［金］李俊民撰《庄靖集》卷三,《影印文渊阁四库全书》第 1190 册第 561 页上栏右。
⑤ 《全宋诗》第 14 册第 9329 页。
⑥ 《全宋诗》第 15 册第 10144 页。
⑦ 《全宋诗》第 38 册第 24017 页。

爱笋也为了待凤，待凤有等待成材的意蕴，如"凭师养取成修竹，截管终令作凤吟"（强至《若师院咏笋》）①。凤凰象征祥瑞，凤至是治世之象，也有实现理想的意蕴，如"诸儿莫拗成蹊笋，从结高笼养凤凰"（陈陶《竹》十一首之八）、"养就翠梢如结实，来仪当有凤师师"（王炎《将使送玉堂春花江南竹笋次韵二绝》其二）②。

二、竹子材用及其比德内涵

竹子本是极具观赏价值的植物。单以美感而言，也不输于一般植物，因此常以其美感譬喻人才，如"士实涂泥，美非竹箭"（何逊《为孔导辞建安王笺》）③。吴均《赠周兴嗣诗四首》其三："与君初相知，不言

图 34　罗汉竹刻对联（下联）。（湖北省恩施博物馆藏。王三毛摄。释文："此君本不俗，能解虚心，陶成古怪品；遇主亦有缘，全凭劲节，超出栋梁材。"）

图 35　罗汉竹刻对联（上联）。

异一宿。意欲褰衣裳，阴云乱人目。之子伏高卧，伊予空杼轴。无因

---

① 《全宋诗》第 10 册第 6964 页。

② 《全宋诗》第 48 册第 29807 页。

③ 《全上古三代秦汉三国六朝文》全梁文卷五九，第 4 册第 3303 页下栏左。

渡淇水，见此猗猗竹。"①所言"猗猗竹"虽有隐逸内涵，也是以竹子之美比喻人才之美。

就竹子譬喻人才这一象喻角度而言，材质功用是取譬的重要因素。明代张宁《方洲杂言》：

> 草木中耐寒者极多，素馨、车前、凤尾、治蔷、薜荔、石菖蒲、冬青、木犀、山栀、黄杨、石楠、山茶，不可胜纪。然惟松柏梅竹独擅晚节之名，岂以其材能适用，不专取其耐寒耶？人有偏长之德，而无所取材，亦不足称矣。②

草木之受重视与否，其比德意义丰富与否，可能有多种原因，但材用确实是重要因素之一。竹子的经济价值体现在编制竹器的细微方面，如"制以灵木，络以奇竹"（孙惠《缳车赋》）③、"天恩罔极，特赐纤絺细竹"（诸葛恢《表》）④，甚至竹头木屑也有重要用途⑤。

竹子更是关乎国计民生的重要植物，我们可以从正反两方面举例说明。如《后汉书·公孙述传》："蜀地沃野千里，土壤膏腴，果实所生，无谷而饱。女工之业，覆衣天下。名材竹干，器械之饶，不可胜用。"⑥《陈书·华皎传》："皎起自下吏，善营产业，湘川地多所出，所得并入朝廷，粮运竹木，委输甚众；至于油蜜脯菜之属，莫不营办。"⑦虞玩

---

① 《先秦汉魏晋南北朝诗》梁诗卷一一，中册第1740页。
② ［明］张宁撰《方洲杂言》，中华书局1985年版，第2页。
③ 《全上古三代秦汉三国六朝文》全晋文卷一一五，第2册第2119页下栏左。
④ 《全上古三代秦汉三国六朝文》全晋文卷一一六，第2册第2123页下栏右。
⑤ 《晋书·陶侃传》载："时造船，木屑及竹头悉令举掌之，咸不解所以。后正会，积雪始晴，听事前余雪犹湿，于是以屑布地。及桓温伐蜀，又以侃所贮竹头作丁装船。其综理微密，皆此类也。"见《晋书》卷六六，第6册第1774页。
⑥ 《后汉书》卷一三，第2册第535页。
⑦ ［唐］姚思廉撰《陈书》卷二〇《华皎传》，第2册第272页。

之《陈时事表》："备豫都库，材竹俱尽。"①称"名材竹干""竹木""材竹"，可见竹子经济价值；竹子经济价值的收入与损失关乎国家经济命脉，可见其重要性。伏滔《正淮论》："龙泉之陂，良畴万顷，舒六之贡，利尽蛮越，金石皮革之具萃焉，苞木箭竹之族生焉，山湖薮泽之限，水旱之所不害，土产草滋之实，荒年之所取给。此则系乎地利者也。"②《晋书·姚兴传下》："（姚）兴以国用不足，增关津之税，盐竹山木皆有赋焉。"③从这些例子都可见竹子给国家带来的经济收益，故称"信竹箭之为珍，何珷玞之罕值"（江总《修心赋》）④。《史记·货殖列传》说："渭川千亩竹……此其人皆与千户侯等。"⑤这本是就竹子的经济价值而言，后来却演变成封侯加官的爵位分封，在官本位的封建社会，这表达了崇高的敬意。

竹子经济价值很高、材用广泛，故常以之譬喻人才。袁宏《三国名臣颂》："赫赫三雄，并回乾轴。竞收杞梓，争采松竹。凤不及栖，龙不暇伏。谷无幽兰，岭无停菊。"⑥即以"松竹"与"杞梓"并列，譬喻人才。《隋书·经籍志四》："讫于有隋，四海一统，采荆南之杞梓，收会稽之箭竹，辞人才士，总萃京师。"虽加进地名，也是同样的意思。再如晚唐司空图《诗品·典雅》曰："坐中佳士，左右修竹。"⑦以"修竹"比喻人才其实是兼取其美感与材用而言。

① 《全上古三代秦汉三国六朝文》全齐文卷一八，第 3 册第 2890 页上栏右。
② 《晋书》卷九二《伏滔传》，第 8 册第 2400 页。
③ 《晋书》卷一一八，第 10 册第 2994 页。
④ 《陈书》卷二七《江总传》，第 2 册第 344 页。
⑤ 《史记》卷一二九《货殖列传》，第 10 册第 3272 页。
⑥ 《晋书》卷九二《袁宏传》，第 8 册第 2394 页。
⑦ ［唐］司空图著、郭绍虞集解《诗品集解》，人民文学出版社 1963 年版，第 12 页。

当竹子比喻人才成为普遍意识时，人才亡故也就被说成竹枯林残。如晋桓玄《王孝伯诔》："川岳降神，哲人是育。既爽其灵，不贻其福。天道茫昧，孰测倚伏？犬马反噬，豺狼翘陆。岭摧高梧，林残故竹。人之云亡，邦国丧牧。于以诔之，爰旌芳郁。"①

以上是笼统而言，如就产竹地域而言，江南最多。如释智颉《与晋王书论毁寺》："若须营造治葺城隍，江南竹木之乡，采伐弥易。"②故有"北献毡裘，南贡金竹"（谢灵运《武帝诔》）③之说。其中东南又是最为引人瞩目的地区之一。《尔雅·释地》："东南之美者，有会稽之竹箭焉。"东南之地自古产竹箭，也盛产人才，尤其晋室南渡以后成为人才荟萃之地，因此以会稽竹箭比喻人才就带上了浓厚的地域文化色彩。我们可以从历代文献中感受其情形：

> 襄闻延陵之理乐，今睹吾子之治《易》，乃知东南之美者，非但会稽之竹箭焉。（孔融《答虞仲翔书》）④

> 早弃幼志，夙耽强学。唯道是修，何土不乐。将英竹箭，聊游稽岳。容止可观，进退可度。（虞羲《赠何录事諲之诗十章》其三）⑤

> 东南季子，上国贾生。会稽竹箭，峄阳孤茎。物产因地，品赋斯征。孰若兼美，羽仪上京。（到洽《答秘书丞张率诗》八章其一）⑥

---

① 《全上古三代秦汉三国六朝文》全晋文卷一一九，第3册第2145页上栏左。
② 《全上古三代秦汉三国六朝文》全隋文卷三二，第4册第4204页下栏右。
③ 《全上古三代秦汉三国六朝文》全宋文卷三三，第3册第2618页下栏左。
④ 《全上古三代秦汉三国六朝文》全后汉文卷八三，第1册第921页下栏左。
⑤ 《先秦汉魏晋南北朝诗》梁诗卷五，中册第1607页。
⑥ 《先秦汉魏晋南北朝诗》梁诗卷一三，中册第1787页。

况才非会稽之竹，质谢昆吾之金。（温子升《为安丰王延明让国子祭酒表》）①

足下泰山竹箭，浙水明珠，海内风流，江南独步。（李昶《答徐陵书》）②

开府汉南杞梓，每轸虚衿，江东竹箭，亟疲延首，故束帛聘申，蒲轮征伏。（后周武帝《优诏答沈重》）③

至若桃花水上，佩兰若而续魂；竹箭山阴，坐兰亭而开宴。（杨炯《幽兰赋》）④

竹材之美者多出东南，因此"会稽竹箭"成为熟语。称美竹箭之才有时也会涉及其他地域。如"无因渡淇水，见此猗猗竹"（吴均《赠周兴嗣诗四首》其三）⑤，是因《诗经·淇奥》"绿竹猗猗"而来，地属北方。

以竹材喻人才有多方面内涵，形成秋竹、竹筠、竹材、竹箭等不同的词汇意象与取譬角度。《礼记·月令第六》："（仲冬）日短至，则伐木，取竹箭。"汉郑玄注："此其坚成之极时。"竹子秋季坚成，故古以秋竹为美。《抱朴子·附录》："云母芝生于名山之阴，青盖赤茎。味甘，以季秋竹刀采之，阴干治食，使人身光，寿千万岁。"⑥用季秋竹刀是因其质坚。宋玉《讽赋》："（主人之女）为臣炊彫胡之饭，烹露葵之羹，来劝臣食。以其翡翠之钗，挂臣冠缨，臣不忍仰视。为臣歌曰：'岁将暮兮日已寒，中心乱兮勿多言。'臣复援琴而鼓之，为《秋竹》《积

① 《全上古三代秦汉三国六朝文》全后魏文卷五一，第 4 册第 3764 页下栏右。
② 《全上古三代秦汉三国六朝文》全后周文卷六，第 4 册第 3913 页上栏左。
③ 《全上古三代秦汉三国六朝文》全后周文卷三，第 4 册第 3896 页上栏右。
④ 《全唐文》卷一九〇，第 2 册第 1920 页下栏左。
⑤ 《先秦汉魏晋南北朝诗》梁诗卷一一，中册第 1740 页。
⑥ 《抱朴子内篇校释》附录一，第 330 页。

雪》之曲。"①《秋竹》之曲名也是取意于其坚贞之性。

秋竹坚贞之性还来自傲霜凌雪,如"但能凌白雪,贞心荫曲池"(谢朓《秋竹曲》)②。因此常以秋竹比人才之美,如"若乃习是童子,措志雕虫,藻思内流,英华外发。葳蕤秋竹,照曜春松"(刘峻《与举法师书》)③。秋竹喻人坚贞在唐代更为普遍。白居易曾以"有节秋竹竿"(《赠元稹》)比元稹。元稹《种竹》也云:"昔公怜我直,比之秋竹竿。"白居易取象于秋竹竿,不仅因其刚直、有节,更因其坚贞之性。白居易《酬元九对新栽竹有怀见寄》对此说得更为明白:"昔我十年前,与君始相识。曾将秋竹竿,比君孤且直。中心一以合,外事纷无极。共保秋竹心,风霜侵不得。"

竹筠是竹子外在美的体现。《礼记·礼器》:"其在人也,如竹箭之有筠也,如松柏之有心也。"郑玄注:"筠,竹之青皮也。"以竹箭之筠比人之操守。《文选·江淹〈杂体诗·效谢惠连"赠别"〉》:"灵芝望三秀,孤筠情所托。"李善注引韦昭《汉书》注:"竹皮,筠也。"由竹筠也可见竹子凌寒坚贞之性,如"特达圭无玷,坚贞竹有筠"(刘禹锡《许给事见示哭工部刘尚书诗因命同作》)。

更多情况下,竹筠体现的还是竹子材用。清洪颐煊《读书丛录》卷四:"《说文》无筠字。《说文》:'筤,竹肤也。从竹民声。''笢,析竹筤也。'是析竹皮黄者为笢,皮青者为筤。筤即筠字。"竹子青皮是上等编织材料,优于黄篾。即使单纯作为审美对象,竹筠也具有美感,所以也以之譬喻人才。

---

① 曹文心《宋玉辞赋》,安徽大学出版社 2006 年版,第 248 页。

② 《先秦汉魏晋南北朝诗》齐诗卷三,中册第 1418 页。

③ 《全上古三代秦汉三国六朝文》全梁文卷五七,第 4 册第 3287 页上栏右。

竹子材用体现于很多方面。如高无际《大明西垣竹赋》云："若夫制为用也，则笙可以下凤凰，笛可以奏宫商，笔可以播文章，管可以调阴阳，信无施而不可，若有待而韬光。"①所言乐器、笔等，仅是竹制品的极小部分。再如"织可承香汗，裁堪钓锦鳞。三梁曾入用，一节奉王孙"（李贺《竹》），是簟席、钓竿与冠冕。竹子材用中形成人才象喻的如竹杖等。冯植《竹杖铭》："杖必取材，不必用味。相必取贤，不必所爱。都蔗虽甘，犹不可杖。佞人悦己，亦不可相。"②此云为杖选材的标准，其实也隐寓为国选才的标准。苏彦《邛竹杖铭》："安不忘危，任在所杖。秀矣云材，劲直条畅。节高质贞，霜雪弥亮。圆以应物，直以居当。妙巧无功，奇不待匠。君子是扶，逍遥神王。"③所云劲直条畅、节高质贞、圆、直等，双关了竹杖与人才的品格特点。

弓箭也是竹子材用的重要方面。《说文·竹部》："箭，矢竹也。"王筠句读："《众经音义》：箭，矢竹也。大身小叶曰竹，小身大叶曰箭。"沈括说："东南之美，有会稽之竹箭。竹为竹，箭为箭，盖二物也。今采箭以为矢，而通谓矢为箭者，因其材名之也。至于用木为笴，而谓之箭，则谬矣。"④箭由竹子名称而成军事器具名称，进而成为人才象征，可见其军事价值的影响。竹箭军事用途主要是竹矢。如江统《弧矢铭》："幽都筋角，会稽竹矢，率土名珍，东南之美，易以获隼，诗以殪兕，伐叛柔服，用威不韪。"⑤冷兵器时代的战争中，竹箭的需求量很大，如"箭拥淇园竹，剑聚若溪铜"（萧绎《藩难未静

---

① 《全唐文》卷九五〇，第 10 册第 9863 页下栏左。
② 《全上古三代秦汉三国六朝文》，第 4 册第 4242 页。
③ 《全上古三代秦汉三国六朝文》全晋文卷一三八，第 3 册第 2255 页下栏。
④ 《新校正梦溪笔谈》卷二二，第 222 页。
⑤ 《全上古三代秦汉三国六朝文》全晋文卷一〇六，第 2 册第 2070 页下栏右。

述怀诗》）^①、"河内供军，岂但淇园之竹"（庾信《周太子太保步陆逞神道碑》）^②，可见竹箭之需。

这种重要而普遍的军事用途成就了竹箭的人才之喻，如"有才称竹箭，无用忝丝纶"（裴让之《公馆燕酬南使徐陵诗》）^③。《陈书·留异传》："缙邦膏腴，稽南殷旷，永割王赋，长壅国民，竹箭良材，绝望京辇，崔蒲小盗，共肆贪残，念彼余甿，兼其慨息。"^④竹箭也称良材。"竹待羽栝，木资刓剡"（到洽《答秘书丞张率诗》八章其二）^⑤，比喻才待磨砺。王融《为俭让国子祭酒表》："况臣仁惭富恺，德谢润身，识陋令经，器非匣重。何以升坠道于殊身，反斯文于遥日，将使良玑修竹，无增莹羽，敬逊务时，遂骞星岁。"^⑥以"良玑修竹"比喻人才，"良玑修竹，无增莹羽"谦称自己不能使人才得到美饰。"竹箭"成词，可见其早期军事用途。人才遭厄因此称竹箭摧残。如杜弼《檄梁文》："但恐兵车之所轹辘，剑骑之所蹂践，杞梓于焉倾折，竹箭以此摧残，若吴之王孙，蜀之公子，顺时以动，见机而作，面缚衔璧，肉袒牵羊，归款军门，委命下吏，当使焚榇而出，拂席相待，必以楚材，将为晋用。"^⑦

三、护竹与识才、赏竹与爱德

借竹子表达人才不为世用的意蕴，有很多典故词汇，如"修竹隐山阴"（阮籍《咏怀诗》八十二首其四十五）等。渔父用作渔竿也表示材非所用，如"第一莫教渔父见，且从萧飒满朱栏"（李远《邻人自金

---

① 《先秦汉魏晋南北朝诗》梁诗卷二五，下册第 2037 页。
② 《全上古三代秦汉三国六朝文》全后周文卷一三，第 4 册第 3945 页上栏右。
③ 《先秦汉魏晋南北朝诗》北齐诗卷一，下册第 2262 页。
④ 《陈书》卷三五，第 2 册第 485 页。
⑤ 《先秦汉魏晋南北朝诗》梁诗卷一三，中册第 1787 页。
⑥ 《全上古三代秦汉三国六朝文》全齐文卷一二，第 3 册第 2855 页下栏左。
⑦ 《全上古三代秦汉三国六朝文》全北齐文卷五，第 4 册第 3855 页下栏左。

仙观移竹》)、"爱从抽马策，惜未截鱼竿"（白居易《题卢秘书夏日新栽竹二十韵》）。凤凰不至也可譬喻世无知音，如"孤凤竟不至，坐伤时节阑"（元稹《种竹》）。待凤有期盼知音之意，如"尽待花开添凤食"（殷文圭《题友人庭竹》）、"愿抽一茎实，试看翔凤来"（江洪《和新浦侯斋前竹诗》）①。费长房"仙竹成龙"的典故也可借以表达人才得用的愿望，如"欲知抱节成龙处，当于山路葛陂中"（张正见《赋得阶前嫩竹》）②、"法堂犹集雁，仙竹几成龙"（江总《入龙丘岩精舍诗》）③、"莫恨成龙晚，成龙自有时"（许画《江南竹》）。

相对而言，竹子被制成乐器就意味着材质得到利用，从象征意义上说，也就是蒙恩见用。如西汉王褒《洞箫赋》云："幸得谧为洞箫兮，蒙圣主之渥恩。"这与他"夫贤者，国家之器用也"（《圣主得贤臣颂》）的观点也相一致。历史上的竹子知音多是这一类识材识器者。龚敩《跋竹坪图》云：

> 尝思古人好物者多矣，皆一见而不再闻，岂物遇各有其时，抑亦人有古今之不相逮与？如菊之见知于陶潜，潜以下未见其人也；梅之见重于林逋，逋以下未见其人也；莲之见爱于茂叔，茂叔以下未见其人也。岂果无其人哉？特后之好者不逮于古人，似若物不再遇焉耳。惟竹之遇为不类焉，嶰谷之管，伶伦取之；《淇澳》之什，诗人咏之；竹林由晋之七贤而名彰，竹溪由唐之六逸而迹著，如子猷之居蒋诩之径，胡可悉数？④

---

① 《先秦汉魏晋南北朝诗》梁诗卷二六，下册第 2074 页。
② 《先秦汉魏晋南北朝诗》陈诗卷三，下册第 2499 页。
③ 《先秦汉魏晋南北朝诗》陈诗卷八，下册第 2582 页。
④ ［明］龚敩撰《鹅湖集》卷六，《影印文渊阁四库全书》第 1233 册第 683 页。

在与其他花木的比较中可见有影响的竹子知音之多，这些知音爱赏竹子的原因不限于某一方面，而涉及乐器、隐逸等不同内涵。

竹子可制乐律与乐器。《晋书·律历志》："金质从革，侈弇无方；竹体圆虚，修短利制。是以神瞽作律，用写钟声。"①这是竹子用于乐律。竹子还可用于制作乐器，如箫、笛、笙等。首先要选择良材。曹植《与吴季重书》："伐云梦之竹以为笛。"②夏侯淳《笙赋》："尔乃采桐竹，翦朱密。摘长松之流肥，咸昆仑之所出。"③庾信《角调曲二首》其二："寻芳者追深径之兰，识韵者探穷山之竹。"④可见良材多在深山或特定地域，良材需要识者。刘孝先《咏竹诗》："竹生荒野外，梢云耸百寻。无人赏高节，徒自抱贞心。耻染湘妃泪，羞入上宫琴。谁能制长笛，当为吐龙吟。"⑤制成长笛也就意味着材得所用。明代谢肃《竹梧深记》云："子知竹梧为箫笙琴瑟之材，又知箫笙琴瑟为羲农虞周之乐，则不可不知天地正声，无古无今，未尝不在也，独竹梧乎？独箫笙琴瑟乎？虽然，夫审声以知音，审音以知乐，审乐以知政，此圣贤之学在隐人所当勉焉以尽力者也。"又从竹子材用的角度引出为政的道理。清代郑板桥《潍县署中画竹呈年伯包大中丞括》云："衙斋卧听萧萧竹，疑是民间疾苦声。些小吾曹州县吏，一枝一叶总关情。"与此一脉相承。在竹材比喻人才的意识观照下，古代传说中与竹子相关的识才知音者著名的有伶伦、蔡邕、王徽之等人。

伶伦，传说中为黄帝时乐官，乐律的创始者。《吕氏春秋·古乐》

---

① 《晋书》卷一六，第 2 册第 473 页。
② 《全上古三代秦汉三国六朝文》全三国文卷一六，第 2 册第 1140 页上栏右。
③ 《全上古三代秦汉三国六朝文》全晋文卷六九，第 2 册第 1859 页。
④ 《先秦汉魏晋南北朝诗》北周诗卷五，下册第 2429 页。
⑤ 《先秦汉魏晋南北朝诗》梁诗卷二六，下册第 2066 页。

载："昔黄帝令伶伦作为律，伶伦自大夏之西，乃之阮隃之阴，取竹于嶰谿之谷，以生空窍厚钧者，断两节间——其长三寸九分——而吹之，以为黄钟之宫，吹曰舍少，次制十二筒，以之阮隃之下，听凤皇之鸣，以别十二律。其雄鸣为六，雌鸣亦六，以比黄钟之宫，适合；黄钟之宫皆可以生之。"①

此后伶伦成为知音识材者的代称。"但恨非嶰谷，伶伦未见知"（虞羲《见江边竹诗》）②、"莫言栖嶰谷，伶伦不复吹"（张正见《赋得山中翠竹诗》）③、"所欣高蹈客，未待伶伦吹"（贺循《赋得夹池修竹诗》）④，南朝的这些诗句都基于这样的前提：伶伦是识才者。

王绩《古意》则表达了另一种忧虑：

竹生大夏溪，苍苍富奇质。绿叶吟风劲，翠茎犯霄密。
霜霰封其柯，鸳鸾食其实。宁知轩辕后，更有伶伦出。刀斧
俄见寻，根株坐相失。裁为十二管，吹作雄雌律。有用虽自伤，
无心复招疾。不如山下草，离离保终吉。

用庄子之意，表达材者见伐、不材者得保天年的主旨，可见对黑暗社会的愤愤不平。清陈梦雷《题友人墨竹》诗："伶伦已往嶰谷空，对此令人空叹息。"是悲叹既无人才亦无知音的社会环境。

如果说伶伦是慧眼识才，那么蔡邕是慧眼救材。晋伏滔《长笛赋》序云：

余同僚桓子野，有故长笛，传之耆老，云蔡邕之所作也。

初邕避难江南，宿于柯亭，柯亭之观，以竹为椽。邕仰而眄之曰：

① 张双棣等译注《吕氏春秋译注》，吉林文史出版社 1987 年版，第 140 页。
② 《先秦汉魏晋南北朝诗》梁诗卷五，中册第 1608 页。
③ 《先秦汉魏晋南北朝诗》陈诗卷三，下册第 2496 页。
④ 《先秦汉魏晋南北朝诗》陈诗卷六，下册第 2554 页。

"良竹也。"取以为笛，奇声独绝。历代传之，以至于今。[①]

《搜神记》则记载另一民间流传的版本："一云邕告吴人曰：'吾昔尝经会稽高迁亭，见屋东间第十六竹椽，可为笛。取用，果有异声。'"[②] 蔡邕精于音律，关于他的知音故事还有"焦尾琴"的传说。吴人烧桐以爨，邕闻火烈之声而知为良木，因请裁为琴，果有美音，而其尾犹焦，故呼曰"焦尾琴"。也是慧眼救良材于厄运。庾信《拟连珠四十四首》其三十四："若赏其声，吴亭有已枯之竹。"即咏此事。

琴材"半死半生"，可追溯到枚乘《七发》龙门之桐"其根半死半生"。枚乘《七发》及众多仿作都突出琴材得自然环境之气，为悲情哀感所聚集，因而制成琴后其琴声才悲切感人。这种思维方式本质上属于天人感应观念。竹子既是制作乐器的良材，老死深山或架为屋椽都可比为人才的不遇于时，所谓"不逢仁人，永为枯木"（刘安《屏风赋》）；其得遇征录，制为良器，又可象征人才"列在左右，近君头足"（刘安《屏风赋》）。

王徽之也是竹子的知音，他的好竹不同于伶伦、蔡邕等人，他不是识材，而是赏美，这就开拓了竹子的精神象征意义。《晋书》本传载："时吴中一士大夫家有好竹，欲观之，便出坐舆造竹下，讽啸良久。主人洒扫请坐，徽之不顾。将出，主人乃闭门，徽之便以此赏之，尽欢而去。尝寄居空宅中，便令种竹。或问其故，徽之但啸咏，指竹曰：'何可一日无此君邪！'"[③] 王徽之直接以竹子为审美对象，爱竹成癖，因他的爱赏竹子遂有"此君"之名。

---

① 《全上古三代秦汉三国六朝文》全晋文卷一三三，第 3 册第 2226 页上栏左。
② ［晋］干宝撰、汪绍楹校注《搜神记》卷一三，中华书局 1979 年版，第 167 页。
③ 《晋书》卷八〇，第 7 册第 2103 页。

后人遂想象竹子的诸多象征意义，系于王子猷以表达知音之遇的感慨，如"不是山阴客，何人爱此君"（杜牧《题刘秀才新竹》），"山阴客"即指王徽之，其他如"自是子猷偏爱尔，虚心高节雪霜中"（刘兼《新竹》）、"子猷殁后知音少，粉节霜筠谩岁寒"（罗隐《竹》）、"岁寒高节谁能识，独有王猷爱此君"（牟融《题陈侯竹亭》），也都附会王子猷爱竹的各种比德内涵，可见王子猷虽与伶伦、蔡邕同为竹子的知音，却又与他们不同。

如果说识材是基于良材见用、君臣遇合的象征，那么王徽之的赏竹更大程度上是因为气类相近而以竹为友、引为同调。这种以竹为友的意识在唐代更多地表现为竹子的比德内涵，如吕温《合江亭槛前多高竹不见远岸花客命翦之感而成咏》："吉凶岂前卜，人事何翻覆。缘看数日花，却翦凌霜竹。常言契君操，今乃妨众目。自古病当门，谁言出幽独。"所谓"君操""幽独"，实际是就竹子的比德与隐逸内涵而言。

第五节　竹子与其他花木的比德组合

竹子的人格比德内涵是多方面的，还可与其他植物形成比德组合，如虚心可配梧桐、凌寒可配松柏、清瘦可拟梅花，这是同气相求，也是异类互补。著名的比德组合，如岁寒三友松竹梅、四君子梅兰竹菊等。松、竹、梅虽隶属不同属科，却都不畏严寒，逐渐被文人们誉为"岁寒三友"，赋予理想人格和精神诉求。后代还形成一些较为大型的物物组合，如明代骆文盛（1497—1554）山寺十友为：苍髯翁松、抱节君竹、冰雪主人梅、晚香居士菊、怀素子水仙、碧莱道人菖蒲、秋江逸客木芙蓉、月露主人梧桐、幽芳处士兰、云华仙莲。钱士升（？—1651）十友则曰：茶醒友、鸥闲友、雪洁友、菊贞友、石介友、松高友、兰芳友、香清友、竹篆友、枫叶红友。①以下选取松竹、竹柏、梅竹三种组合，探讨其比德意义。

一、松竹

松竹合咏，始见于《诗经·小雅·斯干》"如竹苞矣，如松茂矣"，虽赞扬贵族宫室，也是松竹并誉。毛传："苞，本也。"笺："以竹言苞，而松言茂，明各取一喻。以竹笋丛生而本概，松叶隆冬而不凋，故以为喻。其实竹叶亦冬青。《礼器》曰：'如竹箭之有筠，如松柏之有心，故贯四时而不改柯易叶。'是也。"②可见说"竹苞""松茂"都有取其四季不凋的用意。松柏凌寒不凋进入人们视野较早。《论语·子罕》："岁寒，然后知松柏之后凋也。"其后松柏的比德意义在汉代得到进一步发展③，松竹连誉的大量出现则要到晋代。

松竹具有相近的美感特色。如"松篁日月长,蓬麻岁时密"(周舍《还

---

① 参考范景中《竹谱》，载范景中、曹意强主编《美术史与观念史》第Ⅶ辑，第264页。

② 《毛诗正义》卷一一之二，第682页。

③ 周均平《"比德""比情""畅神"——论汉代自然审美观的发展和突破》："对《论语·子罕》孔子'岁寒然后知松柏之后凋也'的以松柏比德的命题，汉代阐释发挥者更多。刘安《淮南子·俶真训》、司马迁《史记·伯夷列传》、王符《潜夫论·交际》、应劭《风俗通义·穷通》，都曾引用和发挥了这一命题，或以岁寒比喻乱世，或以岁寒比喻事难，或以岁寒比喻势衰，无不以松柏比君子遇难临厄而不失坚贞的品德。"见网址：http://www.sdnuwyx.com/newest/shownews.asp？newsid=1212（山东师大文艺学网页）。本书尽量引用原始纸质文献，但有的材料暂时只见网络版，一时无法得见纸本。周均平《"比德""比情""畅神"——论汉代自然审美观的发展和突破》一文，原载《文艺研究》2003年第5期，发表时有删节，本书所参考内容只见于山东师大文艺学网页，而不见于发表的《文艺研究》期刊。

田舍诗》）①，这是茂密。"猗欤松竹，独蔚山皋。肃肃修竿，森森长条"（戴逵《松竹赞》）②，这是株体修长。"篁竹既大，薄且空中，节长一丈，其直如松"（沈怀远《博罗县篁竹铭》）③，这是说形直。"乔松翠竹绝纤埃"（张宗永《题陈相别业》）④，这是说其高洁。

松竹在颜色美感、形态气质等方面也有互补，如"窗竹多好风，檐松有嘉色"（白居易《玩松竹二首》其二）、"白云入窗牖，野翠生松竹"（李赤《姑熟杂咏·凌歊台》）、"松气清耳目，竹氛碧衣襟"（孟郊《陪侍御叔游城南山墅》）。因为美感气质接近，松竹常常被同时提及，具有共同的象征意义，如"人亦有言，松竹有林，及尔臭味，异苔同岑"（郭璞《赠温峤诗》）⑤。

由于美感和质性有相近之处，故而松竹并提较为常见。有人刻意将松竹互比或与其他植物评比高下。如王贞白《述松》："岁寒虚胜竹，功绩不如桑。"李山甫《松》："桃李傍他真是佞，藤萝攀尔亦非群。平生相爱应相识，谁道修篁胜此君。"其实松竹的形象美感因素中"同"要多于"异"，松竹都以株体修长高大伟岸为美，故多松竹并举，称为乔松修竹。如郭璞《赠温峤诗》五章其三："人亦有言，松竹有林。及尔臭味，异苔同岑。义结在昔，分涉于今。我怀惟永，载咏载吟。"⑥以"松竹有林"喻气味相投，所谓"义结在昔，分涉于今"，指昔"合"今"分"。这说的是友情。《汉魏南北朝墓志汇编》载《魏故处士元君墓志》

---

① 《先秦汉魏晋南北朝诗》梁诗卷一三，中册第 1774 页。
② 《全上古三代秦汉三国六朝文》全晋文卷一三七，第 3 册第 2250 页下栏左。
③ 《全上古三代秦汉三国六朝文》全宋文卷四五，第 3 册第 2685 页上栏左。
④ 《全宋诗》第 7 册第 4395 页。
⑤ 《先秦汉魏晋南北朝诗》晋诗卷一一，中册第 864 页。
⑥ 《先秦汉魏晋南北朝诗》晋诗卷一一，中册第 864 页。

云：“君资性夙灵，神仪卓尔，少玩之奇，琴书逸影。虽曾闵淳孝，无以加其前；颜子餐道，亦莫迈其后。日就月将，若望舒荡魄；年成岁秀，若腾曦洁草。松邻竹侣，熟不仰叹矣。”① 庾信《周兖州刺史广饶公宇文公神道碑》：“如松之茂，如竹之筼。”② 都是取松竹形象之美，以喻人之才德。因此栽松植竹以形成松竹成阴之景，还是游于松竹之林以寄傲舒啸，士大夫在松竹间的活动较多，如萧统《锦带书十二月启·蕤宾五月》：“追凉竹径，托荫松闲。弹伯雅之素琴，酌嵇康之绿酒。纵横流水，酩酊颓山。实君子之佳游，乃王孙之雅事。”③

　　松竹并举，更主要的是因为它们共同具有的比德内涵，如有节与凌寒不凋等。竹子之节既指圆环，也指生长枝杈之处，松树则有节无环。松树之节应用于人格比德，可能是松竹并提的原因之一，如“盖隐约而得道兮，羌穷悟而入术。离尘垢之窈冥兮，配乔松之妙节”(冯衍《显志赋》) ④、“森森如千丈松，虽磊砢有节目，施之大厦，有栋梁之用”(《世说新语·赏誉》)。秋冬季节突显松竹的坚贞，人们言及松竹，总以霜雪为背景，如“宁知霜雪后，独见松竹心”(江淹《效阮公诗十五首》其一) ⑤、“修竹贞松，含霜抱雪”(江总《梁故度支尚书陆君诔》) ⑥，故称“若似松篁须带雪”(司空图《杨柳枝寿杯词》其十五) ⑦。形容严寒则称松竹凋伤。张天锡云：“睹松竹，则思贞操之贤。”⑧ 宗钦《赠

---

① 《汉魏南北朝墓志汇编·北魏·魏故处士元君墓志》，第 68 页。
② 《全上古三代秦汉三国六朝文》全后周文卷一五，第 4 册第 3958 页上栏左。
③ 《全上古三代秦汉三国六朝文》全梁文卷一九，第 3 册第 3062 页下栏左。
④ 《全上古三代秦汉三国六朝文》全后汉文卷二〇，第 1 册第 579 页下栏左。
⑤ 《先秦汉魏晋南北朝诗》梁诗卷四，中册第 1581 页。
⑥ 《全上古三代秦汉三国六朝文》全隋文卷一一，第 4 册第 4074 页下栏左。
⑦ 《全唐五代词》，下册第 1052 页。
⑧ 《晋书》卷八六，第 7 册第 2250 页。

高允诗》十二章其二:"于穆吾子,含贞藉茂。如彼松竹,陵霜擢秀。"①
都是取譬松竹坚贞凌寒之操。

严寒季节与世乱、事难、势衰等处境也易于发生附会类比,形成松竹悲吟比喻不得志的意义。如左思以"郁郁涧底松"自喻,抒发怀才不遇的苦闷,控诉门阀制度的不合理。庾信《拟咏怀诗》二十七首其一:"步兵未饮酒,中散未弹琴。索索无真气,昏昏有俗心。涸鲋常思水,惊飞每失林。风云能变色,松竹且悲吟。由来不得意,何必往长岑。"②松竹悲吟实是因为不得意。元结《丐论》提出古人"里无君子,则与松竹为友",也是"松竹悲吟"情怀的一脉相承。所以人们说"忠贯昊天,操逾松竹"③、"芳同兰蕙,劲逾松竹"④,也是在歌颂不屈服于逆境的节操。有时又以石头来强化坚贞形象,如"根为石所蟠,枝为风所碎。赖我有贞心,终凌细草辈"(吴均《咏慈姥矶石上松诗》)⑤。松竹因凌寒之性而与隐士结下不解之缘,如"幽人爱松竹"(元结《石宫四咏》)。

由凌寒坚贞之性又发展出节操不变的意蕴。唐中宗李显《册崔元晖博陵郡王文》:"是用命尔为博陵郡王,用旌诚效,宣其忠节,松竹无渝。"⑥借松竹表达不变节、忠贞的象征意义。其他如"烟霞春旦赏,松竹故年心"(王勃《郊园即事》)、"松竹坚贞,霜霰难毁"(李大亮《昭

① 《先秦汉魏晋南北朝诗》北魏诗卷一,下册第 2198 页。
② 《先秦汉魏晋南北朝诗》北周诗卷三,下册第 2367 页。
③ 《南齐书》卷四九《张冲传》,第 3 册第 855 页。
④ 《汉魏南北朝墓志汇编·北齐·齐故开府仪同三司尚书左仆射云州刺史暴公墓志铭》,第 443 页。
⑤ 《先秦汉魏晋南北朝诗》梁诗卷一一,中册第 1752 页。
⑥ 《全唐文》卷一七,第 1 册第 205 页。

庆令王璠清德颂碑》）^①、"寒暑有迁，松竹之性如一"（张说《郧国长公主神道碑铭》）^②，从这些表述中，我们可以读出松竹所共同具有的坚贞如一、节操不变的象征意义。这种意义早在南朝即已形成，如"义高松竹，价重璠玙"（王僧孺《从子永宁令谦诔》）^③。《梁书》元法僧等传论云："（羊）侃则临危不挠，（羊）鸦仁守义殒命，可谓志等松筠，心同铁石。"^④由其人"临危不挠""守义殒命"的表现，可见"松筠"的坚贞不渝的象征意义。

二、竹柏

竹柏并举，是因为共同具有的凌寒不凋的植物特性。竹柏因为凌寒的特性而被并举，始于汉代。《后汉书·襄楷传》载襄楷上疏："前七年十二月，荧惑与岁星俱入轩辕，逆行四十余日，而邓皇后诛。其冬大寒，杀鸟兽，害鱼鳖，城傍竹柏之叶有伤枯者。臣闻于师曰：'柏伤竹枯，不出三年，天子当之。'今洛阳城中人夜无故叫呼，云有火光，人声正讙，于占亦与竹柏枯同。"^⑤以"柏伤竹枯"为灾异，可见其时人们意识中竹柏已具有植物中凌寒不凋的代表。

竹柏凌寒坚贞之性通常体现于霜雪严寒的环境，如"如彼竹柏，负雪怀霜"（颜延之《阳给事诔》）^⑥，也体现在与其他花木的比较中。陶弘景《答朝士访仙佛两法体相书》："若直推竹柏之匹桐柳者，此本性有殊。"^⑦傅亮《九月九日登陵嚣馆赋》："旌竹柏之劲心，谢梧楸之

---

① 《全唐文》卷一三三，第 2 册第 1342 页下栏右。
② 《全唐文》卷二三〇，第 3 册第 2331 页上栏右。
③ 《全上古三代秦汉三国六朝文》全梁文卷五二，第 4 册第 3250 页下栏右。
④ 《梁书》卷三九，第 2 册第 564 页。
⑤ 《后汉书》卷三〇下，第 4 册第 1076 页。
⑥ 《全上古三代秦汉三国六朝文》全宋文卷三八，第 3 册第 2647 页下栏右。
⑦ 《全上古三代秦汉三国六朝文》全梁文卷四六，第 4 册第 3216 页上栏左。

零脆。"①以竹柏与桐柳、梧楸等植物对举，突出其经寒不凋。有别于其他植物秋冬凋枯，"竹柏以蒙霜保荣，故见殊列树"（孙绰《司空庾冰碑》）②。所以竹柏连称主要是因为同具坚贞凌寒之性。湛方生《风赋》："若乃春惠始和，重褐初释。遨步兰皋，游眄平陌。响咏空岭，朗吟竹柏。穆开林以流惠，疏神襟以清涤。轩濠梁之逸兴，畅方外之冥适。"③

像这种出现于春季的竹柏意象，在古人诗文中是非常少见的。

竹柏、松竹都是道教崇拜的植物，同具凌寒不凋的特性，能成为并美连誉的意象组合，与道教的宣扬分不开，但后代更多地附会了儒家比德内涵。《抱朴子》云："夫入虎狼之群，后知贲、育之壮勇；处礼废之俗，乃知雅人之不渝。道化凌迟，遁迹遂往，贤士儒者，所宜共惜。法当扣心同慨，矫而正之。若力之不能，末如之何，当竹柏其行，使岁寒而无改也。"④竹柏经冬不凋，因此比喻坚贞不渝的品格，如"非分之达，犹林卉之冬华也；守道之穷，犹竹柏之履霜也"⑤，"峻节所标，共竹柏而俱茂"⑥。

竹柏所具有的这种坚贞不渝的象征内涵类似松竹，与松竹象征内涵不同的是，竹柏又多用于男女之情。因"竹柏异心而同贞"（《文心雕龙·才略》），用于男女之情时会突出坚贞的内涵，如《朝野金载》记载："沧州弓高邓廉妻李氏女，嫁未周年而廉卒。李年十八守志，设灵几，每日三上食临哭，布衣蔬食六七年。忽夜梦一男子，容止甚都，欲求李氏为偶，李氏睡中不许之。自后每夜梦见，李氏竟不受。以为精魅，

---

① 《全上古三代秦汉三国六朝文》全宋文卷二六，第 3 册第 2574 页下栏右。
② 《全上古三代秦汉三国六朝文》全晋文卷六二，第 2 册第 1814 页下栏左。
③ 《全上古三代秦汉三国六朝文》全晋文卷一四〇，第 3 册第 2268 页。
④ 《抱朴子外篇校笺》卷二七《刺骄》，下册第 38 页。
⑤ 《抱朴子外篇校笺》卷三九《广譬》，下册第 368 页。
⑥ ［唐］李延寿撰《北史》卷八五，中华书局 1974 年版，第 9 册第 2862 页。

书符咒禁，终莫能绝。李氏叹曰：'吾誓不移节，而为此所挠，盖吾容貌未衰故也。'乃拔刀截发，麻衣不濯，蓬鬓不理，垢面灰身。其鬼又谢李氏曰：'夫人竹柏之操，不可夺也。'自是不复梦见。郡守旌其门闾，至今尚有节妇里。"[①]

图36 ［明］王绂、边景昭《竹鹤双清图》。（纸本，设色。纵109厘米，横46.6厘米。北京故宫博物院藏。此图为王绂与边文进合作的花鸟画精品。边景昭，生卒年不详，字文进，沙县（今属福建）人。明代画家。画上乾隆题诗为："九龙沙县两幽人，一味芝兰气合亲。恰似绿筠将白鹤，无心常自结高邻。"）

---

① ［唐］张鷟撰、赵守俨点校《朝野佥载》卷三，中华书局1979年版，第58页。

但更多情况下"竹柏"是用以形容男女情离。东方朔《七谏·初放》云："便娟之修竹兮，寄生乎江潭。上葳蕤而防露兮，下泠泠而来风。孰知其不合兮，若竹柏之异心。"后遂以竹柏异心比喻男女情离。表示男女变心时一般取其异心情离的象征内涵。如萧子云《春思诗》："春风荡罗帐，馀花落镜奁。池荷正卷叶，庭柳复垂檐。竹柏君自改，团扇妾方嫌。谁能怜故素，终为泣新缣。"①"竹柏君自改"借用《初放》"竹柏异心"之典。再如杜甫《佳人》："摘花不插发，采柏动盈掬。天寒翠袖薄，日暮倚修竹。"可能兼用凌寒坚贞与竹柏异心两层意义。

古人为了表示对松柏和竹子的尊崇，分别附会以高贵爵位。王安石《字说》云："松为百木之长，犹公也。故字从公。"又云："柏犹伯也，故字从白。"松为"公"，柏为"伯"，都位列"公侯伯子男"五爵中。有人拆"松"字为十八公，元代冯子振有《十八公赋》。史载秦始皇巡游泰山，风雨骤至，避雨松下，后封此树为"五大夫"，因称"五大夫松"。竹子也被称为"君子"。《史记·货殖列传》说："渭川千亩竹……此其人皆与千户侯等。"②所以松竹、竹柏并称就有了身份高贵的内涵。在官本位和儒家文化为主导的古代社会，松竹、竹柏受封爵位也是儒者之象在人们心理上的投射。

三、梅竹双清

梅竹合称虽然不如松竹合称历史悠久，但中唐以来也较为普遍。程杰先生论述"岁寒三友"缘起时曾对梅竹组合的美感特色进行了系统阐述③。植物比德组合意义的形成一般晚于其风景组合的形成，梅竹

① 《先秦汉魏晋南北朝诗》梁诗卷一九，下册第 1886—1887 页。
② 《史记》卷一二九《货殖列传》，第 10 册第 3272 页。
③ 程杰《"岁寒三友"缘起考》，《中国典籍与文化》2000 年第 3 期。

的比德组合也是如此。

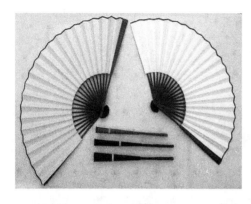

图 37　竹制折扇。图片由网
友提供。

图 38　竹制团扇。图片由网
友提供。

梅竹比德组合的结合点是"清"。"清"是视觉的，也是气质的。在众多植物中，竹能与梅走到一起，有物色美感相近的因素，所谓"柳碧桃红，梅清竹素，各有固然"①。梅花虽也给人明艳俏丽的印象，毕竟是就花朵或单枝而言，整株梅树常是虬干老枝点缀花苞，而竹子或竹笋青翠幽霭，视觉上属于颜色淡雅风格清秀的一类，故文学中多二者并举成景，如"窗梅落晚花，池竹开初笋"（萧悫《春庭晚望》）②、"玩竹春前笋，惊花雪后梅"（江总《岁暮还宅》）③。

竹子多临水夹池生长，其清瘦身姿与水中疏影所形成的视觉形象，如"水影摇藂竹，林香动落梅"（庾信《咏画屏风诗二十五首》其二十五）④、"清光溢空曲，茂色临水澈"（李益《竹碶》），在境界与感

---

① ［明］陆时雍《诗镜总论》，见周维德集校《全明诗话》，齐鲁书社 2005 年版，第 5111 页。
② 《先秦汉魏晋南北朝诗》北齐诗卷二，下册第 2279 页。
③ 《先秦汉魏晋南北朝诗》陈诗卷八，下册第 2590 页。
④ 《先秦汉魏晋南北朝诗》北周诗卷四，下册第 2398 页。

受上与梅花的暗香清气相通。诗人多撷取霜雪气候下的梅竹之景，如"竹开霜后翠，梅动雪前香"（虞世南《侍宴归雁堂》）、"雪梅初度腊，烟竹稍迎曛"（孙逖《宴越府陈法曹西亭》），也是取其清冷绝俗的境界，竹取青翠，梅取清香。葛立方《十一月十日酒散已二鼓与千里步月因至水堂》其二："溪山浑著月，梅竹半封霜。"[1]在月、霜的环境氛围里，取其"清"境。就物色美感而言，梅竹组合逐渐形成清妍、清秀的内涵，如"疏梅修竹两清妍"（向子諲《鹧鸪天·老妻生日》）、"万卷诗书真活计，一山梅竹自清风"（何基《宽儿辈》）[2]。

无论视觉、嗅觉还是整体形象，梅竹组合都以"清"为重要的美感特色，在比德意义上也是如此，故称"梅竹双清"。"双清"语出杜甫《屏迹》诗之二："杖藜从白首，心迹喜双清。"仇兆鳌注引杨守址曰："心迹双清，言无尘俗气也。""双清"本指思想及行事皆无尘俗气，宋人遂用以指称梅、竹的象征意义。"清"的比德意义可以有许多方面，如清（青）白、清介、清洁、清奇、清新、清修、清秀、清妍、清幽、清贞、清正、清直等。诗词中常梅竹合称，以"清"相联系。

梅、竹还因为"清""瘦"的特质而与鹤等其他物事相联系，如"鹤舞梅开总有情，小园方喜得双清"（吴芾《饭客看鹤赏梅遇雨有作》）[3]。再如钱惟演《对竹思鹤》："瘦玉萧萧伊水头，风宜清夜露宜秋。更教仙骥傍边立，尽是人间第一流。"鹤与竹并立，也是取其形象美感的相近。明代何乔新更作《竹鹤轩记》，云："夫竹之为物，疏简抗劲，不以春阳而荣，不以秋霜而悴，君子比节焉。鹤之为物，清远闲放，

---

[1]《全宋诗》第 34 册第 21800 页。
[2]《全宋诗》第 59 册第 36840 页。
[3]《全宋诗》第 35 册第 21996 页。

洁而不可污，介而不可狎，君子比德焉。"取竹、鹤清洁坚贞的比德意义。

"岁寒三友"有松，而梅竹双清排除了松，原因可能是松号大夫，有"十八公"之称，其隐逸内涵让位于仕宦形象①，故云"松号大夫交可绝，梅为清客志相同"（郑清之《安晚轩竹》）。

梅竹双清先是形诸诗文歌咏，后来才进入绘画领域。"竹外一枝斜更好，自有此诗无此画"（张雨《梅竹双清图》）②，即是说这种诗先画后的情况。梅竹双清应用于绘画有《梅竹双清图》，较早的是世传王冕梅、吴镇竹合为一卷的画作。王世贞《梅竹双清卷》云："梅独为百花魁，而竹能离卉木而别自成高

图39 ［元］李衎《四清图》（局部）。（纸本，墨笔。纵35.6厘米，横359.8厘米。北京故宫博物院藏。此图原为长卷，约在明代中期时被分割为前后两卷。前卷画慈竹、方竹各一丛，现藏美国堪萨斯纳尔逊·艾特金斯美术馆。后卷藏故宫博物院。图中所画兰、竹、石、梧名"四清"，意喻君子的高洁品性。后卷亦可分为前后两段，前段画二石、丛竹和兰，取由右向左的斜势，后段画二梧桐和丛竹）

---

① 古人拆"松"为"十八公"三字，因以为别称。《三国志·吴志·孙皓传》"以左右御史大夫丁固、孟仁为司徒、司空"裴松之注引《吴书》："初，固为尚书，梦松树生其腹上，谓人曰：'松字十八公也，后十八岁，吾其为公乎？'"苏轼《和张耒高丽松扇》："可怜堂堂十八公，老死不入明光宫。"其称松树为"十八公"，也是指入朝为官的象征意义而言。

② ［元］顾瑛编《草堂雅集》卷五，《影印文渊阁四库全书》第1369册第275页上栏左。

品者，以其精得天地间一种清真气故也。"①指出梅竹同具清真之气，这是梅竹比德意义趋同求近而逐渐形成的共同风格气质。胡布《梅竹双清图》："二士处幽谷，邈焉遗世氛。逍遥寄膺期，雅植蔼素芬。有德此有邻，艳冶非所文。而我敞逸节，友之为三君。虚心弥道义，同气交蒸熏。时旸起众芳，负耻罗繁殷。卓绝陨坠下，岂伊弱卉群。力干表穹壤，介焉清白分。根株既得所，霜雪徒纭纭。傲世知寡俦，凡材尚希闻。"②可见梅竹气质的接近。梅竹双清也附会相关历史人物的形象与品质，如"孤山不见林君复，借宅空怀王子猷。爱尔双清须赋咏，令人千古想风流"(金西白《题梅竹双清》)③。

① ［明］王世贞撰《弇州续稿》卷一六八，《影印文渊阁四库全书》第1284册第436页上栏。
② ［元］胡布撰《元音遗响》卷二，《影印文渊阁四库全书》第1369册第619页上栏左。
③ ［明］曹学佺编《石仓历代诗选》卷三六六，《影印文渊阁四库全书》第1391册第951页下栏左。

第四章　竹意象的离别内涵与性别象征

　　竹意象在比德意义之外还具有多重文化内涵。竹是表达别离情感的植物意象之一。竹（或竹竿）象征离别或情变的意义，主要见于先秦以及魏晋以前文学作品，可见竹子形成离别内涵有着悠久的传统。竹之所以具有别离内涵，与散生竹离立的状态、春笋解箨的形态、空心的特征、四季一色的颜色等因素有关。湘妃竹与临窗竹是常见的两个与别离情感相关的文学意象。"临窗竹"意象是唐诗宋词中较为常见的意象，多表达相思怀人，具有性别象征及艳情内涵。"风动竹"则是"临窗竹"意象中的一个典型情境，不断出现于唐诗与传奇戏剧。

第一节　竹意象的别离内涵及其形成原因

　　别离是中国古代文学的重要主题之一。别离文学涉及空间的变换与时间的复合[①]，离别情境因此存在巨大差异，故而别离文学中借以表情的意象也随之不同，经常出现的意象有杨柳、芳草、明月、参商、南浦、

---

① 如日本学者松浦友久《忆君遥在潇湘月——离别诗里时间的表达方式》，见〔日〕松浦友久著，陈植锷、王晓平译《唐诗语汇意象论》，中华书局 1992 年版，第 161—175 页。

北梁、长亭、祖帐、孤鸾离鹤、云散萍聚等①，涉及天文地理、飞潜动植与人文意象。其中植物类意象很多。至于哪些植物可以寄托离情别思，则是情感与物象长期凝练、融合的结果。在众多植物中杨柳更能赢得别离者的情感寄托与心理认同，受"折柳送别"习俗的影响，又历经发生、定型的漫长过程②。杨柳并未"垄断"离情，别离的情绪同样倾洒于其他植物。竹在传统文化中是君子，是贤者，是气节的象征。但竹意象也负载着离别、无心与无情等象征意义，最终形成湘妃竹与临窗竹等特定意象，成为别离文学中的常见意象。

竹与离别、无心及情变等情感内涵相联系，早在先秦时代即已出现。如"瞻彼淇奥，绿竹猗猗"（《诗经·淇奥》）是面对绿竹而思念君子，"籊籊竹竿，以钓于淇。岂不尔思，远莫致之"（《诗经·竹竿》）也是对竹竿而思人③。以上两例都在爱情意义上与离别怀人有关。离别与离心不同，但离别也可能演变为离心。在汉乐府《白头吟》中，"竹竿何嫋嫋，鱼尾何簁簁"已含有情变的意义④。《楚辞·山鬼》及后代拟作中的竹意象也有用于离别象征的情况。如《山鬼》云"余处幽篁兮终不见天，

---

① 张福勋、程郁缀还指出梅、瑶花、水、云、夕阳、鼓角、长亭、短亭、阳关、古道等。见张福勋《送别寄物诗杂谈》，《名作欣赏》1998 年第 6 期；程郁缀《古代送别诗中主要意象小议》，《名作欣赏》2003 年第 4 期。

② 石志鸟《中国杨柳审美文化研究》，巴蜀书社 2009 年版，第 214—221 页。

③ 王政分析："男子所爱之女嫁于他国，'泉源在左，淇水在右'，正两人分道扬镳了。他自叹钓竿莫及，深知无力相挽。"见氏著《〈诗经〉文化人类学》，黄山书社 2010 年版，第 151 页。

④ 《毛传》解释《竹竿》："钓以得鱼，如妇人待礼以成为室家。"打鱼和钓鱼等行为是求偶的隐语，闻一多《说鱼》一文已作详论。汉乐府《白头吟》与魏文帝《钓竿行》两首诗皆以"钓而不得"隐喻婚媾难成或夫妻相离。王政指出："女子希望男夫与己为百年相守之侣，莫把婚媾当游戏（原注：如垂钓戏耍）。"见氏著《〈诗经〉文化人类学》第 155 页。

路险难兮独后来"，是处幽篁而情人不至。作为背景植物的竹子，暗示了情变的可能性。范缜《拟招隐士》云："修竹苞生兮山之岭，缤纷葳蕤兮下交阴……夫君兮不还，蕙华兮彫残……思慕公子兮心迟迟。"此诗模仿《山鬼》的痕迹比较明显，"夫君兮不还""思慕公子兮心迟迟"等句可见夫妻离居别处的境况，首句"修竹苞生兮山之岭"当袭自《山鬼》"余处幽篁兮不见天"。诗题既为《拟招隐士》，诗中夫妇别离的内涵就有象征君臣不合的寓意，故诗中竹意象兼具爱情与隐逸的象征意义。以上所举竹（或竹竿）意象，主要是秦汉及以前的作品，可见竹意象的离别内涵有着悠久的传统。

青草远接天涯，引起对远方之人的思念。折柳寓意留客，也容易触动别离情绪。牵牛织女星则以隔河相望比附夫妻离居。竹意象何以能够生发出离别、无心乃至情离异心的情感意蕴？换言之，古代文学作品中是如何将别离、无心乃至变心的情感意蕴附会于竹意象的？可能主要有以下几方面原因：

一、散生离立的状态

依生长形态的不同，竹分散生、丛生两类。丛生竹的特点是聚集一处、根不他引。从整体来看，竹林是集中生长在一起的群竹；就个体而言，林中每一棵竹子又是各自分离的。就笋与笋的状态而言，是"迸笋双分箭"（朱放《竹》）；就新笋远离旧竹而言，是"新笋离故枝"（谢朓《咏竹诗》）。最终"笋过东家作竹林"（来鹄《病起》）。散生竹（笋）一株远离一株、离而不集的株体状态，真可谓"君向潇湘我向秦"（郑谷《淮上与友人别》），故"人云竹祖孙不相见"[①]。与之相反，丛竹则象征人之团聚，如"丛茆而相亲"（蔡襄《慈竹赋》）。传说唐明皇曾借

_____

① ［明］王世贞撰《弇州续稿》，《影印文渊阁四库全书》第1284册第455页。

丛竹戒诸王："此竹宗本不相疏，人有生贰心怀离间之意，睹此可以为鉴。"①

散生竹彼此疏离远隔，如同人类的散处分居，故被附会以别离、情离等内涵。唐代薛涛《十离诗·竹离亭》："蓊郁新栽四五行，常将劲节负秋霜。为缘春笋钻墙破，不得垂阴覆玉堂。"这是一组爱情诗中的一首，春笋出墙有象征情离的意蕴。虽著意于竹笋出墙离亭，却也是基于散生竹的生长特点而言的。再如梁简文帝萧纲《伤离新体诗》云："前时筱生今欲合，近日栽荷尚不抽。犹是衔杯共赏处，今兹对此独生愁。登楼望暧暧，山川自分态。偃师虽北连，辕辕已南背。"以竹林渐合、莲荷未抽关涉朋友之间的离别状态，这从"分态""南背"等词语也可看出。

借林竹株体的空间分布状态象征别者的渐行渐远，就思维模式而言，在古代并不罕见，类似的意象如"离宫别馆"，指正宫之外供帝王出巡时居住的宫室，表达宫馆建筑的离散状态;再如"离鸟"指失群之鸟、"别鹤孤鸾"喻夫妇分离，则都是借动物的状态措词寓意。

二、春笋解箨的形态

春笋解箨，意味着箨、笋从此长别，如"旧笋方辞箨"（李端《宿荐福寺东池有怀故园因寄元校书》），因此也逐渐形成离别的象征内涵。若追溯渊源，可以找到不少早期的例子，如：

> 窗前一丛竹，青翠独言奇。南条交北叶，新笋离故枝。
> 月光疏已密，风来起复垂。青扈飞不碍，黄口得相窥。但恨
> 从风箨，根株长别离。（谢朓《咏竹诗》）②

---

① ［五代］王仁裕等撰、丁如明辑校《开元天宝遗事》，第 107 页。
② 《先秦汉魏晋南北朝诗》齐诗卷三，中册第 1436 页。

行乐出南皮，燕饯临华池。箨解篁开节，花暗鸟迷枝。窗阴随影度，水色带风移。徒命衔杯酒，终成悯别离。（萧纲《饯别诗》）①

执手无还顾，别渚有西东。荆吴眇何际，烟波千里通。春笋方解箨，弱柳向低风。相思将安寄，怅望南飞鸿。（萧琛《饯谢文学诗》）②

此三例皆为南朝齐梁间诗作，或咏竹，或饯别，都取意于箨叶离笋，以象征人之离别。

箨叶离笋之所以与别离发生关联，不是孤立现象，类似的思维方式自汉魏南朝以来已经较为普遍，如"转蓬离本根，飘摇随长风"（曹植《杂诗》）、"离花先委露，别叶乍辞风"（鲍照《玩月城西门》）、"本知人心不似树，何意人别似花离"（萧子显《春别诗四首》其四）、"早秋惊落叶，飘零似客心"（孔绍安《落叶》）、"落叶聚还散，征禽去不归"（陈子良《送别》）等。箨叶离笋的离别意蕴，应该与这一时期其他植物意象同时发生、互为影响。至于对后代的影响，唐宋诗词中不乏例证，如"流水辞山花别枝，随风一去绝还期"（钱起《哭辛霁》）、"坠叶惊离思"（周邦彦《忆旧游》）。而当代学者唐君毅以"花果飘零"描述华人离乡背井、飘零海外的离散经历③，则是这种集体无意识的现代表现。

就外在形态而言，竹意象的离别意义主要源于两方面，一是竹子离而不集的株体形态，二是箨皮离笋的生长过程，这两方面总而言之，即所谓"钿竿离立霜文静，锦箨飘零粉节深"（殷文圭《题友人庭竹》）。

---

① 《先秦汉魏晋南北朝诗》梁诗卷二二，下册第 1952 页。
② 《先秦汉魏晋南北朝诗》梁诗卷一五，中册第 1804 页。
③ 唐君毅《说中华民族之花果飘零》，《祖国》（三十五卷一期）1961 年第 6 期。

因此，面对竹子兴起相思之情，是切合竹林情境的，如"暂别愁花老，相思倚竹阴"（朱庆余《酬于訢校书见贻》）、"行色回灯晓，离声满竹秋"（郑谷《赠别》），都可见在唐人眼里竹意象兴起离思的情况。

三、竹本空心：象征无心

竹意象还具有无心的象征内涵。特殊品种的竹子也可能实心。如《竹谱详录》载："白马竹，亦有实心者，盖筹之属，见《湘中赋》。"[①]竹子一般还是以空心为特征，如"竹本无心，外面自生枝节"[②]、"苍竹无心岁寒色，老松有傲霜雪力"（释正觉《禅人并化主写真求赞·其一四六》）[③]。幼竹或嫩笋尚未空心，在传统意识中也被认为成竹后空心，如"蒲低犹抱节，竹短未空心"（庾信《咏画屏风诗》二十五首其九）[④]。可见空心作为竹子的特征，已是共识。

空心的植物特性经过人事的附会与情感的积淀，遂滋生"无心""无情"等象征内涵，如"寂历无心"（庾信《邛竹杖赋》）[⑤]、"云起不知山有助，鸟啼争奈竹无心"（李新《感事》）[⑥]。其中最具感染力的还是象征男女之间"无情"的意义。如释怀深《颂古三十首》其一二："别面不如花有笑，离情难似竹无心。因人说着曹家女，引得相思病转深。"原注："疏山和尚手握木蛇。有僧问：手中是什么？疏山提起云：曹家女。"[⑦]"离情难似竹无心"是说竹子无情之甚，什么样的离情也难比

---

① ［元］李衎著，吴庆峰、张金霞整理《竹谱详录》卷六《异色品》，第 111 页。
② ［元］陶宗仪《辍耕录》卷二八"凌总管出对"条，中华书局 1959 年版，第 353 页。
③ 《全宋诗》第 31 册第 19857 页。
④ 《先秦汉魏晋南北朝诗》北周诗卷四，下册第 2396 页。
⑤ 《全上古三代秦汉三国六朝文》全后周文卷九，第 4 册第 3926 页下栏右。
⑥ 《全宋诗》第 21 册第 14198 页。
⑦ 《全宋诗》第 24 册第 16157 页。

得上竹子。至今民间情歌还唱"我哭竹子没心肝罗"①，即是由竹子空心联想到无心乃至无情。

典故"竹柏异心"也基于竹子空心、柏树实心的对比。《礼记·礼器》："其在人也，如竹箭之有筠也，如松柏之有心也；二者居天下之大端矣，故贯四时而不改柯易叶。"于竹箭言有筠，于松柏言有心，竹之无心虽未被提出，未被视为缺点，却也没有算作优点。东方朔《七谏·初放》："便娟之修竹兮，寄生乎江潭。上葳蕤而防露兮，下泠泠而来风。孰知其不合兮，若竹柏之异心。"《楚辞章句》解释道："竹心空，屈原自喻志通达也；柏心实，以喻君闇塞也。言已性达道德而君闭塞其志，不合若竹柏之异心也。"②竹无心，柏有心，"竹柏异心"成为譬喻男女情离的常典。如萧子云《春思诗》："竹柏君自改，团扇妾方嫌。"③

四、四季一色：象征无情

竹子四季青翠，易于引起春光先至的错觉。如"年光竹里遍，春色杏间遥"（宋之问《春日芙蓉园侍宴应制》）。竹叶经冬不凋，也象征坚贞不渝的品格。如鲍照《中兴歌十首》其十："梅花一时艳，竹叶千年色。愿君松柏心，采照无穷极。"诗以竹叶千年一色象征对爱情的坚贞不渝。

以上都是正面意义，其负面内涵则是无情冷漠。竹子四季一色，在爱情诗中成为冷漠寡情的象征。因为怀人念远的思妇心理是盼望远方之人早日归来，哪怕一年一度也好，所谓"争得儿夫似春色，一年

---

① 杨先国《再议巴渝舞》，《民族艺术》1993 年第 3 期，第 195 页。
② ［汉］王逸撰《楚辞章句》卷一三，《影印文渊阁四库全书》第 1062 册，第 74—75 页。
③ 《先秦汉魏晋南北朝诗》梁诗卷一九，下册第 1886—1887 页。

一度一归来"(詹茂光妻《寄远》)①，所以春花秋月、落叶候鸟等带有季候内涵的物象都易于激发闺怨情思。而竹叶竹枝无论春夏秋冬总是保持绿色，没有色彩变化，与花草春生秋落、候鸟春来秋往的守信行为相比，其"冷漠寡情"显得尤为突出，因此成为无动于衷、寡情薄义的象征。如吴均《登二妃庙诗》："朝云乱入目，帝女湘川宿。折菡巫山下，采荇洞庭腹。故以轻薄好，千里命舻舳。何事非相思？江上葳蕤竹。"②葳蕤绿竹受到诗人责问，就是由于其冬夏一色、无情冷漠。因为在传说中，"洒泪所沾，终变湘陵之竹"(庾信《拟连珠四十四首》其十四)，而眼前的竹子葳蕤茂盛、毫无改变，故诗人有此一问。

汉代以来，竹常被视为无心乃至无情的象征，四季青翠是主要因素之一。如《古诗十九首·冉冉孤生竹》云："伤彼蕙兰花，含英扬光辉。过时而不采，将随秋草萎。君谅执高节，贱妾亦何为？""君"指四季常青的孤生竹，与生命将要枯萎的蕙兰花相对比，突出美人迟暮之感与孤生竹的无情之甚。

五、湘妃竹与临窗竹

竹意象的离别相思意蕴也可能缘于湘妃竹传说，斑竹意象包含着远游不归的故事，体现并传播着离别内涵，成为生离死别的象征，后来逐渐泛指一般的离别之情。如"泪竹感湘别，弄珠怀汉游"(鲍照《登黄鹤矶诗》)，即寄寓着别情。这一意蕴在后代也得到继承与进一步丰富。如白居易《江上送别》："杜鹃声似哭，湘竹斑如血。共是多感人，仍为此中别。"元稹《斑竹得之湘流》："一枝斑竹渡湘沅，万里行人感别魂。知是娥皇庙前物，远随风雨送啼痕。"都可见湘妃竹所蕴含的源于别离、

---

① 《全宋诗》第 2 册第 1261 页。
② 《先秦汉魏晋南北朝诗》梁诗卷一一，中册第 1745 页。

起于相思的怨情,而象征离情的则是竹上"啼痕"与"斑纹"。比较而言,春笋解箨、林竹株体离立的象征意蕴是直接明显的,而湘妃竹的别离意蕴则是间接转换的。通过竹上斑纹与相思泪迹的联想,进而附会生离死别的故事,也不同于牛女二星因隔河相望而被比附为夫妻离居。

古代文学中"临窗竹"意象也与离别之情有关。临窗竹意象最早见于鲍令晖《拟青青河畔草诗》:"袅袅临窗竹,蔼蔼垂门桐。"[1]此诗拟古诗十九首《青青河畔草》,原诗以"河畔草""园中柳"表示春天盛景与离别处境,鲍诗则以"临窗竹""垂门桐"形容孤独与寂寞。再如何逊《闺怨诗二首》其一:"竹叶响南窗,月光照东壁。谁知夜独觉,枕前双泪滴。"[2]

多情之风引起竹动或吹入闺房才引起愁思,如"多事东风入闺闼"(李绅《北楼樱桃花》)。临窗竹意象中"风"不是主要元素,重点在竹。为什么会对竹思人、听竹怀远?可能因为南北朝时期竹象征男性的观点非常流行[3]。临窗竹经常倒映入户,如"开帘觉水动,映竹见床空"(何逊《夜梦故人诗》)[4],竹影入床,衬托人之无情,反不如竹之有情。到唐代,在传奇《霍小玉传》中,李益以才气打动霍小玉芳心,她爱念"开帘风动竹,疑是故人来"[5]。这两句虽是改动李益诗句而来[6],却继承了南朝以来竹喻男性、对竹思人的传统。

---

① [南朝宋]鲍照著、钱仲联校《鲍参军集注》,上海古籍出版社 1980 年版,第 199 页。
② 《先秦汉魏晋南北朝诗》梁诗卷九,中册第 1709 页。
③ 参见拙著《古代竹文化研究》第一章第二节《竹的性别象征内涵研究》、本书第二章第四节《"竹林七贤"与竹文化》。
④ 《先秦汉魏晋南北朝诗》梁诗卷九,中册第 1697 页。
⑤ 张友鹤选注《唐宋传奇选》,人民文学出版社 1998 年版,第 62 页。
⑥ 李益诗句原文是"开门复动竹,疑是故人来"(《竹窗闻风寄苗发司空曙》)。

临窗竹意象的表述模式多是首先因竹而疑情人将至、既而知其为竹而生怨。如"帘外谁来推绣户,枉教人、梦断瑶台曲。又却是,风敲竹"(苏轼《贺新郎》)。佳人梦断瑶台曲,可见是绮梦。竹声惊梦,原以为有人推绣户,却发现是风敲竹声,未免有些失落。在经历"疑"的心理期待之后,紧接着的往往是"怨"是"恨",如"夜深风竹敲秋韵,万叶千声皆是恨。故欹单枕梦中寻,梦又不成灯又烬"(欧阳修《玉楼春》)[①]。"恨"其实是"疑"的延伸和深化,所谓由爱转恨,其前提还是爱。曾经的经历一旦被"风敲竹"激活,便会情不自禁,如"凭阑半日独无言,依旧竹声新月似当年"(李煜《虞美人》)。所以风竹是回忆过去生活的触媒。临窗竹意象构成了诗词中闺怨女子心灵的象征物,是其起伏难平、怀猜多疑的心理流露。

更多的情况则是以"风动竹"作为背景环境,不涉情人而相思之情蕴含其中,如唐五代词"飒飒风摇庭砌竹"(顾敻《玉楼春》)、"西风稍急喧窗竹"(阎选《河传》)、"月斜窗外风敲竹"(李冠《蝶恋花·佳人》)、"一夜帘前风撼竹"(韦庄《谒金门》),此四例皆是女主人公听竹声而伤别念远。再如:

月色穿帘风入竹,倚屏双黛愁时。(顾敻《临江仙》)

何处笛,终夜梦魂情脉脉,竹风檐雨寒窗滴。离人数岁无消息。今头白,不眠特地重相忆。(冯延巳《归自谣》)

不寐倦长更,披衣出户行。月寒秋竹冷,风切夜窗声。(韦应物《三台令》)[②]

"风动竹"可能有声音,而"风敲竹"更着意突出声音,都以动写静,

---

① 《全宋词》第1册第133页。
② 《全唐五代词》下册第980页。

233

使意境更显深邃清幽。

临窗竹意象又常与"竹叶羊车"传说相融合。如周邦彦《蕙兰芳引》："倦游厌旅,但梦绕、阿娇金屋。想故人别后,尽日空疑风竹。"他又在《浣溪沙》词中云:"金屋无人风竹乱,衣篝尽日水沈微。一春须有忆人时。"这两首词虽也暗示离别处境,却融进金屋藏娇之典,可见临窗竹意象与"竹叶羊车"传说的融合迹象。

"竹叶羊车"故事涉及晋武帝与南朝宋文帝,可能出于民间传说,是竹、羊生殖崇拜与帝王荒淫生活的结合[①]。"乘羊车于宫里,插竹枝于户前"(白行简《天地阴阳交欢大乐赋》)[②],是其基本情节结构。这是涉及特定帝王的荒淫传说,却逐渐普泛化,被文人用来描写一般宫女的怨情,从而生发新的意象,较早的例子如"竹殿遥闻凤管声,虹桥别有羊车路"(卢思道《后园宴诗》)、"望水晶帘外竹枝寒,守羊车未至"(李白《连理枝》)。

六、其他因素

古代文学重兴义,尚譬喻,多隐语,用典故,所以与竹有关的其他因素也可能生发附会出别离内涵。如竹使符有分离与相合的象征意义。符有铜、竹等不同材质,泛指兵符与地方长官印符。《说文解字》:"符,信也。汉制以竹长六寸分而相合。"是说一半留于京都,一半持往边地或任所。剖符分竹指封官授权。如"剖符兮南荆,辞亲兮遄征"(夏侯湛《离亲咏》),所写即是离别亲人前去赴任的情况。

还有"剖竹""分竹"等措辞。南朝齐刘善明《遗崔祖思书》:"足下方拥旄北服,吾剖竹南甸,相去千里,间以江山,人生如寄,来会

---

① 参见本书第五章第一节《传闻入史与情爱内涵:"竹叶羊车"考》。

② 张锡厚辑校《敦煌赋汇》,江苏古籍出版社1996年版,第246页。

何时。"①[唐]赵冬曦《和燕公别灉湖》："郢路委分竹，湘滨拥去麾。"燕公指张说。唐玄宗开元五年（717）二月，张说迁荆州大都督府长史，诗说此事②。另外，竹符相合则象征团聚、情合。李贺《许公子郑姬歌》："两马八蹄踏兰苑，情如合竹谁能见。"将两人情投意合比为符竹之相合。

与别离相关的竹意象还有"青竹丹枫"。青竹生于南方，丹枫长于北地，故"青竹丹枫"代指南北，借不同地域的典型植物表达相距遥远之意，有别于碣石潇湘、胡越秦吴等地理词汇。如李嘉祐《袁江口忆王司勋、王吏部二郎中、起居十七弟》："京华不啻三千里，客泪如今一万双。若个最为相忆处，青枫黄竹入袁江。"朱敦儒《醉思仙·淮阴与杨道孚》："君向楚，我归秦，便分路青竹丹枫。"强调的都是分道而行。再如"公河映湘竹，水驿带青枫"（韩翃《送赵评事赴洪州使幕》）、"竹暗湘妃庙，枫阴楚客船"（许浑《怀江南同志》），在意象组合模式上有一些变化，即竹意象与湘妃发生了联系，但仍是竹与枫的意象组合模式。

"竹林七贤"名号的产生与流行，可能基于竹喻贤才与竹比隐士的时代风气。后人多以"竹林七贤"比附宴集与赞美人才，如"闻道今宵阮家会，竹林明月七人同"（武元衡《闻严秘书与正字及诸客夜会因寄》）、"竹林会里偏怜小，淮水清时最觉贤"（窦巩《赠王氏小儿》）。因此产生"竹林会""竹林期"等表述，也就有了借"竹林"叙别的情况，如"三月已乖棠树政，二年空负竹林期"（许浑《郡斋夜坐寄旧乡二侄》）、"泽国旧游关远思，竹林前会负佳招"（伍乔《僻居秋思寄友人》）。

① 《南齐书》卷二八，第二册第 526 页。
② 参考傅璇琮等著《唐五代文学编年史·初盛唐卷》，辽海出版社 1998 年版，第 535 页。

竹制乐器箫笛及以之吹奏的乐曲离声，也可表达离别情思。如"楚竹离声为君变"（王昌龄《送万大归长沙》）、"唯愁吹作别离声"（韦式《一字至七字诗·竹》），都是借曲调以抒发别情。此外还有箫史弄玉故事的影响。据《列仙传》，箫史善吹箫，秦穆公以女妻之，后二人皆随凤凰飞去，离别人间。因此，箫史弄玉故事也包含有离别内涵。

总之，竹以株体的分散远离（散生竹）、箨叶的离披掉落、竹竿的空虚无心、竹叶的四季一色以及竹使符的分与合等为特征，进而引起别离、无心乃至情变异心的联想，成为寄托别情的象征符号。可见传统文化中的竹意象在表达离情别绪方面包蕴着复合象征意义，也说明竹意象在人格比德之外还具有多重文化内涵。如果将竹的人格象征意义比作"亮星云"，竹的别离内涵则更为暗淡。在今人眼里，竹似乎已被"淘汰出局"，不再属于别离情绪的载体意象。故不烦辞费，稍作论证。

第二节 "临窗竹"意象的性别象征与艳情内涵的形成

康正果说："（明末春册题辞中）一切挺然翘然的物件全被比为阳具，而娇嫩的花朵则毫无例外地被想象为阴户。前者在字面上被描绘为'孤荸''玉柄''金针''紫竹''戈戟''宝钥''凤箫'……后者在字面上被描绘为'扁舟''巫峡''牡丹''红莲''花房''海棠'……所有这些旁敲侧击的成句和约定俗成的词汇都被广泛应用于各类文学作品中间接的性描写，甚至被用于现代电影中表现性场景的含蓄画面，从而产生一种言在于此，而意在于彼的效果，使人不会立刻在想象中看到实际发生的事情，却能领会到其中的意味。"①竹及相关物事的性别象征意蕴丰富，竹子各部分如竹笋、竹竿、竹枝象征男根，竹叶隐喻女阴，竹制品中渔具如钓竿、笱、鱼篮，乐器箫等等，都有性别喻意。"临窗竹"是诗词中带有艳情内涵的重要竹意象之一，尤其在唐宋词中较为普遍。风景美感价值之外，其情爱内涵有必要单独论述，因为似乎不仅仅是诗人词客"略用情意""着些艳语"的结果，而有其文化传统。

一、"临窗竹"意象的性别象征

前已述鲍令晖《拟青青河畔草诗》中临窗竹的离别象征内涵。其实那个时代有竹生殖崇拜的文化背景。如孙擢《答何郎诗》："幽居少怡乐，坐静对嘉林。晚花犹结子，新竹未成阴。夫君阻清切，可望不可寻。处处多谖草，赖此慰人心。"②此诗表达闺怨之情，初看之下无甚特别。"古人思君怀友，多托男女殷情"③，考虑到作者为男性，又题为"答何郎"，我们可以将其理解为借闺怨表友情。

诗中"晚花犹结子，新竹未成阴"是写景，但又不止是景，闺中含颦女子是愁对此景的：晚花结子我独无，新竹何时能成阴？新竹成阴是隐语。陶弘景《真诰》甄命授第四云："我案《九合内志文》曰：'竹者为北机上精，受气于玄轩之宿也。'所以圆虚内鲜，重阴含素，亦皆植根敷实，结繁众多矣。公（引者按，指晋简文帝）试可种竹于内北宇之外，使美者游其下焉。尔乃天感机神，大致继嗣；孕既保全，诞

---

① 康正果著《重审风月鉴：性与中国古典文学》，辽宁教育出版社 1998 年版，第 38 页。
② 《先秦汉魏晋南北朝诗》梁诗卷九，中册第 1715 页。
③ ［清］章学诚著、叶瑛校注《文史通义校注》卷五《妇学》，中华书局 1985 年版，第 535 页。

亦寿考；微著之兴，常守利贞。此玄人之秘规，行之者甚验。"①可知庭宇植竹在道教看来有生殖继嗣功能，因此"种竹比宇，以致继嗣"②在南朝相沿成风。新竹成阴才能竹下相会，未成阴则喻指男女离居分处。

再如王僧孺《春怨诗》："四时如澜水，飞奔竞回复。夜鸟响嘤嘤，朝光照煜煜。厌见花成子，多看笋为竹。万里断音书，十载异栖宿。积愁落芳鬓，长啼坏美目。君去在榆关，妾留住函谷。惟对昔邪房，如愧蜘蛛屋。独唤响相酬，还将影自逐。象床易毡簟，罗衣变单复。几过度风霜，犹能保茕独。"③诗中"厌见花成子，多看笋为竹"除表示时间流逝外，还有孕育新生命的意蕴，与"十载异栖宿"的境况形成对比。窗前竹影侵床，自会见竹愁思，如"绿阴深到卧帷前"④"每谢侵床影，时回傍枕声"(齐己《荆州新秋病起杂题一十五首·病起见庭竹》)。因为竹子的男性象征意蕴，窗前竹笋也常有艳情附会。如南朝梁江洪《和新浦侯斋前竹诗》："本生出高岭，移赏入庭蹊。檀栾拂桂橑，翁蒽傍朱闺。夜条风析析，晓叶露凄凄。箨紫春莺思，筠绿寒蛩啼。不惜凌云茂，遂听群雀栖。愿抽一茎实，试看翔凤来。"⑤"箨紫春莺思"的意蕴即与鲍照《采桑》"晚篁初解箨"类似。

竹在南朝文学中的性别象征意蕴还不明显，唐代则演变为主要指男性象征。如《全唐诗》载，谢生向杨溪越女求婚，其父出女句，令续之。女览而叹曰："天生吾夫也。"其诗云："珠帘半床月，青竹满林风。(杨女)

---

① 《真诰校注》卷八《甄命授第四》，第259页。
② 《真诰校注》卷一九《翼真检第一》，第565页。
③ 《先秦汉魏晋南北朝诗》梁诗卷一二，中册第1770页。
④ 令狐楚《郡斋左偏栽竹百余竿，炎凉已周，青翠不改，而为墙垣所蔽，有乖爱赏，假日命去斋居之东墙，由是俯临轩阶，低映帷户，日夕相对，颇有脩然之趣》，《全唐诗》卷三三四，第10册第3747页。
⑤ 《先秦汉魏晋南北朝诗》梁诗卷二六，下册第2074页。

何事今宵景,无人解语同。(谢生)"①杨女所云两句,实即临窗竹的意境。谢生的续诗则将前两句的象征意义揭示出来。

再如韩愈《题百叶桃花 (原注:知制诰时作)》:"百叶双桃晚更红,窥窗映竹见玲珑。应知侍史归天上,故伴仙郎宿禁中。"②朱翌《猗觉寮杂记》卷上:"退之《百叶绯桃》云:'应知侍史归天上,故伴仙郎宿禁中。'《周礼·天官》注:'奚三百人。'若今之侍史官婢。后汉尚书郎给女侍史二人,皆选端正婉丽,执香炉,护衣服。"③杨慎《丹铅总录》卷九"女史"条:"唐尚书郎入直,供青缣白绫被,或以锦褥为之,给帷帐通中枕,侍史一人,女侍史二人,皆选端正妖丽,执香炉香囊,护衣服。唐诗'春风侍女护朝衣',又'侍女新添五夜香',韩退之《红桃花》诗'应知侍史归天上,故伴仙郎宿禁中',皆指此也。"④可见在韩愈诗中"临窗竹"已明确为男性象征。

唐宋词中,临窗竹一般出现于闺怨之作,而主人公又多为女性,不同于"绿窗桃李下,闲坐叹春芳"⑤的自怨自怜,而多怀人慕思,也可见临窗竹多为男性象征。

二、"临窗竹"意象的艳情内涵

对竹即会思人,是因为竹的男性象征意蕴。但是如何兴发艳情联想,则又具有多种比附抟合的途径。

首先,"临窗竹"意象具有期待情人相会的意蕴。窗前堂畔是典型

---

① 《全唐诗》卷八〇一,第 23 册第 9021 页。

② 《全唐诗》卷三四三,第 10 册第 3846 页。

③ [宋]朱翌撰《猗觉寮杂记》卷上,第 28 页。

④ [明]杨慎撰《丹铅总录》卷九"女史"条,《影印文渊阁四库全书》第 855 册,第 413 页上栏左。

⑤ [唐]无名氏《一片子》,《全唐诗》卷八九九,第 25 册第 10162 页。

图40 [清]毛庚行书
对联（。立轴，笺本。长130厘
米，宽29厘米。释文："瓶花落
砚香归字，庭竹摇窗韵入书。"
法书楹联－2009春季拍卖会，成
交价2.8万元人民币。毛庚（？—
1861），原名雕，字西堂，浙江
钱塘（今杭州）人。嗜金石，以
刻石擅名，尤工书法，名重于时）

的男女幽会情境，如"画堂南畔见，一晌偎人颤"（李煜《菩萨蛮》）。再如五代和凝《江城子》："竹里风生月上门，理秦筝，对云屏。轻拨朱弦，恐乱马嘶声。含恨含娇独自语，今夜约，太迟生。"竹动人来，本是曾经经历、想象或梦见的，现实则是竹动人未至，对比之下产生强烈失望。

李益沿袭竹喻君子的传统而用于表达友情，霍小玉意想中竹子的男性情人象征意蕴则是传统的一脉相承。后代"风动竹"意象多不离这种疑竹为人的象喻模式。如秦观《满庭芳》上阕："碧水惊秋，黄云凝暮，败叶零乱空阶。洞房人静，斜月照徘徊。又是重阳近也，几处处，砧杵声催。西窗下，风摇翠竹，疑是故人来。"[1]刻画闺怨心理，可见故人曾来，此夜"斜月照徘徊"，也可能有所盼望或期待。

竹象征情人，词体文学又以绮艳为特征，因此词中临窗竹多有艳情内涵。如：

苦匆匆。卷上珠帘，依旧半床空。香炷满炉人未寝，花弄月，

---

① 《全宋词》第1册第458页。

竹摇风。（晁端礼《江城子》）①

　　花树树，吹碎胭脂红雨。将谓郎来推绣户。暖风摇竹坞。

（李石《出塞·夜梦一女子引扇求字，为书小阕》）②

　　此两词一云"半床空"，一云"将谓郎来推绣户"，其艳可见。因此，唐宋诗词中"临窗竹"意象不仅有相思意蕴，也有艳情内涵。因这些词作多表现闺怨，情人并未出场，所以其艳是想象中未然之境。我们从笔记小说中也许可以窥见情人窗前竹间相会的情景。唐卢肇《逸史》载华阳李尉妻貌美，有张某为剑南节度使，致李尉死而霸其妻。后面的情节是：

　　　　置于州，张宠敬无与伦比。然自此后，亦常仿佛见李尉
　　在于其侧，令术士禳谢，竟不能止。岁余，李之妻亦卒。数
　　年，张疾病，见李尉之状，亦甚分明。忽一日，睹李尉之妻，
　　宛如平生。张惊前问之，李妻曰："某感公恩深，思有所报。
　　李某已上诉于帝，期在此岁，然公亦有人救拔，但过得兹年，
　　必无虞矣。彼已来迎，公若不出，必不敢升公之堂，慎不可
　　下。"言毕而去。其时华山道士符箓极高，与张结坛场于宅内，
　　言亦略同。张数月不敢降阶，李妻亦同来，皆教以严慎之道。
　　又一日黄昏时，堂下东厢有丛竹，张见一红衫子袖，于竹侧
　　招己者，以其李妻之来也，都忘前所戒，便下阶，奔往赴之。
　　左右随后叫呼，止之不得。至则见李尉衣妇人衣，拽张于林下，
　　殴击良久，云："此贼若不著红衫子招，肯下阶耶？"乃执之
　　出门去。左右如醉，及醒，见张仆于林下矣。眼鼻皆血，唯

---

① 《全宋词》第 1 册第 430 页。
② 《全宋词》第 2 册第 1302 页。

241

心上暖，扶至堂而卒矣。①

以临窗竹丛为男女幽会情境的点染，隐约可见远古竹林野合的遗风。再如《谈氏笔乘·幽冥》"张生"条：

> 仁和张生□（引者按，原文如此）父玄，有家学，好《牡丹亭》、《西楼梦》等剧。馆桥司镇尹师东家，尝外醉归，听击竹声，启之，见艳女携灯，相狎将曙，珍赠而别。生有诗"半庭新月青灯外，一种私情翠幕中"，记其实也。后考之，盖越女停枢其所，赠皆殉具。②

越女之魂通过"击竹声"来达到与张生相狎的目的，可见其背后的传统文化因子。

其次，风吹竹声易与竹制乐器相联系，这也是产生艳情内涵的一个途径。《金楼子》："齐郁林王时，有颜氏女，夫嗜酒，父母夺之，入宫为列职。帝以春夜命后宫司仪韩兰英为颜氏赋诗曰：'丝竹犹在御，愁人独向隅。弃置将已矣，谁怜微薄躯。'帝乃还之。"③以丝竹在御与弃置处境构成对比，本是对物伤情。但"御"既指弹奏乐器，也是性行为隐语。

"御"字双关乐器与情爱的用法，先秦已有，如"琴瑟在御，莫不静好"（《诗经·女曰鸡鸣》）。缘于"御"字的联想，更由于宴会调笑的氛围，竹制乐器也多关涉艳情。南朝梁吴均《绿竹》："婵娟鄣绮殿，绕弱拂春漪。何当逢采拾，为君笙与簴。"④此诗表面意思是说，绿竹婵娟秀美、

---

① ［宋］李昉等编《太平广记》卷一二二，中华书局 1961 年版，第 3 册第 860—861 页。
② ［清］谈迁著，罗仲辉、胡明点校《枣林杂俎》，中华书局 2006 年版，第 522 页。
③ 《金楼子》卷一《箴戒篇二》，第 20 页。
④ 《先秦汉魏晋南北朝诗》梁诗卷一〇，中册第 1727 页。

姿态婀娜，其材质也有重要用途，如逢明主，愿为材用。古代常以男女比拟君臣，二者难以截然分开，所以诗中竹子（或竹制乐器）又是象征女性的[1]。《红楼梦》第二十八回云儿的"女儿"酒令云："女儿乐，住了箫管弄弦索。"[2]也应从这个意义上理解[3]。明白这一层隐含的象征意蕴，我们对于不少诗中"风吹竹"意象会获得更进一步的理解。如元稹《会真诗三十韵》云："龙吹过庭竹，鸾歌拂井桐。"[4]由风吹竹响而想到象征男女私处的乐器，其间情色内涵不言而喻[5]。

最后，除乐器艳情化以外，簟席也可能附会类似的联想。梁元帝萧绎《和林下作妓应令诗》："日斜下北阁，高宴出南荣。歌清随涧响，舞影向池生。轻花乱粉色，风筱杂弦声。独念阳台下，愿待洛川笙。"[6]"洛川"典出曹植《洛神赋》："容与乎阳林，流眄乎洛川。"既与笙无关，也不具情色内涵。因赋中有对洛神的渴慕，后代一般将其与高唐神女并提，如"洛川昔云遇，高唐今尚违"（[唐]武平一《杂曲歌辞·妾薄命》）。对于"笙"，朱翌《猗觉寮杂记》云：

刘梦得云："盛时一失难再得，桃笙葵扇安可常。"东坡云：

① 再如王筠《五日望采拾诗》："长丝表良节，金缕应嘉辰。结芦同楚客，采艾异诗人。折花竞鲜彩，拭露染芳津。含娇起斜眄，敛笑动微嚬。献珰依洛浦，怀佩似江滨。"从诗中"含娇""敛笑"等露骨的描写可见其艳情，所谓采拾乃是性交合的隐语，如"乳燕逐草虫，巢蜂拾花蕚"（鲍照《采桑》）。
② ［清］曹雪芹、高鹗著《红楼梦》第二十八回，上海古籍出版社2004年版，第205页。
③ 该酒令以下云："荳蔻开花三月三，一个虫儿往里钻。钻了半日不得进去，爬到花儿上打秋千。肉儿小心肝，我不开了你怎么钻？"可佐证"箫管""弦索"的性暗示内涵。
④ 《全唐诗》卷四二二，第12册第4644页。
⑤ 参考李建《"女娲作笙簧"神话的文化解读》，《南通师范学院学报（哲学社会科学版）》第20卷第1期，第106—109页。
⑥ 《先秦汉魏晋南北朝诗》梁诗卷二五，下册第2051页。

"扬雄《方言》以簟为筵，则知桃筵者桃竹簟也。《南史·顾宪之传》:"疾疫死者,裹以筵席。"益知筵即簟也。左太冲《吴都赋》云:"桃笙象簟,韬于筒中。"李善注云:"桃枝簟也。"东坡不喜《文选》,故不用《吴都赋》。岭外有桃竹,坚韧可作拄杖,善谓是桃枝,则恐桃枝不能为簟,当从坡为桃竹。①

既然筵指竹席,则"洛川笙"在诗中是妓女自比,充满色情挑逗意味,似有自荐枕席之意。诗中"风筱杂弦声"因此超越一般的风竹意象,不仅具有美感意义,还具有艳情内涵。沈约《咏笙诗》:"本期王子晋,宁待洛滨吹。"也是取其艳情内涵。又刘向《列仙传·王子乔》:"王子乔者,周灵王太子晋也。好吹笙作凤凰鸣,游伊洛之间。"②萧绎之诗有糅合两典为一的倾向。

梁简文帝萧纲《修竹赋》也云:"有婵娟之茂筱,寄江上而丛生。玉润桃枝之丽,鱼肠云母之名。日映花靡,风动枝轻。陈王欢旧,小堂伫轴。今饯故人,亦赋修竹。伊嘉宾之独劭,顾余躬而自恶。"③轴是织机上缠经线的圆筒。《法言·先知》:"田亩荒,杼轴空。"萧纲赋中当是以轴喻竹。曹植《节游赋》云:"览宫宇之显丽……亮灵后之所处,非吾人之所庐。于是仲春之月,百卉丛生。萋萋蔼蔼,翠叶朱茎。竹林青葱,珍果含荣。"赋中崇宫华室的环境里有竹子,但曹植刻画时并未流于艳情,该赋结尾云:"念人生之不永,若春日之微霜。谅遗名之可纪,信天命之无常。愈志荡以淫游,非经国之大纲。罢曲宴而旋服,

① [宋]朱翌撰《猗觉寮杂记》卷上,第12页。
② [汉]刘向撰《列仙传·王子乔》,《影印文渊阁四库全书》第1058册第495页上栏左。
③ 《全上古三代秦汉三国六朝文》全梁文卷八,第3册第2998页上栏左。

遂言归乎旧房。"①但是经好事者浮想联翩的附会,至迟梁代已附会成竹子与佳人的相关传说。

以上立足竹子探讨临窗竹艳情内涵的形成,但窗前之竹仅是自然物象,要形成一定的象征意蕴,还需要可以附会联想的传说民俗或社会风习等意识形态资源。我们可以竹宫建筑为例窥豹一斑。竹宫本是汉代皇宫建筑,由《三辅黄图》"以竹为宫"②的说法,可知是以竹子为材料的建筑,到南朝便被想象为竹林中的宫殿,如"时名留于瑞宫"(隋萧大圜《竹花赋》),又与南朝流行的"竹叶羊车"、高唐神女等传说抟合一处,如"竹宫丰丽于甘泉之右,竹殿弘敞于神嘉之傍。绿条发丹楹,翠叶映雕梁。入户扫文石,傍檐拂象床"(任昉《静思堂秋竹应诏》),这些对于临窗竹的女性象征与艳情内涵的形成都有重要影响。

《晋书·胡贵嫔传》及《南史·潘淑妃传》皆载宫女嫔妃竹叶插窗以吸引帝王羊车的争宠故事。这当然是传闻入史,可能起自竹叶的女性象征。民间既有此传说,辐射影响到临窗竹的相思艳情内涵也是可能的。竹叶羊车之典至迟隋代已用于秦楼妓女。卢思道《后园宴诗》:

> 常闻昆阆有神仙,云冠羽佩得长年。秋夕风动三珠树,
> 春朝露湿九芝田。不如邺城佳丽所,玉楼银阁与天连。太液
> 回波千丈映,上林花树百枝然。流风续洛渚,行云在南楚。
> 可怜白水神,可念青楼女。便妍不羞涩,妖艳工言语。池苑
> 正芳菲,得戏不知归。媚眼临歌扇,娇香出舞衣。纤腰如欲
> 断,侧髻似能飞。南楼日已暮,长檐鸟应度。竹殿遥闻凤管

---

① 《全上古三代秦汉三国六朝文》全三国文卷一三,第 2 册第 1124 页。
② 《三辅黄图》卷三"甘泉宫"条:"竹宫,甘泉祠宫也,以竹为宫,天子居中。"
见陈直校证《三辅黄图校证》,陕西人民出版社 1980 年版,第 74 页。

声，虹桥别有羊车路。携手傍花丛，徐步入房栊。欲眠衣先解，半醉脸逾红。日日相看转难厌，千娇万态不知穷。欲积妾心无剧已，明月流光满帐中。①

诗中"竹殿""羊车"并举，是说羊车望竹殿而来，以下则转入情色描写。竹叶羊车之典比附秦楼之欢并不出格，可见对帝王风流生活的向往。附会高唐神女的，如江淹《灵丘竹赋》："朝云之馆，行雨之宫，窗峥嵘而绿色，户踟蹰而临空，绮疏蔽而停日，朱帘开而留风。"②后代也附会宫中行乐的情事。如李白《宫中行乐词八首》其四："玉树春归日，金宫乐事多。后庭朝未入，轻辇夜相过。笑出花间语，娇来竹下歌。莫教明月去，留著醉嫦娥。"可见南朝以来宫中流行的竹下欢会之风的延续。

竹宫的艳情化反映了南朝以来艳情文学创作的联想比附的思维模式。齐梁以来，文人学士"怜风月，狎池苑，述恩荣，叙酣宴"③，宴饮吟诗，歌舞作乐，自然景致与女性之美交融渗透，诗赋中的植物美感往往带上艳情色彩。例如，何逊即将临窗竹意象引向艳情内涵，其《闺怨诗二首》其一："竹叶响南窗，月光照东壁。谁知夜独觉，枕前双泪滴。"④《夜梦故人诗》："开帘觉水动，映竹见床空。"⑤竹影照映于床以明床空，床上竹影分明令人想起所思之人，将孤处女子的闺怨之情表达得更为明白，竹子的男性象征意蕴也更显露。沈义父《乐府指迷》说："作词与作诗不同，纵是花草之类，亦须略用情意，或要入闺房之

① 《先秦汉魏晋南北朝诗》隋诗卷一，下册第 2636—2637 页。
② 《全上古三代秦汉三国六朝文》全梁文卷三四，第 3 册第 3149 页。
③ 周振甫注《文心雕龙注释·明诗第六》，人民文学出版社 1981 年版，第 49 页。
④ 《先秦汉魏晋南北朝诗》梁诗卷九，中册第 1709 页。
⑤ 《先秦汉魏晋南北朝诗》梁诗卷九，中册第 1697 页。

246

意……如只直咏花卉，而不着些艳语，又不似词家体例。"①这说的是词中艳情内涵的生成问题。其他体裁艳情文学如诗赋也是如此。临窗竹意象在后代诗词中不断出现，既有传统因素的继承，也有文人"略用情意"的泛化创作，如韩偓《复偶见三绝》其三："半身映竹轻闻语，一手揭帘微转头。此意别人应未觉，不胜情绪两风流。"欧阳炯《浣溪沙》："落絮残莺半日天。玉柔花醉只思眠。惹窗映竹满炉烟。独掩画屏愁不语，斜敧瑶枕髻鬟偏。此时心在阿谁边。"②都明显可见何逊诗句的影子，而又融进新的环境描写。

临窗竹意象在唐宋时代颇为流行，甚至有词牌因此得名，如《撼庭竹》。黄庭坚有《撼庭竹》："呜咽南楼吹落梅，闻鸦树惊飞。梦中相见不多时，隔城今夜也应知。坐久水空碧，山月影沈西。买个宅儿住著伊，刚不肯相随，如今却被天嗔你。永落鸡群受鸡欺，空恁恶怜惜，风日损花枝。"③临窗竹相思艳情意蕴在宋以后似乎不为人知，可能因为竹意象的男性象征意蕴在明清艳情文学中的影响而淹没无闻。

第三节　一则文学公案的探讨："开帘风动竹"与情人相会之境

我们通过一则文学公案来感知临窗竹意蕴。唐代李益《竹窗闻风寄苗发司空曙》，诗云："微风惊暮坐，窗牖思悠哉。开门复动竹，疑

---

① ［宋］沈义父著、蔡嵩云笺释《乐府指迷笺释》，人民文学出版社1963年版，第71页。
② 曾昭岷等编著《全唐五代词》，中华书局1999年版，上册第448页。
③ 《全宋词》第3册第1491页。

是故人来。时滴枝上露，稍霑阶上苔。幸当一入幌，为拂绿琴埃。"本是吟咏友情，继承了《诗经·淇奥》以来竹比君子的传统。在传奇《霍小玉传》中，李益以才气打动霍小玉芳心，其母谓小玉："汝尝爱念'开帘风动竹，疑是故人来'。即此十郎诗也。尔终日吟想，何如一见。"①霍小玉爱念"开帘风动竹，疑是故人来"，显然又是作男女之想。

一、"风动竹"的源流

"开帘风动竹"已不同于李益原诗，霍小玉的理解也与原诗显然不同。卞孝萱从文学与政治的角度论述：

> 元稹《传奇》（《莺莺传》）云："（莺莺）题其篇曰：《明月三五夜》，其词曰：'侍（引者按，应作"待"）月西厢下，迎风户半开。拂墙花影动，疑是玉人来。'"蒋防《霍小玉传》云："母谓（小玉）曰：'汝尝爱念：开帘风动竹，疑是故人来。即此十郎诗也。'"李益的佳句很多，蒋防独选与"崔莺莺"作品相似的两句，是为了迎合元稹、李绅。（原注：李益《竹窗闻风寄苗发、司空曙》云："开门复动竹，疑是故人来。"吴曾《能改斋漫录》卷八、吴开《优古堂诗话》认为蒋防"改一'风'字，遂失诗意"。他们不知道蒋防这样修改，是为了使这两句诗与"崔莺莺"作品相似。）②

卞先生认为李益属李逢吉、令狐楚集团，与李绅、元稹集团敌对，此处是作为"蒋防迎合元稹、李绅"的证据来论述的。卞先生虽能自成其说，但有一点值得提出：由李益诗"开门复动竹"到传奇"开帘

---

① 张友鹤选注《唐宋传奇选》，第 62 页。
② 卞孝萱《唐代文史论丛》，山西人民出版社 1986 年版，第 65 页。又见于卞孝萱著《唐人小说与政治》，鹭江出版社 2003 年版，第 305 页。

风动竹"，诗句的侧重点发生了位移，由咏风变为言情，竹子也由君子之象变为情人之象。

与卞先生的政治视角不同，宇文所安侧重于情节分析：

图41　连环画《霍小玉传》封面画

（此封面画见于［唐］蒋防原著；谢岚改编、丁世弼绘《霍小玉传》，江西美术出版社2006年版。该书获首届1992—1993年度天津市优秀图书二等奖，1992年天津人民美术出版社第1版）

在浪漫背景之中，所谓"故人"即指情人。霍小玉母亲有关这两句诗的言辞，揭示了在事先安排策划好的相见相遇中浪漫传奇文化所扮演的角色。诗中的浪漫意象，在霍小玉遇见情人之前，已经抓住了她的想像；她一再诵念这些诗句，想像着它的作者；文本先于性。但是，小玉最喜好的这联诗，隐约预示了她的命运：长久处于欲望未能实现的期待之中，徒然等待自己旧日情人的归来。①

宇文先生联系小说人物情感命运的分析可谓精到，尤其是关于末句"预示了她的命运"的见解。浪漫意象临窗竹何以能抓住霍小玉芳心，宇文先生未作进一步论述。幸好不少前辈已经从事于这项工作。清叶

① ［美］宇文所安著《中国"中世纪"的终结：中唐文学文化论集》，第112—113页。

廷琯《吹网录》据《野客丛书》云：

> 《野客丛书》曰：上联在李君虞集中，此即古词"风吹窗帘动，疑是所欢来"之意。梁费昶亦曰："帘动意君来。"柳恽曰："飒飒秋桂响，非君起夜来。"《丽情集》曰："待月西厢下，迎风户半开。拂墙花影动，疑是玉人来。"齐谢朓《怀故人》诗："离居方岁月，故人不在兹。清风动帘夜，明月照窗时。"皆一意也。①

可见李益诗的渊源所自。郭在贻也指出：

> 乐府《华山畿》："夜相思，风吹窗帘动，言是所欢来。"唐李益《竹窗闻风寄苗发司空曙》诗云："微风惊暮坐，临牖思幽哉。开门复动竹，疑是故人来……"至传奇《霍小玉传》，则改为"开帘风动竹"矣。《西厢记》之"隔墙花影动，疑是玉人来"，亦即出此。②

又向后推至对《西厢记》的影响。前辈们的梳理工作是有益的，但还嫌不够细致，如对于竹子情人象征意蕴的承受源流未能厘清，又与竹子君子象喻混淆一处未能分别。李益诗中竹子显系承接《淇奥》及王徽之以来竹喻君子的传统③，而不是情人象征。尽管等待情人时的"疑情"类似《华山畿》以来的表情传统，两者毕竟不是一回事，霍小玉所感念的浪漫竹意象也不同于《淇奥》以来的君子之喻，所以需要单独梳理竹子情人象征意蕴的源流。

---

① 转引自周绍良著《唐传奇笺证》，人民文学出版社 2000 年版，第 162—163 页。

② 郭在贻著《郭在贻文集》第四卷，中华书局 2002 年版，第 32 页。

③ 其实《诗经·淇奥》中竹子也是拟喻情人的，只不过毛传以来的经学接受不承认这一点。

二、"风动竹"：男女相会之境

鉴于竹拟君子与竹喻情人有交叉也有分流的演变轨迹，单独拈出表达男女之情的临窗竹意象就很有必要。我们以为，"风动竹"应是典型的男女相会之境，故霍小玉读诗而动心怀感。如《直斋书录解题》卷一九：

> 旧史本传称其少有痴病，防闲妻妾过于苛酷，有散灰扃户之说闻于时，故时谓妒痴为李益疾。按世传《霍小玉传》所谓李十郎诗"开帘风动竹，疑是故人来"者，即益也。旧史所载如此，岂小玉将死诀绝之言果验耶？抑好事者因其有此疾，遂为此说以实之也？①

李益妒痴之说是否实有其事不在本书论列范围，但可见人们意识中临窗竹为情人幽会之境。

古人居处普遍植竹，如"墙头青玉旆，洗铅霜都尽，嫩梢相触"（周邦彦《大酺·春雨》）、"数竿修竹自横斜，犹有小窗朱户，似侬家"（张元干《虞美人》）等，所以"隔墙竹影动"作为情人相会之景完全可能出现。事实上，不仅竹，花也在情人幽会之境中出现过，如"花动拂墙红蕚坠，分明疑是情人至"（赵令畤《蝶恋花》）。李益用来表达友情的两句诗，霍小玉却移作男女之想，我们推测其前提是文化传统和当时民俗中都有竹喻情人的情况。这个推测可以得到证实。上文已从两方面进行论述：自先秦以来竹子有用于表达离情别绪甚至情变异心的传统，也有用于象征男性、引起艳情联想的传统。

叶梦得《石林诗话》卷上云："'开帘风动竹，疑是故人来'与'徘徊花上月，空度可怜宵'，此两联虽见唐人小说中，其实佳句也。郑谷

---

① ［宋］陈振孙撰《直斋书录解题》，中华书局1985年版，第533页。

诗'睡轻可忍风敲竹，饮散那堪月在花'，意盖与此同。然论其格力，适堪揭酒家壁，与市人书扇耳。"①从后人爱赏的程度可推知其对唐宋词临窗竹意象的影响当不会小。

从艺术创造性来看，沿袭前人意象是没有创新的，但从文化传承来看，却又可见文学文化意象内涵的继承与积淀，从而为后人的研究提供了线索。譬如《莺莺传》中莺莺写给张生的《明月三五夜》，诗云："待月西厢下，迎风户半开。拂墙花影动，疑是玉人来。"②此诗源于李益"开门复动户，疑是故人来"，李诗本是表现友情，元稹之所以不用"拂墙竹影动"，就是因为竹子的男性象征太明显，而莺莺的稳重性格使她不愿直露表达，因而在诗中用了模糊性别的"花影"。

也许《莺莺传》情节过于简单，人物性格不够丰满，在《西厢记》中则可看得更为明显。莺莺《明月三五夜》："待月西厢下，迎风户半开。隔墙花影动，疑是玉人来。"③描述的似乎是女子在等待情人，又颇像男子等待情人的行为，因为其中"月""花影""玉人"都常常更多地用以形容女性。莺莺是否设想张生在盼望她来，还是戏谑张生的相思，或者就是自己相思情怀的变形表达，我们无法揣知。但有一点可以肯定，莺莺最不愿意将诗写成女性在等待情人，故有意避开"竹""故

---

① ［宋］叶梦得撰《叶梦得诗话》，见吴文治主编《宋诗话全编》，江苏古籍出版社 1998 年版，第 3 册第 2691 页。葛立方《韵语阳秋》卷二亦云："（叶）少蕴云：李益诗云：'开门风动竹，疑是故人来。'沈亚之诗云：'徘徊花上月，虚度可怜宵。'皆佳句也。郑谷掇取而用之，乃云'睡轻可忍风敲竹，饮散那堪月在花'，真可与李、沈作仆奴。由是论之，作诗者兴致先自高远，则去非之言可用；傥不然，便与郑都官无异。"
② 张友鹤选注《唐宋传奇选》，第 146 页。
③ ［元］王实甫著、王季思校注《西厢记》第三本第二折，上海古籍出版社 1978 年版，第 108 页。

人",而采用"花影""玉人",情人相会意蕴被保留而性别象征则被模糊。传统的礼教、少女的羞涩、初识的关系、防闲的处境等都使她不可能明白地表达爱慕。《西厢记》后来的情节也支持了她这种性格,如莺莺的"假意儿"一再出现,这首诗只不过是"假意儿"的预演,而张生从一开始就为情所困,以"假"当"真"。

"开帘风动竹"的情境之外,黄昏修竹也是竹子别离情离内涵的常见情境。这种情境首见于杜甫《佳人》诗"天寒翠袖薄,日暮倚修竹"。因为该诗表达的是佳人遭弃的结局,所以后人诗文中的日暮修竹意象多表达情离内涵。如《嫏嬛记》卷中所载紫竹《生查子》云:"思郎无见期,独坐离情惨。门户约花开,花落轻风飐。生怕是黄昏,庭竹和烟覷。敛翠恨无涯,强把兰缸点。"①

---

① 转引自《全宋词》第 5 册第 3882 页。

第五章　竹子相关传说研究

　　不少竹意象带有浓厚的宗教文化色彩，如扫坛竹、"翠竹黄花"等，我们已分别结合不同文化背景予以考论。本章所要讨论的"竹叶羊车"、孟宗竹、湘妃竹等，则是以传说为背景逐渐形成的，其产生与传播也基于不同的文化背景，反映了竹文化的不同内涵，故而需要梳理源流，考辨其象征内涵的形成过程及其影响。"竹叶羊车"传说是传闻入史，羊车并非驾羊，竹叶引羊车的情节反映了民间关于竹叶与羊的生殖崇拜观念，其附会帝王与宫女，可见在后宫问题上的民间立场。孟宗哭竹生笋故事的产生与流传都是在孝文化背景下，宣扬孝文化需要离奇与悲苦的情节，冬笋本就稀见，再附会上哭而生笋的情节，增加了打动人心的力量。孟宗哭竹生笋故事后来成为著名的"二十四孝"故事之一。湘妃竹传说的产生有远古神话的影子，舜与竹、二妃与凤凰都有某种隐性联系。湘妃竹在接受过程中逐渐成为女性悲情形象的象征。

第一节　传闻入史与情爱内涵："竹叶羊车"考

　　"竹叶羊车"典出《晋书》。《晋书·后妃传上·胡贵嫔》载："（武）帝多内宠，平吴之后复纳孙皓宫人数千，自此掖庭殆将万人。而并宠者甚众，帝莫知所适，常乘羊车，恣其所之，至便宴寝。宫人乃取竹叶插户，以盐汁洒地，而引帝车。"①《南史·后妃传上·潘淑妃》也有类似记载："潘淑妃者，本以貌进，始未见赏。帝好乘羊车经诸房，淑妃每庄饰褰帷以侯，并密令左右以咸水洒地。帝每至户，羊辄舐地不去。帝曰：'羊乃为汝徘徊，况于人乎。'于此爱倾后宫。"②此两处宫女争宠故事，因有竹叶和盐引羊车，后多用以讽刺帝王荒淫或吟咏宫怨。其被载入史册，真实性如何？下面以晋武帝为例进行考察。

一、羊车并非驾羊

羊车早载于《周礼》。王恩田先生考证"羊车"有两种：

> 汉时羊车有两种，一种虽名"羊车"而不驾羊，(《释名》)曰："羊车，羊，祥。祥，善也。善饰之车，今犊车是也。"这种羊车《周礼·考工记》中也有记载，曰："羊车二柯有叁分柯之一。"注："郑司农云：羊车谓车羊门也。玄谓：羊，善也。若今定张车。"《晋书·舆服志》《齐书·舆服志》《隋书·礼仪志》以及唐志、宋志中所载的"羊车"，都是这种装饰华美或以人牵、或驾大如羊的小马而不驾羊的车……《释名·释车》又说："羸车，羊车，各以所驾名之也。"毕沅校曰：《御览》引曰：'羊车，以羊所驾名车也。'盖节引此条，非别有一条也。前文虽已有羊马，前文以祥善为谊，此则以驾羊为称，名同而实不同。"③

王先生还举山东苍山元嘉元年汉画像石墓题铭及羊车图像，证《释名》"以羊所驾名车"可信。但王先生以为晋武帝与卫玠所乘羊车都是以羊驾车④，则混为一谈，不可不辨。

---

① 《晋书》卷三一，第4册第962页。
② 《南史》卷一一，第2册321页。
③ 王恩田《苍山元嘉元年汉画像石墓考》，《四川文物》，1989年第4期，第8页左。
④ 王恩田《苍山元嘉元年汉画像石墓考》，《四川文物》，1989年第4期，第8页左。

图 42　汉画像石之骑羊图。图中上层有一人骑羊。（图片出自山东省博物馆、山东省文物考古研究所编《山东汉画像石选集》，齐鲁书社 1982 年版，图版六七，第 152 图。该书有骑羊和以羊驾车的汉画像石图片多幅，参见李发林著《汉画考释和研究》，中国文联出版社 2000 年版，第 189 页）

我们先考察卫玠所乘羊车。《晋书·卫玠传》："（卫玠）总角乘羊车入市，见者皆以为玉人，观之者倾都。"[1]观者甚众，可见羊车敞篷。卫玠尚在总角之年，可见车小。故后世诗文常羊车竹马并提，代指儿时游戏或称美少年。如唐代双峰和尚"竹马之年，摘花供佛;羊车之岁，累塔娱情"[2]。黄庭坚《戏答张秘监馈羊诗》："细勒柔毛饱卧沙，烦公遣骑送寒家。忍令无罪充庖宰，留与儿童驾小车。"[3]刘攽《隐语三首呈通判库部》其一："梧上生枝复来年，白头倾盖两欢然。满城童子垂鬓髮，竹马羊车戏路边。"[4]陈维崧《昆山盛逸斋六十寿序》："儿扶藤杖，悉属班香宋艳之才;孙舁蓝舆，都为竹马羊车之秀。"[5]这种羊驾之车实用价值并不大，宫中所乘，取其娱乐消遣之功用，也不太可信。

---

① 《晋书》卷三六，第 4 册第 1067 页。
② ［南唐］静、筠二禅师编撰，孙昌武、［日］衣川贤次、［日］西口芳男点校《祖堂集》，中华书局 2007 年版，下册第 782 页。
③ 《全宋诗》第 17 册第 11384 页。
④ 《全宋诗》第 11 册第 7299 页。
⑤ ［清］陈维崧撰《陈检讨四六》卷一三，《影印文渊阁四库全书》第 1322 册第 180 页上栏右。

退一步说，即使卫玠所乘羊车为大车，以羊体格之小，又怎能拉动？《南齐书·魏虏列传》："虏主及后妃常行，乘银镂羊车，不施帷幔，皆偏坐垂脚辕中。"①所乘羊车也是形制小，因车小才"不施帷幔""垂脚辕中"。这是北方政权的情况，还不一定以羊为驾。

晋武帝时羊琇也乘羊车。《晋书·舆服志》载："武帝时，护军羊琇辄乘羊车，司隶刘毅纠劾其罪。"②《宋书》《南齐书》也有记载。羊琇生活奢靡，"王恺、羊琇之俦，盛致声色，穷珍极丽"③，"（石崇）与贵戚王恺、羊琇之徒以奢靡相尚"④，"琇性豪侈，费用无复齐限"，"又喜游燕，以夜续昼，中外五亲无男女之别，时人讥之"⑤。如此奢华，难免俪主僭越之行。《晋书》羊琇本传载："放恣犯法，每为有司所贷。其后司隶校尉刘毅劾之，应至重刑，武帝以旧恩，直免官而已。"⑥《晋书·程卫传》也云："（刘）毅奏中护军羊琇犯宪应死。武帝与琇有旧，乃遣齐王攸喻毅，毅许之。卫正色以为不可，径自驰车入护军营，收琇属吏，考问阴私，先奏琇所犯狼籍，然后言于毅。"⑦

此两处都说羊琇受刘毅弹劾，应都指乘羊车事，既云"应至重刑""犯宪应死"，可见情节严重，知羊琇所乘羊车非普通人所能乘。《宋史·仪卫志》："刘熙《释名》曰：'辇车、羊车，各以所驾名之也。'隋礼仪志曰：'汉氏或以人牵，或驾果下马。'此乃汉代已有，晋武偶取乘于后宫，非特

① 《南齐书》卷五七《魏虏列传》，第 3 册第 985—986 页。
② 《晋书》卷二五，第 3 册第 756 页。
③ 《晋书》卷二八《五行志中》，第 3 册第 837 页。
④ 《晋书》卷三三《石苞传》，第 4 册第 1007 页。
⑤ 《晋书》卷九三《羊琇传》，第 8 册第 2411 页。
⑥ 《晋书》卷九三《羊琇传》，第 8 册第 2411 页。
⑦ 《晋书》卷四五《程卫传》，第 4 册第 1282 页。

为掖庭制也。"①如此说法，显然不能解释羊琇乘羊车"有罪"。羊琇是"景献皇后之从父弟"②，其年早于卫玠，既然连他都因乘坐羊车而被免官，卫玠又怎敢公然"乘羊车入市"？史载羊琇"少与武帝通门，甚相亲狎，每接筵同席"，"帝践阼，累迁中护军，加散骑常侍。琇在职十三年，典禁兵，豫机密，宠遇甚厚"③，如此地位显赫、深受宠信尚且免官，一般人又怎敢知禁犯禁？可见卫玠与羊琇所乘羊车名同实异。清代俞正燮已认为"小儿别有羊车，非古（考工）之羊车"④。

对于宫中羊车，《钦定周官义疏》推测："晋武非仿古羊车之制，或于宫中为两轮迫地之车，以羊驾而人挽之，以行乐耳……试思七尺之车，其重几许？羊虽高大，安能胜此？"⑤羊体格不壮，故云"以羊驾而人挽之"。《南齐书·舆服志》也云："漆画牵车，御及皇太子所乘，即古之羊车也。晋泰始中，中护军羊琇乘羊车，为司隶校尉刘毅所奏。武帝诏曰：'羊车虽无制，非素者所服，免官。'《卫玠传》云：'总角乘羊车，市人聚观。'今不驾羊，犹呼牵此车者为羊车云。"⑥云羊车即牵车，为"御及皇太子所乘"，解释了羊琇受弹劾的原因。但与卫玠所乘普通羊车混同为一，失于细察。《晋书·舆服志》载："羊车，一名辇车，其上如辂，伏兔箱，漆画轮辄。武帝时，护军羊琇辄乘羊车，司隶刘毅纠劾其罪。"⑦以为羊琇所乘羊车即辇车。这种辇车又名牵子。

---

① ［元］脱脱等撰《宋史》卷一四五，中华书局 1977 年版，第 11 册第 3403 页。

② 《晋书》卷九三《羊琇传》，第 8 册第 2410 页。

③ 《晋书》卷九三《羊琇传》，第 8 册第 2410 页。

④ ［清］俞正燮撰，涂小马、蔡建康、陈松泉校点《癸巳类稿》卷三《羊车说》，辽宁教育出版社 2001 年版，上册第 100 页。

⑤ 《钦定周官义疏》卷四四，《影印文渊阁四库全书》第 99 册第 481 页。

⑥ 《南齐书》卷一七，第 2 册第 338 页。

⑦ 《晋书》卷二五，第 3 册第 756 页。

《隋书·礼仪志》:"羊车一名辇,其上如轺,小儿衣青布袴褶,五辫髻,数人引之。时名羊车小史。汉氏或以人牵,或驾果下马。梁贵贱通得乘之,名曰牵子。"①可证羊车、辇车、牵子三者名异实同。

《宋书·礼志五》:"晋武帝时,护军将军羊琇乘羊车,司隶校尉刘毅奏弹之。诏曰:'羊车虽无制,犹非素者所服。'江左来无禁也。"②此处所言"非素者所服""江左来无禁",似指以人牵挽并装饰华美之车,并非指驾羊之车,因"驭童"及装饰车马体现的是礼制等级,而驾羊既不易体现等级,也不便在民间禁止。可见晋武帝所乘之车"名羊而非驾羊"③。事实上,晋代上自王公下至百姓,以牛驾车相当普遍,甚至超过马车④。俞正燮《癸巳类稿》卷三《羊车说》考定羊车是"以人步挽"的小车,并非羊驾之车,他认为"古以羊为吉祥,故宫中小车谓之羊车,亦曰定张车也"⑤,"《唐志》云:属车,三曰白鹭车,七曰羊车。白鹭非驾鹭,羊车何必定驾羊"⑥。总之,无论民间还是宫中,羊车一般并非驾羊。

二、传闻入史与情爱内涵

宫中羊车既非驾羊,故"插竹洒盐殊为附会"⑦。《晋书》与《南

① [唐]魏征、令狐德棻撰《隋书》卷一〇,中华书局 1973 年版,第 1 册第 192 页。
② [梁]沈约撰《宋书》卷一八,第 2 册第 501 页。
③ [清]王先谦撰集《释名疏证补》引皮锡瑞语,上海古籍出版社 1984 年版,第 360 页。
④ 参考刘磐修《魏晋南北朝社会上层乘坐牛车风俗述论》,《中国典籍与文化》1998 年第 4 期;高玉国《晋代牛车在社会生活中的作用与地位探析》,《德州学院学报》2002 年第 1 期。
⑤ [清]俞正燮撰,涂小马、蔡建康、陈松泉校点《癸巳类稿》卷三《羊车说》,上册第 100 页。
⑥ 《癸巳类稿》卷三《羊车说》,上册第 100 页。
⑦ [清]吴景旭撰《历代诗话》卷七〇,《影印文渊阁四库全书》第 1483 册,第 715 页上栏右。

图43 汉画像石之羊车图。图中下层有羊车一辆。（图片出自《山东汉画像石选集》，图版一二三，第281图）

史》又何以载入史册？俞正燮认为："晋武帝宫中乘羊车，文人不知羊车为何等车，《胡贵嫔传》妄云宫人望幸，争以竹叶插户，盐水洒地，以引帝车，又诬及宋文帝潘淑妃，谓羊嗜盐，舐地不去，邀帝住，是不知羊车始末也。"①以为文人无知"妄云"，则是错怪。这涉及《晋书》采传闻小说入史的体例。唐刘知几认为《晋书》"或恢谐小辩，或鬼神怪物"②

入史，清代学者也认为，"其所褒贬，略实行而奖浮华，其所采择，忽正典而取小说"，"其所载者，大抵弘奖风流，以资谈柄，取刘义庆《世说新语》与刘孝标所注，一一互勘，几乎全部收入，是直稗官之体，安得目曰'史传'乎"③。赵翼也说："採异闻入史传，惟《晋书》及南、北史最多。"④我们既明《晋书》采小说传闻入史的真相，却不宜像清人那样采取否定态度。"古人采择入史，后人则宜达观待之，既知其荒诞不经，又解其所以如此之故，明瞭其曲折反映之历史真相，而不宜

① 《癸巳类稿》卷三《羊车说》，上册第100页。
② ［唐］刘知几撰、赵吕甫校注《史通·采撰》，重庆出版社1990年版，第287页。
③ 四库全书研究所整理《钦定四库全书总目》卷四五《晋书》条，中华书局1997年版，上册第625页左。参见李发林著《汉画考释和研究》，第189页。
④ ［清］赵翼著《廿二史劄记》卷八"晋书所记怪异"条，商务印书馆1987年版，第142页。

简单否定。"①就"竹叶羊车"故事而言，阐明其内涵与产生过程，对于正确理解该故事以及南朝的民间文化都是有帮助的。

（一）竹叶的生殖崇拜内涵

两晋南北朝是竹生殖崇拜较为活跃的时期。竹叶是生殖崇拜的象征物，妇女裙上装饰竹叶图案很普遍，如"竹叶裁衣带"（徐陵《春情诗》）②、"帷褰竹叶带"（萧纲《冬晓》）③、"风吹竹叶袖"（萧绎《药名诗》）④等，其他器物也有类似装饰，如"同心竹叶碗，双去双来满"（庾信《夜听捣衣诗》）⑤，都表明竹叶的女性象征内涵。竹叶不仅指示性别，还具有象征内涵。鲍照《中兴歌十首》其十："梅花一时艳，竹叶千年色。愿君松柏心，采照无穷极。"⑥"松枝竹叶自青青"⑦，竹叶以其"千年一色"象征痴情不变。

竹叶装饰衣裙及帘帏成为时尚，尤其在南朝时期。其深层原因则是竹叶象征女阴，体现生殖崇拜意蕴。赵国华《生殖崇拜文化论》研究认为："从表象来看，花瓣、叶片、某些果实可状女阴之形；从内涵来说，植物一年一度开花结果，叶片无数，具有无限的繁殖能力。"⑧

竹叶也可能因被视为女阴象征，而与高禖祭祀结缘，成为高禖石上的象征图案。在表现闺情宫怨的诗作中，生殖崇拜内涵更多地表现

① 宋鼎立《〈晋书〉采小说辨》，《史学史研究》2000 年第 1 期，第 60 页。
② 《先秦汉魏晋南北朝诗》陈诗卷五，下册第 2529 页。
③ 《先秦汉魏晋南北朝诗》梁诗卷二二，下册第 1963 页。
④ 《先秦汉魏晋南北朝诗》梁诗卷二五，下册第 2043 页。
⑤ 《先秦汉魏晋南北朝诗》北周诗卷三，下册第 2373 页。
⑥ 《先秦汉魏晋南北朝诗》宋诗卷七，中册第 1272 页。
⑦ ［唐］权德舆《同陆太祝鸿渐崔法曹载华见萧侍御留后说得卫抚州报推事使张侍御却回前刺史戴员外无事喜而有作三首》其三，《全唐诗》卷三二二，第 10 册第 3623 页。
⑧ 赵国华《生殖崇拜文化论》，中国社会科学出版社 1990 年版，第 215 页。

为情爱象征意义，如徐陵《梅花落》："对户一株梅，新花落故栽。燕拾还莲井，风吹上镜台。娼家怨思妾，楼上独徘徊。啼看竹叶锦，簪罢未能裁。"①何逊《闺怨诗二首》其一："竹叶响南窗，月光照东壁。谁知夜独觉，枕前双泪滴。"②思妇怨妾见竹叶而有感，对竹叶而啼哭，其原因可能是女性自感"竹叶儿空心自守"③。

竹子有男性象征意义，就一般女性而言，窗前之竹具有期待情人的意味。何逊《夜梦故人诗》："开帘觉水动，映竹见床空。"④梁简文帝萧纲《喜疾瘳诗》："隔帘阴翠筱，映水含珠榴。"⑤这些都是"竹叶羊车"被正式载入史册以前时期的诗作，知南朝曾经流行"临窗竹"意象，其内涵则直指男女情爱。宋代陈普《咏史》："君王祖述竹林风，竹叶纷纷插满宫。祸乱古今惟晋酷，是非忧乐一山公。"⑥由首句可知，宫中插竹叶源于竹林生殖崇拜。故而宫女窗前插竹枝有期望得宠的象征意义。

（二）羊的生殖崇拜内涵与帝王象征

羊不仅有吉祥之义，还是仙人坐骑。《列仙传》有葛由骑羊入蜀的记载。唐代郑熊《番禺杂记》："番禺二山名广州。昔有五仙骑五羊至，遂名。"⑦但羊的这些内涵都不能合理解释"羊车竹叶"组合意象的象征意义，我们需要再作探求。在民间，羊生殖崇拜观念很早就流

---

① 《先秦汉魏晋南北朝诗》陈诗卷五，下册第 2526 页。
② 《先秦汉魏晋南北朝诗》梁诗卷九，中册第 1709 页。
③ ［明］冯梦龙编《挂枝儿》卷八《叶》，［明］冯梦龙等编《明清民歌时调集》，上海古籍出版社 1987 年版，上册第 183 页。
④ 《先秦汉魏晋南北朝诗》梁诗卷九，中册第 1697 页。
⑤ 《先秦汉魏晋南北朝诗》梁诗卷二一，下册第 1944 页。
⑥ 《全宋诗》第 69 册第 43837 页。
⑦ ［唐］郑熊《番禺杂记》"五仙骑五羊"，转引自祁连休著《中国古代民间故事类型研究》卷上，上册第 257 页。

行。羊的性能力强大，"仅仅一只公羊就能给 50 多只母羊配种"①。《续博物志》云："淫羊藿一名仙灵脾，淫羊一日百遍，食藿所致。"②《太平御览》卷九百二引《博物志》曰："阴夷山有淫羊，一日百遍。脯不可食，但著床席间，已自惊人。又有作淫羊脯法：取羖、牂各一，别系，令裁相近而不使相接。食之以地黄、竹叶，饮以麦汁、米潘。百余日后，解放之，欲交未成，便牵两杀之，脯以为脯。男食羖，女食牂，则并如狂，好丑亦无所避，其势数日乃歇。"③值得注意的是其中竹叶和羊所具有的助性药力。

这些其实都缘于古人很早就有的"羊性淫"④的观念。羊性淫，在汉字中也有体现，如"羴"的甲骨文字形，"下部是一个'羊'字，上部是一个表示雄性生殖器的图形，本义为一群羊中领头的大公羊，即'种羊'，俗称'羊公子'"，"在上古时代的牧羊人看来，'羊公子'十分淫荡，总是在母羊的背上不停地跨上爬下；嘴唇上翻，不停地发出淫欲的叫声，不断地用角触赶其他想靠近母羊的公羊；因此，'羴'字有强迫的意义，也有古人称之为'敦伦'、今人称之为'交配'的意思"⑤。《齐民要术·养羊》："（羊群）大率十口二牸。"注："牸少则不孕，牸多则乱群。"⑥

① ［美］坦娜希尔著、童仁译《历史中的性》，光明日报出版社 1989 年版，第 43 页。
② ［宋］李石撰《续博物志》卷七，《影印文渊阁四库全书》第 1047 册，第 962 页上栏右。
③ ［宋］李昉等撰《太平御览》卷九〇二，中华书局 1960 年版，第四册第 4003 页上栏左。
④ 《南齐书·卞彬传》云："羊性淫而狠。"羊性淫，世界各地先民都有认识，古希腊的潘（Pan，牧人之神）是一头淫荡的羊，古代亚述人将羊当做生殖神崇拜（见王立、刘卫英著《红豆：女性情爱文学的文化心理透视》，人民文学出版社 2002 年版，第 256、178 页）。
⑤ 唐汉著《汉字密码》，学林出版社 2002 年版，上册第 8 页、9 页。
⑥ 《齐民要术校释》卷六，第 312 页。

《汉书·景十三王传》载，武帝时江都王刘建"欲令人与禽兽交而生子，强令宫人裸而四据，与羝羊及狗交"①，虽是违背人伦的行为，却也是羊、狗性淫的世俗观念的反映。

羊这种性淫的特点，在唐五代房中书《洞玄子》中被用于形容性交动作，第二十三式曰："山羊对树（原注：男箕坐，令女背面，坐男上，女自低头视内玉茎，男急抱女腰磋勒也）。"②对于盐引羊车，林维迪《漫话咸水歌》以为是将《易经》"咸卦"化为故事记述③。而"咸卦"也有生殖崇拜内涵。

羊又与婚配事象有关。《晋书》云："王肃纳徵辞云：'玄纁束帛，俪皮雁羊。'前汉聘后，黄金二百斤，马十二匹，亦无用羊之旨。郑氏《婚物赞》云'羊者祥也'，然则婚之有羊，自汉末始也。王者六礼，尚未用焉。是故太康中有司奏：'太子婚，纳徵用玄纁束帛，加羊马二驷。'"④虽说太子纳徵用羊较迟，毕竟西晋已有，而民间婚礼用羊汉末已有。

羊的婚配内涵在梦书中有反映，如敦煌遗书《周公解梦书·杂事（牛马）章第十五》："梦见骑羊，得好妇。"⑤敦煌遗书《新集周公解梦书·六畜禽兽章第十一》："梦见羊者，主得好妻。"⑥梦见羊与得好妻之间的关系，恐不完全是由羊通祥的联想，因为吉祥之事很多，不必单单与

---

① 《汉书》卷五三，第 8 册第 2416 页。

② 李零著《中国方术正考》，中华书局 2006 年版，第 413 页。

③ 林维迪《漫话咸水歌》，《羊城古今》1997 年第 2 期第 50 页，转引自何薇《珠江三角洲咸水歌的起源与发展》，《广州大学学报》（社会科学版）2007 年第 1 期，第 3 页左。

④ 《晋书》卷二一，第 6 册第 669 页。

⑤ 刘文英编《中国古代的梦书》，第 36 页。敦煌《占梦书》残卷中作"梦见骑羊，得奴婢；一云好妇。"见《中国古代的梦书》第 57 页。

⑥ 刘文英编《中国古代的梦书》，第 44 页。

好妻相关。民间风俗也有反映，如《南史·孔淳之传》："敬弘以女适淳之子尚，遂以乌羊系所乘车辕，提壶为礼……或怪其如此，答曰：'固亦农夫田父之礼也。'"①婚礼迎娶时男家所送的羊，亦借指迎亲礼物。后来成为典故，如元戴善夫《风光好》第二折："我等驷马车为把定物，五花诰是撞门羊。"

至于羊象征帝王，在古代占卜文化中也有留存。《玉芝堂谈荟》引《麈谈》："沛公（汉高祖刘邦）始为亭长，梦逐一羊，拔角尾，皆落。占曰：'羊无角尾，王也。'"②再如《辽史·耶律乙辛传》："乙辛母方娠，夜梦手搏殁羊，拔其角尾。既寤占之，术者曰：'此吉兆也。羊去角尾为王字，汝后有子当王。'"③皆是后代测字占卜的附会，其源头当推比喻治民的"驱羊"之典。语出《史记·五帝本纪》："举风后、力牧、常先、大鸿以治民。"唐张守节正义引《帝王世纪》云："黄帝梦大风吹天下之尘垢皆去，又梦人执千钧之弩，驱羊万群。帝寤而叹曰：'风为号令，执政者也。垢去土，后在也。天下岂有姓风名后者哉？夫千钧之弩，异力者也。驱羊数万群，能牧民为善者也。天下岂有姓力名牧者哉？'于是依二占而求之，得风后于海隅，登以为相。得力牧于大泽，进以为将。"④

异域文化中也有类似例证，如王立先生《佛经文学与古代小说母题比较研究》中引述的佛本生故事：

早在公元前 3 世纪就开始流传的印度佛本生故事，写蛇

---

① 《南史》卷七五，第 1864 页。
② ［明］徐应秋撰《玉芝堂谈荟》卷一，转引自傅正谷著《中国梦文化》，中国社会科学出版社 1993 年版，第 258 页。
③ ［元］脱脱等撰《辽史》卷一一〇，中华书局 1974 年版，第 5 册第 1483 页。
④ 《史记》卷一，第 1 册第 8 页。

王为了报答波罗奈国国王救命之恩，教给他通晓一切语言的咒语，但禁忌是若将咒语告诉别人，就会被火烧死。众神之王帝释天化作山羊来到人间，晓谕利害。为了能让国王在无意之中听到兽类真实的对话，帝释天让阿修罗的女儿苏伽变成母羊，自己变成公羊，只有国王和驾车马可以看见，"为了进行交谈，公羊装出与母羊交欢的样子，一匹驾车的信度马看到后，说道：'公羊朋友，我们过去听说山羊呆傻，毫无廉耻，但是没有见过。现在，你当着我们大家的面，干这种该在隐蔽处悄悄干的事，也不觉得害臊。过去我们听说的传闻，今天亲眼证实了。'说罢，念了第一首偈颂：智者所言真，山羊是傻子；列位请瞧瞧：当众干这事。"①

这个故事中山羊是众神之王帝释天所化。王立先生接着推测："如果考虑到佛本生故事流传广泛，连一千多年前新疆的吐火罗文都有大量记载，有关羊与性爱关系的一些观念，就完全可能是经过西域诸国传入中土的。"②可惜未能找到南朝的相关证据。

外来因素是否影响了中土羊的性淫观念及其帝王象征，对于本论题并不关键。重要的是，羊是远视动物。《后汉书·五行志》"羊祸"李注引郑玄曰："羊，畜之远视者也，属视。"③故云"羊大目而不精明"（《汉书·五行志中之下》）。这可能是民间传说将羊与竹捏合一处的依据。对于帝王来说，"宫女如花满春殿"（李白《越中览古》），如何找到中

---

① 王立著《佛经文学与古代小说母题比较研究》，昆仑出版社 2006 年版，第253—254 页。

② 王立著《佛经文学与古代小说母题比较研究》，第 254 页。

③ 转引自黄金贵《"望羊"义考》，《辞书研究》2006 年第 4 期，第 185 页左。该文对"望羊"的"远视"义有详细考论。

意的那一位？荒淫的武帝既已"信羊由缰"，宫女们便得到了改变命运的一线机会。

（三）竹叶羊车与以食喻性

以食喻性是古代由来已久的性文化传统，如性欲不遂称"朝饥""饥"，性欲满足称"朝饱""朝食""食"等[①]。羊食竹叶和盐都是生殖崇拜意义上的附会，实际是生殖崇拜文化与帝王荒淫生活相结合的产物。这与故事核心内容，即帝王荒淫、宫女望幸的事实也相符合。

泰始九年（273），"（晋武）帝多简良家子女以充内职，自择其美者以绛纱系臂"[②]。次年春，"五十余人入殿简选。又取小将吏女数十人。母子号哭于宫中，声闻于外，行人悲酸"[③]。咸宁元年（275），又"采择良家子女，露面入殿，帝亲简阅，务在姿色，不访德行"[④]。

太康元年（280）灭吴后，晋武帝又于次年"诏选孙皓妓妾五千人入宫"[⑤]，致"掖庭殆将万人"[⑥]。因此，武帝"自太康以后，天下无事，不复留心万机，惟耽酒色"[⑦]。太熙元年（290年），晋武帝长期纵欲过度，"极意声色，遂至成疾"[⑧]，死于含章殿。

武帝这种"极意声色"的行径，与公羊在羊群中不断寻觅可交配的母羊的行为，何其相似！潘淑妃是宋文帝刘义隆之妃，与晋武帝故

---

① 参见闻一多《高唐神女传说之分析》，《闻一多全集·诗经编上》，湖北人民出版社 1993 年版，第 4—5 页。
② 《晋书·胡贵嫔传》，第 4 册第 962 页。
③ 《晋书·五行志》，第 3 册第 838 页。
④ 《晋书》卷二七《五行志上》，第 3 册第 813 页。
⑤ 《晋书》卷三《武帝纪》，第 1 册第 73 页。
⑥ 《晋书》卷三一《胡贵嫔传》，第 4 册第 962 页。
⑦ 《晋书》卷四〇《杨骏传》，第 4 册第 1177 页。
⑧ ［宋］司马光撰、胡三省音注《资治通鉴》卷八二，《影印文渊阁四库全书》第 305 册第 689 页上栏左。

事如出一辙。帝王多妃妾的主要理由是广继嗣，实质是满足淫欲。黄宗羲曾指出，"敲剥天下之骨髓，离散天下之子女，以奉我一人之淫乐"①。这样必然造成众多宫女"尽态极妍，缦立远视，而望幸焉，有不得见者，三十六年"(杜牧《阿房宫赋》)②。宫女为争宠，也不惜手段。羊车与竹、盐的结合，正好附会了宫女争宠的处境。"羊嗜竹叶而喜咸，故以二者引帝车"③，这是"竹叶羊车"典故的基本构架。

清吴仪一《长生殿序》云："汉以后，竹叶羊车，帝非才子；《后庭》《玉树》，美人不专。两擅者，其惟明皇、贵妃乎？"④目的在肯定李、杨二人之才、情，也可见竹叶羊车在受众心中实为滥淫之代称。后代以讹传讹，甚至加进杨条，如张九龄《唐六典》卷一七："晋志曰，武帝乘羊车于后宫，恣意所之，宫女插竹叶、杨条，候帝之来。"⑤加上"杨条"，也是生殖崇拜意义上的踵事增华，虽缺乏历史依据，却可佐证竹叶羊车故事的性内涵。武帝将选美之权下放给驾车之羊，与昭君故事中汉元帝授权毛延寿，其荒淫的程度毫无二致⑥。

---

① ［清］黄宗羲撰《明夷待访录·原君》，中华书局1981年版，第2页。

② 《全唐文》卷七四八，第8册第7744页下栏左。

③ ［宋］司马光撰、胡三省音注《资治通鉴》卷八一注，《影印文渊阁四库全书》第305册第679页上栏左。

④ ［清］洪升著、徐朔方校注《长生殿》附录《吴序》，人民文学出版社1983年版，第227页。

⑤ ［唐］张九龄等撰、李林甫等注《唐六典》卷一七，《影印文渊阁四库全书》第595册第170页下栏右。

⑥ 有意思的是，毛延寿最早出现于南北朝时《西京杂记》一书，与"竹叶羊车"故事的形成时期大致相同。据《汉语大词典》"羊卜"条，古代西方和北方少数民族有一种占卜法叫羊卜。沈括《梦溪笔谈·技艺》："西戎用羊卜。"《宋史·外国传二·夏国下》载占法不一：有以艾灼羊脾骨以求兆者，亦有屠羊视其脏腑通塞卜吉凶者。契丹、蒙古、藏族等均有此俗。武帝以羊占卜将要临幸的宫女，也许是民间羊卜风俗对其荒淫行为的投射附会。

儿童羊车是否确实以羊驾车，其实无关紧要，现实中也许有这样的羊驾之车，但传说中的儿童所乘羊车似乎与羊作为仙骑有关，糅合了羊的吉祥与仙骑等文化内涵，以增饰美好形象。有别于帝王的荒淫，卫玠乘羊车侧重表现才美，但其中同样不乏情色内涵。又《晋书·潘岳传》："（潘）岳美姿仪……少时常挟弹出洛阳道，妇人遇之者，皆连手索绕，投之以果，遂满车而归。"①此处潘岳所乘之车未言是羊车，但因潘岳与卫玠同时，又同是美男子，于是羊车又附会到潘岳身上。如明代顾璘《同刘考功送乃婿姚秀才毕婚还成都》："羊车掷果见潘郎，鸾镜同飞得孟光。"②虽然故事不同，但就男女之情这一点而言，基本精神则一致。

三、文学中的"竹叶羊车"之典

史实是传说产生的基础，传说又成为文学虚构的重要资源。"竹叶羊车"故事涉及的两帝两妃都无可歌可颂之事，之所以为文人乐于运用以至进行文学虚构，就在于"竹叶""羊车"意象的丰富意蕴，"信羊由缰"带来的可能性，都有助于表现宫女的复杂心理、增加情感张力。人们常以羊车降临表示宫人得宠，不见羊车表示宫怨。在君王是"诸院各分娘子位，羊车到处不教知"（花蕊夫人《宫词》）③，在宫女是"夜深怕有羊车到，自起笼灯照雪尘"④。

虽然帝王的行踪对普通宫女永远具有神秘性，但是谁都梦想着羊

---

① 《晋书》卷五五，第 5 册第 1507 页。
② ［明］顾璘撰《息园存稿诗》卷一一，《影印文渊阁四库全书》第 1263 册，第 420 页下栏左。
③ 《全唐诗》卷七九八，第 23 册第 8972 页。
④ ［元］萨都剌《四时宫词》其四，［清］顾嗣立编《元诗选》初集，中华书局 1987 年版，第 2 册第 1247 页。

车的到来。"多少秋宵眠不稳，竹枝插户待羊车"(叶方蔼《题沈侍讲应制诗》)^①、"日长永巷车音细，插竹洒盐纷妒恃"(陈子高《曹夫人牧羊图》)^②，可见羊车是宫女们的关心焦点、忧乐所系。"卧听羊车辘夜雷，知从谁处宴酣回"(许棐《宫词二首》其一)^③，这是等待而羊车不至；"薄暮羊车过阁道，梦随春雨度湘帘"([元]顾瑛《题马公振画丛竹图》)^④，这是梦见羊车；"任有羊车梦，那从到枕边"(王世贞《乞骸待命于长至不能行礼自嘲》)^⑤，这是梦中不见羊车；"来去羊车无定期，才承恩宠又愁思。仙人掌上芙蓉露，一滴今宵却赐谁"([明]高壁《古宫辞》二首其二)^⑥，这是承恩后愁思；"红线毯，博山炉，香风暗触流苏，羊车一去长青芜，镜尘鸾彩孤"(欧阳炯《更漏子》)^⑦，这是承恩后失宠；"蓦地羊车至，低头笑不休"(杨奂《录汴梁宫人语》其四)^⑧、"是时羊车行幸早，柳暗花柔忘却晓"(王逢《唐马引》)^⑨，则是羊车至而帝王行幸。

---

① ［清］叶方蔼撰《读书斋偶存稿》卷四，《影印文渊阁四库全书》第 1316 册第 820 页下栏左。

② 《全宋诗》第 25 册第 16894 页。

③ 《全宋诗》第 59 册第 36847 页。

④ 《御定历代题画诗类》卷七九，《影印文渊阁四库全书》第 1436 册第 235 页下栏左。

⑤ ［明］王世贞撰《弇州续稿》卷一三，《影印文渊阁四库全书》第 1282 册第 168 页下栏左。

⑥ ［明］曹学佺编《石仓历代诗选》卷三四二，《影印文渊阁四库全书》第 1391 册第 665 页上栏右。

⑦ 《全唐诗》卷八九六，第 25 册第 10127 页。

⑧ ［元］杨奂撰《还山遗稿》卷下，《影印文渊阁四库全书》第 1198 册第 246 页上栏左。

⑨ ［元］王逢撰《梧溪集》卷一，《影印文渊阁四库全书》第 1218 册第 566 页下栏右。

宫女的各种盼幸、失望、嫉妒、绝望、喜悦等心理活动通过羊车得到淋漓尽致的表现。"自天子亲系绛纱，纵羊车而幸盐竹"①，宫女们想尽办法，力求得宠。盐是吸引羊车的手段之一。明代陆深《端午词二首》其一："碧青艾叶倚门斜，寂寞深宫有底邪。几度思量背同伴，暗分醎水引羊车。"②竹叶也是吸引羊车的重要手段。"竹叶无光引属车"（顾璘《拟宫怨》其六）③、"羊车望竹频"（[明]周瑛《醉归图》）④、"羊车绕竹枝"（耶律楚材《怀古一百韵寄张敏之》）⑤、"羊车直到竹间窗"（顾阿瑛《天宝宫词十二首寓感》其五）⑥，都表现竹叶的引羊作用。"乘羊车于宫里，插竹枝于户前"（白行简《天地阴阳交欢大乐赋》）⑦，宫女以竹枝为诱，精心设计位置，插于门前、窗前甚至金盆盛放，如"羊车近，竹叶满金盆"（毛奇龄《小重山》其四）⑧，更以盐洒竹期望"双效"力量，如"羊车知又向何处，空自将盐洒竹枝"（[元]陶应霤《长

---

① ［元］郝经撰《续后汉书》卷七三下下，《影印文渊阁四库全书》第 386 册第 167 页上栏左。

② ［明］陆深撰《俨山集》卷二二，《影印文渊阁四库全书》第 1268 册第 134 页上栏右。

③ ［明］顾璘撰《息园存稿诗》卷二，《影印文渊阁四库全书》第 1263 册第 352 页上栏左。

④ ［明］曹学佺编《石仓历代诗选》卷四三八，《影印文渊阁四库全书》第 1392 册第 795 页下栏右。

⑤ ［元］耶律楚材撰《湛然居士集》卷一二，《影印文渊阁四库全书》第 1191 册第 602 页下栏右。

⑥ ［元］顾阿瑛撰《玉山璞稿》，《影印文渊阁四库全书》第 1220 册，第 139 页上栏右。

⑦ 张锡厚辑校《敦煌赋汇》，第 246 页。

⑧ ［清］毛奇龄撰《西河集》卷一三二，《影印文渊阁四库全书》第 1321 册第 406 页上栏左。

门怨十二首》其一）^①、"月明天上来羊车，千门竹叶生盐花"（李昱《九月辞》）^②。

宫女们费尽心思，从准备竹枝、插竹枝到空余竹枝，感情上经历期望、失望至绝望的痛苦过程："羊车幸何处，盐竹谩纷披"（何乔新《宫词》）^③、"望水晶帘外竹枝寒，守羊车未至"（李白《连理枝》）^④、"羊车一去空余竹"（李邴《宫词四首》其二）^⑤。尽管作出最大努力，宫女们本质上只是守株待兔。

"竹叶羊车"故事的核心是帝王滥淫、宫女希宠，其情爱内涵体现在不同题材类型的作品中。后世多运用于宫廷题材，如"尽日羊车不见过，春来雨露向谁多"（王若虚《宫女围棋图》）^⑥、"羊车竹枝待君御，高唐云雨空滛哇"（卢柟《怨歌行》）^⑦。不少作品歌咏晋代，如宋陈普《晋武帝》其一："杳杳羊车转掖庭，夕阳亭上北风腥。纷纷羔羯趋河洛，为见深宫竹叶青。"^⑧徐熥《晋宫怨》："恩宠由来有浅深，至尊行幸岂

① ［元］汪泽民、张师愚编《宛陵群英集》卷一二，《影印文渊阁四库全书》第 1366 册第 1065 页上栏左。

② ［元］李昱撰《草阁诗集·拾遗》，《影印文渊阁四库全书》第 1232 册第 70 页上栏右。

③ ［明］何乔新撰《椒邱文集》卷二二，《影印文渊阁四库全书》第 1249 册第 352 页下栏左。

④ 《全唐五代词》，上册第 8 页。

⑤ 《全宋诗》第 29 册第 18435 页。

⑥ ［金］王若虚撰《滹南集》卷四五，《影印文渊阁四库全书》第 1190 册第 515 页上栏右。

⑦ ［明］卢柟撰《蠛蠓集》卷五，《影印文渊阁四库全书》第 1289 册第 871 页下栏左。

⑧ 《全宋诗》第 69 册第 43834 页。

无心。蛾眉不解君心巧，空听羊车竹外音。"①更多的则突破时间限制，表现一切宫怨，如用于昭君题材："总把丹青怨延寿，不知犹有竹枝盐"（元好问《秋风怨》）②、"羊车忽略久不幸，夜夜月照罗帏空"（郭祥正《王昭君》）③，都借"竹叶羊车"咏昭君。

其次是闺情题材。这又分两种情况：一是用竹叶羊车之典，偏重男女情爱；一是用卫玠羊车之典，偏重少年才美。前者如唐代罗虬《比红儿诗》其五十四："画帘垂地紫金床，暗引羊车驻七香。若是红儿此中住，不劳烟筱洒宫廊。"④倪瓒《题芭蕉士女》："凤钗斜压鬓云低，望断羊车意欲迷。几叶芭蕉共憔悴，秋声近在玉阶西。"⑤这些诗作虽不是宫廷题材，但情爱内涵则延续下来。后者如薛蕙《洛阳道》："锦障藏歌伎，羊车戏少年。"⑥再如鱼玄机《和人》："茫茫九陌无知己，暮去朝来典绣衣。宝匣镜昏蝉鬓乱，博山炉暖麝烟微。多情公子春留句，少思文君昼掩扉。莫惜羊车频列载，柳丝梅绽正芳菲。"⑦用卫玠羊车之典形容美男子或情人。司马光《夫人阁四首》其四云："圣主终朝亲万几，燕居专事养希夷。千门永昼春岑寂，不用车前插竹枝。"⑧像这

① ［明］徐𤊹撰《幔亭集》卷一三，《影印文渊阁四库全书》第 1296 册第 161 页下栏右。
② ［金］元好问撰《遗山集》卷六，《影印文渊阁四库全书》第 1191 册第 67 页上栏。
③ 《全宋诗》第 16 册第 10859 页。
④ 《全唐诗》卷六六六，第 19 册第 7628 页。
⑤ ［元］倪瓒撰《清閟阁全集》卷八，《影印文渊阁四库全书》第 1220 册第 279 页上栏右。
⑥ ［明］薛蕙撰《考功集》卷一，《影印文渊阁四库全书》第 1272 册第 12 页上栏右。
⑦ 《全唐诗》卷八〇四，第 23 册第 9054 页。
⑧ 《全宋诗》第 9 册第 6171 页。

样正面歌颂之作极少。偶尔也有借古讽今之作，如薛蕙《皇帝行幸南京歌十首》其九："吴王雉翳春依草，宋帝羊车夜逐花。总是南朝旧时事，我皇行乐倍繁华。"①借咏史讥讽当朝。

第二节　孟宗哭竹生笋及相关故事研究

孟宗竹即毛竹，其以"孟宗"为名，是因为孟宗"哭竹生笋"的孝行故事流传广远所致。孟宗竹为散生竹，其地下茎的顶芽冬季未出土时挖掘出来叫冬笋，出土后叫春笋。冬笋难得，故而古人附会成孝行感动天地的故事。

一、孟宗哭竹生笋故事的源流

孟宗是三国时人。最早记载孟宗哭竹生笋故事的是《楚国先贤传》。《三国志·吴志·孙皓传》裴松之注：

> 《吴录》曰：仁字恭武，江夏人也，本名宗，避皓字，易焉。少从南阳李肃学。其母为作厚褥大被，或问其故，母曰："小儿无德致客，学者多贫，故为广被，庶可得与气类接也。"其读书夙夜不懈，肃奇之，曰："卿宰相器也。"初为骠骑将军朱据军吏，将母在营。既不得志，又夜雨屋漏，因起涕泣，以谢其母，母曰："但当勉之，何足泣也？"据亦稍知之，除为监池司马。自能结网，手以捕鱼，作鲊寄母，母因以还之，曰："汝为鱼官，而以鲊寄我，非避嫌也。"迁吴令。时皆不得将家之官，每得时物，来以寄母，常不先食。及闻母亡，犯禁

① ［明］薛蕙撰《考功集》卷八，《影印文渊阁四库全书》第1272册第88页下栏左。

274

委官，语在权传。特为减死一等，复使为官，盖优之也。

《楚国先贤传》曰：宗母嗜笋，冬节将至。时笋尚未生，宗入竹林哀叹，而笋为之出，得以供母，皆以为至孝之所致感。累迁光禄勋，遂至公矣。[1]

图44　孟宗泣竹生笋宋墓砖雕。（此图出自宁夏固原博物馆编著《固原历史文物》，科学出版社2004年版，第243页。此砖雕1986年西吉县西滩乡黑虎沟村宋墓出土，高30厘米，宽30厘米，宁夏固原博物馆藏。图中"人物跪地，头包方巾，一手抚一竹，一手掩面哭泣，身前放一只带提梁的竹篮。两株高大的老竹旁，新笋破土而出"（《固原历史文物》第243页））

从《吴录》我们可以看到，孟宗之母贤明通达，而孟宗也非常孝顺。这可能是后来《楚国先贤传》所载孟宗至孝感天生笋的传说产生的原

---

① 《三国志》卷四八，下册第926页。《太平御览》卷九六四引作《衬揉先贤传》，内容大致相同。

始依据。但孟母既是贤达之人，不至于如此嗜笋如命。

《艺文类聚》所载《楚国先贤传》文字略有不同，曰："孟宗母嗜笋，及母亡，冬节将至，笋尚未生，宗入竹哀叹，而笋为之出，得以供祭，至孝之感也。"①情节变成孟母死后供祭，这一改动美化了孟宗的孝心，又无损于孟母的贤达。敦煌遗书《古贤集》有"孟宗冬笋供不阙"②之句，似也指供祭。《白孔六帖》卷二五："孟宗后母好笋，令宗冬月求之，宗入竹林恸哭，笋为之出。"③变成孟宗孝顺后母，是在进一步突出孝心。《白孔六帖》卷二五又引《孝子传》云："宗承父资丧，旧茔负土作，一夕而成，坟上自高五尺，松竹自生。"④又变成孝行感动天地，坟上自生松竹。

情节的离奇是出于宣扬孝道的需要，而冬笋稀见也为其说提供了附会的可能。《后汉书·张敏传》："春生秋杀，天道之常。春一物枯即为灾，冬一物华即为异。"⑤春生秋死是自然规律，在天人感应思想观照下，冬天生笋的"非常"现象与奇行异孝的人类行为便有了对应。冬笋在当时较为难得，故被视作佳肴珍蔬。晋左思《吴都赋》："苞笋抽节，往往萦结。"刘渊林注："苞笋，冬笋也，出合浦，其味美于春夏时笋也。见《马援传》。"所云"见《马援传》"，实见《东观汉记》。合浦应即荔浦，在今广西。

---

① 《艺文类聚》卷八九，下册第 1552 页。
② 转引自魏文斌、师彦灵、唐晓军《甘肃宋金墓"二十四孝"图与敦煌遗书〈孝子传〉》，《敦煌研究》1998 年第 3 期，第 83 页。
③ ［唐］白居易原本、［宋］孔传续撰《白孔六帖》卷二五"孝感"条，《影印文渊阁四库全书》第 891 册第 397 页下栏左。
④ 《白孔六帖》卷二五"孝感"条，《影印文渊阁四库全书》第 891 册第 398 页上栏右。
⑤ 《后汉书》卷四四，第 6 册第 1503 页。

冬笋难得倒不在于品种的地域分布，可能是与竹笋的利用有关。司空图《下方》云："坡暖冬抽笋。"任知古《宁义寺经藏碑》："劲笋含青，已抽冬暖。"① 《齐民要术》引《永嘉记》云："凡诸竹笋，十一月掘土取皆得，长八九寸……永宁南汉，更年上笋，大者一围五六寸。明年应上今年十一月笋，土中已生，但未出，须掘土取；可至明年正月出土讫。"② 冬笋隐藏地下，须掘土才出，故不为人知。谢灵运《孝感赋》："孟积雪而抽笋，王斫冰以鲙鲜。"③ 增加了"积雪"的情节，也是为了形容冬笋的希见难得，突出异常孝行。后代相关诗文也多突出其"非时"，如"归来喜调膳，寒笋出林中"（司空曙《送李嘉祐正字括图书兼往扬州覲省》）、"非时应有笋，闲地尽生兰"（皇甫冉《刘侍御朝命许停官归侍》）等。林同《孝诗·孟宗》曰："万象死灰色，千林号怒声。何人哭哀泣，冻竹强抽萌。"④

孟宗故事又与其他孝行故事相提并论，扩大了影响。最常见的是与王祥卧冰求鲤故事结合在一起。庾信《周柱国大将军拓跋俭神道碑》："冻浦鱼惊，寒林笋出。"⑤ 敦煌变文《目连缘起》篇末韵文赞词云："孟宗泣竹，冬日笋生。王祥卧冰，寒溪鱼跃。"⑥ 《宗镜录》卷四三："故如世间有志孝于心，冰池涌鱼，冬竹抽笋。尚自如斯。况真智从慈者欤？"⑦ 冯真素《司奏请旌异》："霜竹擢笋，自可包羞；冰鱼振鳞，

① 《全唐文》卷二三六，第 3 册第 2386 页下栏左。
② 《齐民要术校释》卷五，第 260 页。
③ 《全上古三代秦汉三国六朝文》全宋文卷三〇，第 3 册第 2599 页下栏左。
④ 《全宋诗》第 65 册，第 40620 页。
⑤ 《全上古三代秦汉三国六朝文》全后周文卷一三，第 4 册第 3950 页上栏左。
⑥ 黄征、张涌泉校注《敦煌变文校注》卷六《目连缘起》，中华书局 1997 年版，第 1016 页。
⑦ 《大正藏》第 48 册，671a。

颇亦惭德。"① "包羞"即庖馐，谓厨房内精美的食品。

孟宗故事后来融入形成著名的《二十四孝》故事。一般认为元代郭居敬首辑《二十四孝》，成为流行广远的蒙学读物。清代流传《二十四孝·哭竹生笋》故事云："孟宗字恭武，少丧父，母老疾笃，冬月思笋煮羹食。宗无计可得，乃往竹林，抱竹而哭。孝感天地，须臾地裂，出笋数茎，持归作羹奉母，食毕疾愈。"附诗云："泪滴朔风寒，萧萧竹数竿。须臾冬笋出，天意报平安。"② 又增加了孟宗"少丧父"的情节，更为悲苦动人。

值得注意的是出现竹笋治病的情节。中医认为竹笋性味甘寒，有滋阴益血、化痰消食、去烦利尿等功效，但治病立愈的效果显系夸大。这种夸大是孝文化宣传所需要的，当然也有"经典依据"。《孝经·纪孝行章》曰："孝子之事亲也，居则致其敬，养则致其乐，病则致其忧，丧则致其哀，祭则致其严。五者备矣，然后能事亲。"③ 历称"五孝"。孟宗"哭竹生笋"被说成是为母治病，可谓"病则致其忧"，合乎经典了。这也可能与竹笋药用价值的发现有关。道教以竹笋为仙药，以笋为药的观念较为普遍，如陆龟蒙《春雨即事寄袭美》："虽愁野岸花房冻，还得山家药笋肥。"

赵超先生指出，现今最早提到"二十四孝"的文献为敦煌佛教变文《故圆鉴大师二十四孝押座文》，其中已涉及孟宗泣竹故事："泣竹笋生名最重，卧冰鱼跃义难量。"④ 这是佛教孝业宣讲时采用孟宗故事

① 《全唐文》卷九四六，第 10 册第 9819 页上栏左。
② 喻涵、湘子译注《孝经·二十四孝图》，岳麓书社 2006 年版，第 64 页。
③ 李学勤主编《孝经注疏》，北京大学出版社 1999 年版，第 38 页。
④ 《敦煌变文校注》卷七，第 1154 页。参见赵超《"二十四孝"在何时形成（上）》，《中国典籍与文化》1998 年第 1 期，第 53 － 54 页。

组成"二十四孝"的较早文献，孟宗故事为佛教徒引入说法的实际时间还要早得多。隋代灌顶《观心论疏》卷三："经云：非空非海中，亦非山市间。无有地方所，脱之不受报。当何逃耶。扣冰鱼踊，泣竹笋生。世孝志情尚能有感，况虔心三宝何患不应者乎？"①可见孟宗故事隋代已用于佛门宣讲。

二、孟宗哭竹故事与孝文化背景及其传播

孟宗哭竹生笋传说的产生与变异，其目的是宣扬孝文化，情节则以神仙怪诞和悲苦动人为特征。与竹笋相关的孝行传说，早在汉代即有。"汉章帝三年，子母笋生白虎殿前，时谓为孝竹，群臣献《孝竹颂》。"②汉代以孝治理天下，上自体现国策政体的"举孝廉""推恩令"等官方行为，下至孝亲敬老的民间伦理信仰，孝文化深入人心，不少奇行异孝的传说也就诞生了。

孟宗故事也是在这种孝文化背景下产生的。人们推崇至纯的孝性，于是不断夸大孝行，增异情节，"哭竹生笋"这种现实中根本不可能出现之事，便因孝心而显现奇迹，以达到感人效果，实现传扬孝道的目的。后代甚至还附会孟宗的其他孝行。如其坟枯木生花的传说："孟宗至孝，坟以梓木为表，感花萼生于枯木之上。"③王维《冬笋记》将孝德与植物的关系讲得更为明白：

会心者行，会行者祥。故行藏于密，而祥发于外。欲人不知，不可得也。夫孝于人为和德，其应为阳气。笋，阳物也，而以阴出，斯其效欤？重冰闭地，密雪滔天，而绿筹包生，

---

① 《大正藏》第 46 册，600b。
② 《述异记》卷上，《影印文渊阁四库全书》第 1047 册第 617 页下栏右。
③ 〔晋〕干宝撰、汪绍楹校注《搜神记》所附佚文，引自《敦煌石室古籍丛残·籯金仁孝篇》，中华书局 1979 年版，第 248 页。

不日盈尺。公之家执德庇人，仗义藩国，忘身于王室，不家于朱户。公世载盛德，人文冠冕，又天姿大贤，庭训括羽之日，诸季式亦克用，训我尔身也，共被为疏礼庇身焉。御侮无所，花萼韡韡，烂其盈门，兄弟怡怡，穆然映女。且孝有上和下睦之难，尊贤容众之难，厚人薄己之难，自家刑国之难，加行之以忠信，文之以礼乐，斯其大者远者，况承顺颜色乎？况温清枕席乎？如是故天高听卑，神鉴孔明，不然，笋曷为出哉？视诸故府，则昔之人亦以孝致斯瑞也。

图 45　郑州登封黑山沟宋代壁画墓东栱间壁孟宗哭竹故事图。
（图片引自郑州市文物考古研究所编著。《郑州宋金壁画墓》。科学出版社2005年版。第104页。郑州登封黑山沟宋代壁画墓东栱间壁，"画面绘三棵修竹，竹周生出数枝竹笋。一人头扎黑巾，着白色团领宽袖袍，襈、襟黑色，足着鞋，左腿跪于地，右手抚竹，左手掩面而泣，身左侧放一竹篮。图右上角榜题无书，画面表现的是'孟宗哭竹'故事"（《郑州宋金壁画墓》第99页））

可见孝能致瑞、孝能感物的观念是孝德观念与植物之间联系的纽带。

与孟宗哭竹生笋故事同样具有孝文化内涵的，还有南山竹笋治病、竹为灯缵等传说。如《南齐书》卷二七："（刘怀珍子）灵哲所生母尝病，灵哲躬自祈祷，梦见黄衣老公曰：'可取南山竹笋食之，没立可愈。'灵哲惊觉，如言而疾瘳。"①灵哲生母病愈靠的是南山竹笋，而南山竹笋是黄衣老公告知，黄衣老公的出现也非偶然，实是灵哲"躬自祈祷"的诚孝行为感动的结果。

类似的还有《太平广记》所载苏仙公故事：

> 母曰："食无鲊。他日可往市买也。"先生于是以筯插饭中，携钱而去，斯须即以鲊至。母食去毕。母曰："何处买来？"对曰："便县市也。"母曰："便县去此百二十里，道途径崄，往来遽至，汝欺我也。"欲杖之。先生跪曰："买鲊之时，见舅在市，与我语云，明日来此。请待舅至，以验虚实。"母遂宽之。明晓，舅果到。云昨见先生便县市买鲊。母即惊骇，方知其神异。先生曾持一竹杖，时人谓曰："苏生竹杖，固是龙也。"②

这也是孝行与竹文化的结合。

以上两则传说体现的是道教因素，而竹为灯缵的传说则更多地体了现佛教文化。《南史》卷四四载：

> 南海王（萧）子罕字云华，武帝第十一子也，颇有学。母乐容华有宠，故武帝留心。母尝寝疾，子罕昼夜祈祷。于时以竹为灯缵照夜，此缵宿昔枝叶大茂，母病亦愈，咸以为孝感所

---

① 《南齐书》卷二七，第2册第504页。
② 《太平广记》卷一三"苏仙公"条，第1册第91页。

致。主簿刘瓛及侍读贺子乔为之赋颂，当时以为美谈。①

此则传说也与孝道相关，"荣灯纂以感孝"（吴筠《竹赋》）②的传说实是佛教文化与孝道相结合的产物。这个传说的产生可能与佛教有关。东晋天竺三藏佛驮跋陀罗译《大方广佛华严经》卷六"大方广佛华严经贤首菩萨品第八之一"："所放光明名善现，若有众生遇斯光。彼获果报无有量，因是究竟无上道。由彼显现诸如来，亦现一切法僧道。又现最胜塔形像，故获光明名善现。又放光明名清净，映蔽一切天人光。除灭一切诸闇冥，普照十方无量国。彼光觉悟一切众，执持灯明供养佛。以灯供养诸佛故，得成最胜世间灯。然诸香油及酥灯，或以竹木为炬明。以能然此诸灯明，得是清净妙光明。"③竹木为炬照明是难以为继的，故云"以能然此诸灯明，得是清净妙光明"，以见佛门因果；子罕不仅能"以竹为灯纂照夜"，且"枝叶大茂"，以见孝感有报。

竹笋治病、竹为灯纂等传说本质上同孟宗故事一样，都是孝文化与竹子的结合，又都具有怪诞传说的特点。明白这种宣扬孝道的目的和情节创造的附会性，我们就能更好地理解孟宗哭笋故事在后代传播过程中所发生的变化。

首先是孟宗哭竹生笋故事在传播过程中的移位变形。陈寅恪曾谈道："夫说经多引故事，而故事一经演讲，不得不随其说者本身之程度及环境，而生变易，故有原为一故事，而岐为二者，亦有原为二故事，而混为一者。又在同一故事之中，亦可以甲人代乙人，或在同一人之身，

①《南史》卷四四，第 1114 页。
②《全唐文》卷九二五，第 10 册第 9643 页下栏右。
③《大正藏》第 9 册，435—436。

282

亦可易丙事为丁事。"①这段话不仅适用于民间口头叙事文学，用于概括词汇意象或历史故事传承中的变异也有其深刻性。

图46　郑州荥阳司村壁画墓东北壁行孝图。（图片引自郑州市文物考古研究所编著《郑州宋金壁画墓》，第22页。郑州荥阳司村宋代壁画墓，下层东北壁绘四组行孝图，左为孟宗哭竹，中左为丁栏行孝，中右为鲁义姑行孝，右为刘殷行孝。其中，孟宗哭竹图，"孟宗身着窄袖短黄袍，单腿跪地，右手抚竹，左手掩面而泣，竹间数枝竹笋破土而出"（《郑州宋金壁画墓》第20页））

后代借孟宗故事来赞美孝行的很多，如"纵王褒朽树于前，孟仁变竹于古，方之于君，无以过也"②、"远传冬笋味，更觉彩衣春"（杜甫《奉贺阳城郡王太夫人恩命加邓国太夫人》）等。甚至孝笋故事主角不再是孟宗，而附会于所要歌颂之人。庾信《周故大将军赵公墓志铭》："年十一，孝公薨。茕茕在疚，孺慕过礼，泉惊孝水，竹动寒林，三行克宣，八翼斯举。"③唐代孙翌《苏州常熟县令孝子太原郭府君墓志铭》："太夫人尝有疾，（阙一字）羊宍，时禁屠宰，犯者加刑。日号泣于昊

① 陈寅恪著《金明馆丛稿二编·〈西游记〉玄奘弟子故事之演变》，上海古籍出版社1981年版，第192—193页。
② 《汉魏南北朝墓志汇编·北魏·魏故安西将军银青光禄大夫元公之墓志铭》，第202页。
③ 《全上古三代秦汉三国六朝文》全后周文卷一七，第4册第3966页下栏右。

天，而不知其所出。忽有慈乌衔窊，置之阶上，故得以馨洁其膳，犹疑其悦然。他时忆庵萝果，属嚣发之辰，有类求芙蓉于木末，不可得也。兄弟仰天而叹，庭树为之犯雪霜，华而实矣。公取以充养，且献之北阙，于时天后造周，惊叹者久矣，命史臣褒赞，特加旌表。无几何，忆新笋，复如向时之菀结，又无告焉。后园丛篁，忽苞而出。所居从善里，其竹树存焉。异乎哉！书传所阙者，今见之矣。公始以孝子徵。"① 这些都是移植孝感生笋故事以歌颂孝行。甚至借瑞笋为统治阶级歌功颂德，如李峤曾作《为百寮贺瑞笋表》："伏惟陛下仁兼动植，化感灵祇，故得萌动惟新，象珍台之更始；贞坚效质，符圣寿之无疆。"②

哭竹生笋故事又附会于他人孝行故事。《晋书·刘殷传》载，刘殷七岁丧父，哀毁过礼，服丧三年。曾祖母王氏盛冬思堇。殷时年九岁，乃于泽中恸哭，便有堇生焉。这本是类似孟宗故事的孝感传说。后人改堇为笋，成了孟宗故事的翻版。如赞宁《笋谱》"四之事"云："晋刘殷年甫九岁，孝性自然，为曾祖母冬思笋，殷泣而获供馈焉。"这是明改，暗中沿袭孟宗故事情节的也有不少，如《笋谱》"四之事"云："丁固仕吴，性敦，孝敬，母尝思笋，因遂泣竹生笋，母子俱大贤，位至封公，贵极人望。"又云："程崇雅者，遂州蓬山县人，有孝誉，母患，冬月思笋，焚香入林中哭泣，感生大笋数株。"唐代又衍生出孝感生笋的故事，环境则变为墓侧。如《笋谱》"四之事"云："沈如琢，成都人，有孝行，母患渴，非时思桑椹，苦求不遂，家东一树生，摘以奉母，母渴愈。及亡，负土成坟，庐于侧，白鸽二栖于庐。冬笋抽十茎，天宝二年诏旌表。"

其次，故事情节也不断附会增异。如竹笋可随意随地而生。吴淑

---

① 《全唐文》卷三〇五，第 4 册第 3103 页下栏。
② 《全唐文》卷二四三，第 3 册第 2457 页上栏右。

《竹赋》："孟宗之泣，亦方冬而复新。"①承续了《楚国先贤传》冬天哭竹生笋的情节。"忠泉出井，孝笋生庭"（庾信《周上柱国齐王宪神道碑》）②，已将生笋地点由竹林变为庭中。"孝笋能抽帝女枝"（赵彦昭《奉和幸安乐公主山庄应制》），孝笋传说本质上是志怪，但不管情节如果变异，其仁孝文化的内核未变，所谓"冬笋表德，齐声于曾闵"（岑文本《京师至德观法王孟法师碑铭》）③、"忠泉暗漏，孝笋寒生"（庾信《周太子太保步陆逞神道碑》）④。甚至出现孝梅与孟宗竹的组合，如《辍耕录》载："（龙广寒）事母至孝。六月一日母生辰，方举觞为寿，忽见北窗外梅花一枝盛开，人皆以为孝行所感，士大夫遂称之曰孝梅。赠诗者甚多，惟张菊存一篇最可脍炙，曰：'南风吹南枝，一白点万绿。岁寒谁知心，孟宗林下竹。'"⑤清代符曾感慨道："冬月无笋，孟宗母病，思食笋。宗抱竹泣，遂生。因名孝竹。盖忠孝节三者，皆于竹著，其异如此。"⑥

第三节　性别象征与情爱内涵：湘妃竹意象研究

湘妃竹又称斑竹、泪竹、湘竹等，它的得名源自湘妃洒泪染竹成斑的神话传说。就文学意象而言，湘妃竹如同杜鹃啼血、望夫成石，

---

① 《全宋文》第6册第233页。
② 《全上古三代秦汉三国六朝文》全后周文卷一二，第4册第3943页下栏左。
③ 《全唐文》卷一五〇，第2册第1532页上栏右。
④ 《全上古三代秦汉三国六朝文》全后周文卷一三，第4册第3946页上栏右。
⑤ 《辍耕录》卷一一"龙广寒"条，第137页。
⑥ ［清］符曾《评竹四十则》，转引自范景中《竹谱》，载范景中、曹意强主编《美术史与观念史》第Ⅶ辑，第303页。

是悲情的象征。作为常见而重要的古代文学意象，湘妃竹却未能得到足够的重视，已有研究成果或侧重帝舜，或侧重"二湘"（引者按，指屈原《湘君》、《湘夫人》），或侧重林黛玉，都不是直接以湘妃竹为研究对象。本书试图弥补这一缺憾，做了两方面的工作：一是考索湘妃竹传说的文化背景与历史源流，二是分析文学中湘妃竹意象内涵的流变。

一、湘妃竹原型考：竹林野合、凤栖食于竹与洒泪于竹

张华《博物志》载："尧之二女，舜之二妃，曰湘夫人。舜崩，二妃啼。以涕挥竹，竹尽斑。"[1]这是斑竹与二妃结缘之始。《初学记》引《博物志》："舜死，二妃泪下，染竹即斑。妃死为湘水神，故曰湘妃竹。"[2]湘妃竹传说亦见于《艺文类聚》卷三二引《湘州记》、唐李冗《独异志》等。正如林河《〈九歌〉与沅湘民俗》所言："二妃神话，从'帝之二女'到'卒为江神'，到'帝之二女，谓尧之二女'，到'斑竹血泪'，再到二女与湘君、湘夫人两则神话的融合，其间不知要经过多么漫长的年代，如今已很难考证。"[3]年代久远，进行事实推求已无信史可征，何况湘妃竹本来就是传说的产物。如果进行文化考古，尚有线索可寻。从民间传说生成的角度来考察，我们对传说产生的背景以及所附会的"本地风光"也许能够有一些更深入的了解。

对于湘妃竹，学者一般认为是附会本地斑竹，陈泳超的看法可为代表：

> 围绕着二妃从征的故事主线，中古之人仍不断地为之添

---

① ［晋］张华撰、范宁校证《博物志校证》卷八《史补》，中华书局 1980 年版，第 93 页。
② 《初学记》卷二八"湘妃·云母"条，第 3 册第 694 页。
③ 林河著《〈九歌〉与沅湘民俗》，三联书店上海分店 1990 年版，第 147 页。

枝加叶，张华《博物志》云："舜崩，二妃啼，以涕挥竹，竹尽斑。"任昉《述异记》亦云："昔舜南巡而葬于苍梧之野，尧之二女娥皇、女英追之不及，相与恸哭。泪下沾竹，竹文上为之班班然。"斑竹本是湘江流域自然生成的一种带斑点的竹子，经此附会，斑竹泣怨，遂成名典。[1]

此说诚然不错。但是，问题并没有完全解决，我们不禁要问：斑竹何以附会于帝舜和二妃，而不是别的帝妃？是纯属偶然，还是有某种必然因素？湘妃竹首见于张华《博物志》，这是文字记载的开始，但在此之前是否有一段隐性的口传阶段？此后又是如何丰富与再创造的？中国古代普遍的象征模式是，象征物与具体人物之间具有某种对应关系，如牛女二星分别象征牛郎织女。湘妃竹是否是湘妃形象的物化象征形式？这些都有待梳理。

线索还是有的，为便于直观地了解，现将湘妃竹意象形成可能经历的演变过程作一图示：舜与竹的联系（舜与竹生殖崇拜、舜歌《南风》的"生殖"主题、舜"不告而娶"的原始婚俗）→与凤栖食于竹的传说相附会（竹为男性之象，象征帝舜；凤为女性之象，象征二妃）→洒泪成斑传说（二妃见竹而思舜，洒泪于竹成斑）。这是湘妃竹形成前的隐性形态。论述如下：

（一）舜与竹子的联系

1. 舜与竹子的象喻关系

舜与九嶷山相联系，其来已久。如《山海经·海内经》："南方苍梧之丘，苍梧之渊，其中有九嶷山，舜之所葬，在长沙零陵界中。"[2]《礼

---

[1] 陈泳超著《尧舜传说研究》，南京师范大学出版社 2000 年版，第 318 页。

[2] 袁珂校注《山海经校注》，上海古籍出版社 1980 年版，第 459 页。

记·檀弓》："舜葬苍梧之野，盖二妃未之从也。"都可见舜葬于苍梧的传说早已深入人心。所以有人说："《九歌》创作时代和之前就有舜南巡死苍梧葬九嶷山二妃追之不及的传说，舜又是被儒家渲染美化的'三代之盛'中承前启后的圣君，用他及其妃来做湖湘水神既有感召力也能寄托人们对他的思念之情。"[1]

舜与竹子的关系，黄灵庚《〈九歌〉源流丛论》有所论及：

图47　［明］文征明《湘君湘夫人图》（局部）。（纸本，设色。纵100.8厘米，横35.6厘米。北京故宫博物院藏）

笔者从《湘君》的歌词中时时能感受到帝舜传说的文化因素，如"吹参差兮谁思"，王逸注："参差，洞箫也。"洪兴祖《补注》："《风俗通》云：'舜作箫，其形参差，象凤翼。'此言因吹箫而思舜也。"《汉书·礼乐志二》"行乐交逆，箫《勺》群廞"，颜注引晋灼："箫，舜乐也。"用帝舜之乐来迎送湘君之神，湘君大概是帝舜了。如果湘君不是帝舜，那么"神不歆非类"，也没有必要对他吹参差之乐了。而夫人自是尧之二女、舜之

---

[1] 何长江《湘妃故事的流变及其原型透视》，《中国文学研究》1993年第1期，第19页右。

二妃娥皇、女英。①

黄先生所论极是。舜与竹（或竹制乐器箫）有极深的关系，他简直就是竹的化身。因为舜是箫的制造者，所以后人咏箫多及之，如"古人吹箫者，以和虞韶声"（司马光《吹箫》）②。

竹是制作箫管的材料。但舜与竹的关系似乎更直接一些，无须通过箫来间接联想。《山海经·大荒北经》："丘方圆三百里，丘南帝俊竹林在焉。"③帝俊即帝舜④。《帝王世纪》云："（帝喾）自言其名曰'夋'。"⑤学界一般认为帝俊、帝舜、帝喾是相互重叠的人物⑥。叶舒宪指出："鸟与夋作为阳性生命力的象征物，是起源极古，又具有相当普遍的意义的。可以确定的是，中国上古宗教中的男性至上天神帝俊，其实就是这种以鸟（夋）为象征的阳性生殖力的人格化表现，这从'俊'字从'亻'从'夋'的字形上已可一目了然。"⑦帝俊的原型既是阳性生殖力的表现，而竹也是阳性生殖力象征物，其间象喻关系不言自明。

---

① 黄灵庚《〈九歌〉源流丛论》，《文史》2004年第2辑，中华书局2004年版，第133页。
② 《全宋诗》第9册第6047页。
③ 《山海经校注》，第419页。
④ 郭璞于《大荒东经》"帝俊生中容"下注云："俊亦舜字，假借音也。"袁珂指出："《大荒南经》'帝俊妻娥皇'同于舜妻娥皇，其据一也。《海内经》'帝俊生三身，三身生义均'，义均即舜子商均，其据二也。《大荒北经》云：'（卫）丘方圆三百里，丘南帝俊竹林在焉，大可为舟。'而舜二妃亦有关于竹之神话传说，其据三也。余尚有数细节足证帝俊之即舜处。"见袁珂《山海经校注》，第345页注释〔一〕。
⑤ 转引自叶舒宪、萧兵、郑在书著《〈山海经〉的文化寻踪："想象地理学"与东西文化碰触》，湖北人民出版社2004年版，下册第1876页。
⑥ 如郭沫若《先秦天道观之进展》，见氏著《中国古代社会研究：外二种》，河北教育出版社2000年版，第312页。
⑦ 叶舒宪著《高唐神女与维纳斯：中西文化中的爱与美主题》，中国社会科学出版社1997年版，第233页。

竹与帝俊的关系，不仅在于象征生殖器，竹林"防露""来风"的特点与帝俊同样有藕断丝连的线索可寻。甲骨文有四方名和四方风名，也见于《山海经》和《尚书·尧典》。其中与东方相关的记载是：

> （有神）名曰折丹。——东方曰折，来风曰俊。——处东
> 极以出入风。（《山海经·大荒东经》）

> 分命羲仲，宅嵎夷，曰旸谷。寅宾出日，平秩东作。日
> 中星鸟，以殷仲春，厥民析，鸟兽孳尾。（《尚书·尧典》）

> 东方曰析，凤（风）曰劦（上劦下口）。（甲骨卜辞）[1]

《山海经》《尚书》、甲骨卜辞都有东、西、南、北四方的相关记载，以上仅引东方[2]。"折""析"义同形近[3]。"东方曰折，来风曰俊"，可知"折"是东方方位神，"俊"是东方风神[4]。四方是和四季相联系的，"'析'可解释为析木；春天草木破土而出，故东方曰'析'"[5]，而东方是与

---

[1] 以上分别转引自廖群著《先秦两汉文学考古研究》，学习出版社 2007 年版，第 60、61、62 页。

[2] 按，首先揭示四方风意义的是胡厚宣。见胡厚宣《甲骨文四方风名考证》，载《甲骨学商史论丛·初集》，1944 年；胡厚宣《释殷代求年于四方和四方风的郊祀》，载《复旦学报（人文科学）》，1956 年第 1 期。

[3] 胡厚宣《甲骨文四方风名考证》："《大荒东经》言'东方曰折'，甲骨文言'东方曰析'。《说文》：'析，破木也，一曰折也。'《广雅》：'析，折，分也。'盖析折义同，且形亦近也。"见氏著《甲骨学商史论丛初集》，河北教育出版社 2002 年版，第 267 页。

[4] 按，此从廖群说。丁山则以为："析，必宫室或坛坫之名，或如明堂月令所谓'青阳大室'，不象都邑外的地名。礼记祭法，'瘗埋于太折，祭地也。'郑注，'折，炤晢也；必为炤明之名，尊神也。'郑以炤晢释折，太折，显然是'大析'传写之误；大析者，东方曰析，盖所以祭析木之宫，尚书逸篇所谓'东社'是也。"见氏著《中国古代宗教与神话考》，上海文艺出版社 1988 年影印本，第 83 页。

[5] 王小盾著《中国早期思想与符号研究：关于四神的起源及其体系形成》，上海人民出版社 2008 年版，第 418 页。

春天和生殖联系在一起的①。王小盾指出："在关于东方的神话故事中，阴阳交合、万物化生的观念是不可或缺的内容。例如，神话中的东方总是有海、扶桑、朝霞、云雨、虹霓、鱼等等意象，这些意象都具有性和生殖的涵义。"②"孳尾"本指鸟兽雌雄交媾，在此"是男女生殖活动的一种暗喻性说法"③。而竹林的特点是"上葳蕤而防露兮，下泠泠而来风"（《七谏·初放》）。东方、竹与舜之间有着千丝万缕的联系。

2. 舜歌《南风》与生育主题

《礼记·乐记》云："昔者，舜作五弦之琴，以歌《南风》。"《淮南子·泰族训》也云："舜为天子，弹五弦之琴，歌《南风》之诗，而天下治。"《南风》到底内涵如何？《礼记·乐记》郑玄注："南风，长养之风也，以言父母之长养己，其辞未闻也。"《左传》隐公五年："夫舞，所以节八音而行八风。"孔颖达疏："八风，八方之风者，服虔以为八卦之风。乾音石，其风不周。坎音革，其风广莫。艮音匏，其风融。震音竹，其风明庶。巽音木，其风清明。离音丝，其风景。坤音土，其风凉。兑音金，其风阊阖。"据陈泳超研究，东方风对应方位之东方、季节之春季、五

---

① 参考杨树森《宗教礼仪·爱情图画·生命赞歌——对〈国风〉"东门"的文化人类学臆解》，《社会科学战线》1994 年第 3 期，第 227 页；王英贤《〈诗经〉"东门"的象征意蕴》，《贵州文史丛刊》1998 年第 2 期，第 23 页；黄维华《"东方"时空观中的生育主题——兼议〈诗经〉东门情歌》，《民族艺术》2005 年第 2 期。

② 王小盾著《中国早期思想与符号研究：关于四神的起源及其体系形成》，第647 页。

③ 王志强《"西王母"神话的原型解读及民俗学意义》，《青海民族学院学报（社会科学版）》2005 年第 1 期，第 138 页左。胡厚宣《甲骨文四方风名考证》也云："劦同力也，同力者龢也，龢调也，调和阴阳，乃成交接，于是遂演化为乳化交接之孳尾。故甲骨文言'东方曰析，凤曰劦'，《尧典》乃言'宅嵎夷，厥民析，鸟兽孳尾'也。"见氏著《甲骨学商史论丛初集》，第 269 页。

行之木（星、风）、八卦之震、音声之竹，其含义对应甲骨系统的交尾、八方风系统的滋生。陈先生接着说："甲骨四方风取名依据的物候是鸟兽，尤其是鸟兽毛羽的演变；而八方风取名依据的物候是植物，尤其是农业的生产过程。"①可见《南风》的生育主题与化育万民的意旨相合。《孔子家语》也载："夫先王之制音也，奏中声以为节，流入于南，不归于北。夫南者，生育之乡；北者，杀伐之域。"②撇开其中的褒南贬北倾向不说，它至少为《南风》的生育主题提供了一个佐证。

3. 舜"不告而娶"与原始婚俗

舜与二妃的结合，按照《尧典》的说法，是尧在听到众人举荐之后对舜的考察③。如《淮南子·泰族训》说："尧乃妻以二女，以观其内；任以百官，以观其外。"而另一方面，则是关于舜不告而娶的传说。《孟子·万章上》记载万章问孟子：

> 万章问曰："《诗》云：'娶妻如之何？必告父母。'信斯言也，宜莫如舜。舜之不告而娶，何也？"孟子曰："告则不得娶。男女居室，人之大伦也。如告则废人之大伦以怼父母，是以不告也。"万章曰："舜之不告而娶，则吾既得闻命矣。帝之妻舜而不告，何也？"曰："帝亦知告焉则不得妻也。"

这显然是后来卫道者强加于舜的合乎礼节的辩词。卫道者的这种辩解，我们通过《孟子·离娄上》看得更为明白："孟子曰：'不孝有三，无后为大。舜不告而娶，为无后也。君子以为犹告也。'"对于舜这种不告而娶的行为，不理解的也不仅仅是万章，如《楚辞·天问》："舜

---

① 陈泳超著《尧舜传说研究》，第 176 页。
② 杨朝明注说《孔子家语》卷八《辩乐解第十九》，第 279 页。
③ 参考陈泳超著《尧舜传说研究》，第 87—89 页。

闵在家,父何以鳏?尧不姚告,二女何亲?"王逸《楚辞章句》注:"姚,舜姓也。言尧不告舜父母而妻之。"

二妃配舜,或以为是陪媵制和二妻制风俗的反映①,主要是着眼于"二妻"。如果从"不告舜父母"来看,很可能是竹林野合发展而成的婚姻,因此在文明社会看来普遍不能理解。据萧兵论证,湘夫人也是高禖女神②,则其与舜野合于竹林是很可能的。《史记·五帝本纪》:"舜,冀州之人也。"《正义》具体指为蒲州河东县(今山西永济),并引南朝宋《永初山川记》云:"蒲坂城中有舜庙,城外有舜宅及二妃坛。"③二妃坛云云,表明二妃曾为高禖女神。

宋玉《高唐赋》云:"我帝之季女,名曰瑶姬,未行而亡,封于巫山之台。精魂为草,实曰灵芝。"④陈梦家解释道:"余考瑶姬未行而亡,未行未嫁也,亡逃也,谓未嫁而私奔……瑶姬者,佚女也;古媱姚音同,《说文》引《史篇》'姚易也',故姚亦转为佚,帝喾之二佚女,即少康之二姚,姚媱(滛)瑶佚皆一音之转,瑶女亦即佻女滛女游女也。是巫山神女,乃私奔之滛女,其侍宿于楚王,实从高禖会合男女而起。"⑤叶舒宪进一步论述:

在上古中国社会中曾广泛流行未嫁女子献身宗教的礼俗,

① 参考王纪潮《屈赋中的楚婚俗》,《江汉论坛》1985年第3期;宋公文《论先秦时期原始婚姻形态在楚国的遗存》,《社会学研究》1994年第4期;江林昌《楚辞中所见远古婚俗考》,《中州学刊》1996年第3期;王家祐《古代一娶二女婚俗起自蜀山》,《文史杂志》2000年第1期。
② 参见萧兵著《楚辞的文化破译:一个微宏观互渗的研究》,湖北人民出版社1991年版,第326—328页。
③ 参见王维堤著《龙凤文化》,上海古籍出版社2000年版,第86页。
④ 《文选注》卷一六江淹《别赋》李善注引,《影印文渊阁四库全书》第1329册第286页上栏右。
⑤ 陈梦家《高禖郊社祖庙通考》,《清华学报》第12卷第3期,第446页。

为确认她们的特殊身分——既不同于社会上的一般女性按时出嫁，又不同于一般卖身的娼妓——不同地区的人们给她们起了许多名号，如巫儿、游女、佚女、尸女、女尸、瑶女、滔女、佻女等。她们之所以身分特殊，并不像陈、闻等先生因循古之传说所认为的那样是"私奔"的结果，而是她们承担着在当时被视为神圣的"处女祭司"的宗教职责。她们尽职的主要方式是与现世神——帝王们进行仪式性的象征结合，这正是高唐神话所产生的宗教仪式背景。①

至此，舜不告父母而娶二妃可以得到合理解释：原来二妃虽是帝尧之女，也丝毫不影响其履行"处女祭司"的职责。二妃与舜是由高禖野合而结为夫妻的，其野合的地点很可能是竹林。竹林野合是原始竹生殖崇拜的反映，之所以在竹林，根据接触巫术原理，是想要获得竹子的超强繁殖力。

（二）二妃与凤凰的联系

帝舜之妃娥皇、女英有着凤凰的影子。理由有四：

首先，娥皇、女英与凤凰名称上的联系。萧兵论述："《大戴礼·帝系篇》说：'帝舜娶于帝尧之子，谓之女匽氏。'金文燕国字作匽（原注：如《匽侯旨鼎》），匽就是鶠即燕（原注：后来燕鶠还被神化为凤凰，《尔雅·释鸟》：'鶠，凤；其雌皇。'与娥皇之皇暗合)。"②

其次，凤凰、二妃均成双出现。《尚书·益稷》："箫韶九成，凤凰来仪。"郑玄注："仪，言其相乘匹。"何新先生说："郑玄读'仪'为'偶'，谓'仪，言其相乘匹'，即凤凰成双（原注：'乘匹'／双匹）而来，来而跳舞。"③

① 叶舒宪著《高唐神女与维纳斯：中西文化中的爱与美主题》，第 395 页。
② 萧兵著《楚辞的文化破译：一个微宏观互渗的研究》，第 326 页。
③ 何新著《华夏上古日神与母神崇拜》，中国民主法制出版社 2008 年版，第 3 页。

娥皇、女英也是成双出现，既一同嫁给舜，又一同追舜，追之不及，又一起以泪洒竹。这种一娶二女是上古婚俗①。《太平经》指出："故令一男者当得二女，以象阴阳。阳数奇，阴数偶也。"②

再次，凤凰、二妃都与帝舜有联系③。《楚辞·九章·涉江》："鸾鸟凤皇，日以远兮；燕雀乌鹊，巢堂坛兮。"王逸注："鸾、凤，俊鸟也。有圣君则来，无德则去，以兴贤臣难进易退也。"何新说："凤鸟又名'骏'，字从'踆'，徐锴注：'踆，行步舒迟也。'"④从"俊""骏"，可见凤凰与帝舜的联系。《帝王世纪》记："帝喾击磬，凤凰舒翼而舞。"⑤《史记·殷本纪》："殷契，母曰简狄，有娀氏之女，为帝喾次妃。三人行浴，见玄鸟堕其卵，简狄取吞之，因孕生契。"⑥帝喾即帝舜⑦。

最后，凤凰、二妃都与竹有联系。《庄子》："夫鹓雏，发于南海而飞于北海，非梧桐不止，非练实不食，非醴泉不饮。"注："练实，竹实，取其洁白也。"由食竹实又发展为凤栖竹，如梁元帝萧绎《赋得竹诗》："冠学芙蓉势，花堪威凤游。"⑧南朝陈贺循《赋得夹池修竹诗》："来风韵

---

① 参考王家祐《古代一娶二女婚俗起自蜀山》，《文史杂志》2000 年第 1 期。
② 《太平经合校》，第 38 页。
③ 闫德亮则论述舜是"凤种"，这似乎从另一角度解释了舜与二妃（凤）的关系。见氏著《中国古代神话的文化观照》，人民出版社 2008 年版，第 123 页。
④ 何新著《华夏上古日神与母神崇拜》，第 15 页。
⑤ 《昭明文选》李善注，转引自何新著《华夏上古日神与母神崇拜》，第 4 页。
⑥ 《史记》卷三，第 1 册第 91 页。
⑦ 萧兵说："湘君是湘水之神兼九嶷山大神，它是由东夷集群先祖舜（原注：即《山海经》帝俊、史书帝喾、卜辞之高祖夒）南下和楚的地方神结合而形成的。湘夫人是他的妻子，在神话地位上相当于帝舜之妻娥皇、女英，帝俊之妻羲和、常仪，帝喾之妻简狄、姜嫄。这，王国维、郭沫若、闻一多、丁山等都做过大体相似的论证。"见萧兵著《楚辞的文化破译：一个微宏观互渗的研究》，第 326 页。
⑧ 《先秦汉魏晋南北朝诗》梁诗卷二五，下册第 2047 页。

晚径，集凤动春枝。"①《晋书·苻坚载记下》曰："初，坚之灭燕，冲姊为清河公主，年十四，有殊色，坚纳之，宠冠后庭。冲年十二，亦有龙阳之姿，坚又幸之。姊弟专宠，宫人莫进。长安歌之曰：'一雌复一雄，双飞入紫宫。'咸惧为乱。王猛切谏，坚乃出冲。长安又谣曰：'凤皇凤皇止阿房。'坚以凤皇非梧桐不栖，非竹实不食，乃植桐竹数十万株于阿房城以待之。冲小字凤皇，至是，终为坚贼，入止阿房城焉。"②另外，甲骨文风、凤同字③，"来风"也即"来凤"。《史记·夏本纪》："四海之内，咸戴帝舜之功。于是禹乃兴《九招》之乐，致异物，凤皇来翔。"④何以凤凰、二妃、帝舜都与竹有纠缠不清的关系？如果说竹是帝舜的象征，是男性，是龙，那么一切迎刃而解。龙与凤的配合、对应、吸引，原是基于阴阳雌雄的性别象征。

这跟帝俊、帝喾与娥皇、常羲的婚配也有关。王小盾论述：

> 司日出的天官名"羲"，司日落的天官名"和"，故古人以羲为东方之神，以和为西方之神，而有"羲和生日"一说。"羲""娥""仪"（仪）皆从"我"得声，古为通假字。因此，"常羲""娥皇""尚仪"等月神之名，均是从"羲和"一名中演化而来的。这种演化遵从了两条路线：其一因为"娲""和"同音（古读为＊krool、＊gool），而演为"伏羲""女娲"二名；其二则演为帝俊、帝喾与娥皇、常羲的婚配。⑤

---

① 《先秦汉魏晋南北朝诗》陈诗卷六，下册第 2554 页。
② 《晋书》卷一一四，第 9 册第 2922 页。
③ 参考何新著《华夏上古日神与母神崇拜》，第 90 页。
④ 《史记》卷一，第 1 册第 43 页。
⑤ 王小盾著《中国早期思想与符号研究：关于四神的起源及其体系形成》，第794 页。

文学中也有表现，如王嘉《拾遗记》曰："帝子与皇娥泛于海上，以桂枝为表，结薰茅为旌，刻玉为鸠，置于表端，言鸠知四时之候，故《春秋传》曰'司至'是也。今之相风，此之遗像也。"①相风为古代测风向的器具，其制晚出，晋宋间才见于记载，竿上是乌②。此云"帝子与皇娥"，可能暗示竹与凤凰的关系，至少能引发联想，因为风即凤，也就是朘乌。

（三）洒泪于竹的象征意义

二妃洒泪于竹，最早见于《博物志》。由先秦至晋代，这一段漫长时期并无相关记载，是文献的缺失，还是停留于口传形式而未形诸文字，或者二妃传说还未与斑竹发生联系，我们不得而知。值得注意的是，晋代及以后相关记载逐渐丰富起来，如：

舜巡狩苍梧而崩，三妃不从，思忆舜，以泪染竹，竹尽为斑。（庾仲雍《湘川记》）③

湘水去岸三十许里，有相思宫、望帝台。舜南巡不返，殁葬于苍梧之野。尧之二女娥皇、女英追之不及，相思痛哭，泪下沾竹，其文悉斑。（［梁］任昉《述异记》）④

湘水有相思营、望帝台，舜南巡不返，后葬于苍梧之野，尧之二女娥皇、女英追之不及，相思恸哭，泪下沾竹，文悉为之斑斑然。（《神异经》）⑤

---

① ［晋］王嘉撰，孟庆祥、商微姝译注《拾遗记》卷一，黑龙江人民出版社1989年版，第13页。

② 周一良著《魏晋南北朝史札记》"相风"条，辽宁教育出版社1998年版，第72页。

③ 《艺文类聚》卷三二"闺情"，上册第562页。庾仲雍为东晋或晋宋之际人。

④ 《太平御览》卷九六二引，《影印文渊阁四库全书》第901册第525页下栏左。

⑤ 《记纂渊海》卷九六，《影印文渊阁四库全书》第932册第745页上栏左。

这些传说的共同点在于：二妃思念舜帝，洒泪于竹，竹因此成斑。所谓"苍梧恨不尽，染泪在丛筠"（杜甫《湘夫人祠》）。

泪能染竹成斑，这种不合生物规律却合乎民俗心理的现象，使斑竹寄托了湘妃的情感，成为具有丰富内涵的象征物，斑竹成为湘妃故事中最具魅力的意象，如"湘水吊灵妃，斑竹为情绪。汉水访游女，解佩欲谁与"（张九龄《杂诗五首》其四）。李德裕《斑竹笔管赋》云："往者二妃不从，独处兹岑。望苍梧以日远，抚瑶琴兮怨深。洒思泪兮珠已尽，染翠茎兮苔更侵。何精诚之感物，遂散漫于幽林。"[1]认为洒泪染竹成斑是精诚感物的结果。但是在传说中二妃最初实在是悲恸落泪、对竹伤情，并没有顾及其他，可见精诚感物之说是后起的。舜崩，二妃自然悲恸洒泪。洒泪于竹，使人们对斑竹的性别象征问题也容易产生误解，如有人以为斑竹象征女性。本书以为竹是帝舜的象征，洒泪于竹是思忆帝舜的象征。

晋宋以来，竹子的物色美感得到普遍欣赏，并被作为人格形象的对象化，如王徽之、袁粲等人即以竹为友，对竹吟啸。道教又宣扬竹子的男性生殖象征功能，也使竹子男性意义广为接受。正如上文所论，竹是舜的象征，在后代又是龙的化身，二妃是凤的化身，二妃思念帝舜，其性别象征意义就在同一层面上转化为凤对龙的思念，因此才洒泪于竹。

这种表现夫妻关系时取譬于动植物的思维方式在古代很常见，如"葳蕤防晓露，葱蒨集羁雌"（虞羲《见江边竹诗》）[2]、"既来仪于鸣凤，亦优狎于翔鸾"（顾野王《拂崖筱赋》）[3]、"见兹禽之栖宿,想君意之相亲"

---

① 李德裕《斑竹笔管赋》，《全唐文》卷六九六，第 7 册第 7151 页下栏右。

② 《先秦汉魏晋南北朝诗》梁诗卷五，中册第 1608 页。

③ 《全上古三代秦汉三国六朝文》全陈文卷一三，第 4 册第 3474 页下栏左。

（萧纲《鸳鸯赋》）①等，都可见禽鸟栖息于竹树与夫妻同处之间的象征比附关系。

古代神话传说中雌雄牝牡的配对联想并不限于同类，如《洛阳伽蓝记》卷五载："赤岭者，不生草木，因以为名。其山有鸟鼠同穴。异种共类，鸟雄鼠雌，共为阴阳，即所谓鸟鼠同穴。"②而竹子男性象征内涵也表现于竹子与凤凰、湘妃与竹等两两配对，以寄托性别象征意义。如南朝梁代阙名《七召》："击哀响，则春台之人怆焉而雪泣；起欢情，则崩城之妇嫣然而微笑。嶰谷调凤之竹，龙门独鹄之柯。"③"龙门独鹄之柯"典出枚乘《七发》，龙门之桐"朝则鹂黄、鸧鹒鸣焉，暮则羁雌、迷鸟宿焉。独鹄晨号乎其上，鹍鸡哀鸣翔乎其下"，斫以为琴，发天下至悲之音。在这里"调凤之竹"与"独鹄之柯"似有性别象征意义。李贺《湘妃》："筠竹千年老不死，长伴秦娥盖湘水。蛮娘吟弄满寒空，九山静绿泪花红。离鸾别凤烟梧中，巫云蜀雨遥相通。幽愁秋气上青枫，凉夜波间吟古龙。"由诗中"长伴秦娥"也可见竹子的男性象征意义。正如清人彭玉麟题洞庭君山二妃墓联所云："君妃二魄芳千古，山竹诸斑泪一人。"④"山竹诸斑泪一人"所指即是二妃思舜，为一人流泪。杨炯《原州百泉县令李君神道碑》："琴前镜里，孤鸾别鹤之哀；竹死城崩，杞妇湘妃之怨。"⑤如同城崩是杞妇怨恨的焦点，竹死也是湘妃悲伤的原因。从这些地方我们还能约略得到一点信息：原来"竹"象

① 《全上古三代秦汉三国六朝文》全梁文卷八，第 3 册第 2998 页上栏左。
② ［北魏］杨衒之撰、周振甫释译《洛阳伽蓝记校释今译》，学苑出版社 2001 年版，第 147 页。
③ 《全上古三代秦汉三国六朝文》全梁文卷六九，第 4 册第 3364—3365 页。
④ 李冀《舜帝与二妃——兼论湘妃神话之变异》，《民族论坛》1999 年第 1 期，第 43 页左。
⑤ 《全唐文》卷一九四，第 2 册第 1967 页上栏左。

征帝舜。

马科斯·缪勒在《比较神话学》中提出神话是语言的产物的观点①。据以上所论，我们似可推测湘妃竹产生的原始文化背景：帝舜与娥皇、女英野合于竹林，因此成为夫妻。楚民族是崇拜凤文化的民族，舜妃传说又与凤栖食于竹的传说相附会，其中，竹为男性之象，象征帝舜；凤为女性之象，象征二妃。凤栖于竹，就这样象征了二妃与帝舜的爱情，又与远古竹林野合之风相结合，其联系的纽带在于"生育"。传说在继续，在扩大，也在丰富。一旦传至九嶷山，于是与斑竹相结合，产生洒泪成斑之说。结合《博物志》和《述异记》等书所载娥皇、女英洒泪于竹成斑的传说，依稀可见竹为男性象征、竹林为野合之地的痕迹。

二、湘妃竹的美感特色

按照植物学的观点，湘妃竹当然与舜妃无关。古代植物学著作多指出竹之斑纹特点及其形成原因。如戴凯之《竹谱》曰："（箈隋竹）虫啮处往往成赤文，颇似绣画可爱。"②段成式《酉阳杂俎》卷一八也云："箇堕竹，大如脚指，腹中白幕拦隔，状如湿面。将成竹而筒皮未落，辄有细虫啮之，陨箨后，虫啮处成赤迹，似绣画可爱。"③《临汉隐居诗话》云："竹有黑点，谓之班竹，非也。湘中班竹方生时，每点上有苔钱封之甚固。土人斫竹浸水中，用草穰洗去苔钱，则紫晕斓斑可爱，此真班竹也。韩愈曰'剥苔吊班林，角黍饵沈冢'是也。"④魏泰曰："韩

---

① ［德］麦克斯·缪勒著、金泽译《比较神话学》，上海文艺出版社 1989 年版。
② ［晋］戴凯之撰《竹谱》，《影印文渊阁四库全书》第 845 册第 178 页下栏左。
③ 《酉阳杂俎》卷一八，《唐五代笔记小说大观》上册第 691 页。
④ ［宋］魏泰撰、陈应鸾校注《临汉隐居诗话校注》卷一，巴蜀书社 2001 年版，第 14 页。

退之诗曰：'剥苔吊斑林，角黍饵沉冢。'斑竹非黑点之斑也，楚竹初生，苔封之，土人斫之，浸水中，洗去藓，故藓痕成紫晕耳。"①可见湘妃竹"露染班深"（庾信《邛竹杖赋》）②的植物之美，故能感动人心而演化为湘妃泣竹的凄美传说。广东平远有红竹，据《县志》云："梅子畬有竹数丛，叶上有红点如血，相传文信国天祥过此，摘竹叶嚼血占卦，至今血痕犹存。"③是有别于斑竹的品种。本书仅论述湘妃竹，故不再旁涉。

湘妃竹的物色之美在于独特的斑纹。如李商隐《湘竹词》："万古湘江竹，无穷奈怨何？年年长春笋，只是泪痕多。"刘长卿《斑竹岩》："苍梧在何处，斑竹自成林。点点留残泪，枝枝寄此心。"斑竹已成湖湘之地独具特色的文化景观，吸引着人们的视线，所谓"至今楚山上，犹有泪痕斑"（郎士元《湘夫人》）、"入楚岂忘看泪竹"（郎士元《送李敖湖南书记》）、"江头斑竹寻应遍"（姚合《送林使君赴邵州》）。

歌咏斑竹多着眼湘妃，将斑纹与湘妃之泪相联系以寄情寓兴，如"缄情郁不舒，幽竹自骈罗"（武元衡《晨兴赠友寄呈窦使君》）。文学中描写湘妃竹多着眼于斑纹，描写竹制品也是如此联想。如任昉《答到建安饷杖诗》："故人有所赠，称以冒霜筠。定是湘妃泪，潜洒遂邻彬。"④而无名氏《斑竹簟》："龙鳞满床波浪湿，血光点点湘娥泣。一片晴霞冻不飞，深沈尽讶蛟人立。百朵排花蜀缬明，珊瑚枕滑葛衣轻。闲窗

---

① ［宋］彭口（引者按，此字原缺）辑、孔凡礼点校《续墨客挥犀》卷九"馆中论诗"条（本书与《侯鲭录》、《续墨客挥犀》合刊），中华书局 2002 年版，第 516 页。
② 《全上古三代秦汉三国六朝文》全后周文卷九，第 4 册第 3926 页下栏右。
③ 转引自杨荫深著《细说万物由来》，九州出版社 2005 年版，第 529 页。
④ 《先秦汉魏晋南北朝诗》梁诗卷五，中册第 1599 页。

独卧晓不起，冷浸羁魂锦江里。"①

湘妃竹还构成了风景之美。它可与周围环境构成不同的风景，如"竹

图 48　湘妃竹。吴棣飞摄。（图片引自中国植物图像库，网址：http://www.plantphoto.cn/tu/2775571）

泪垂秋笋"（庾信《和宇文内史入重阳阁诗》）②、"笋林次第添斑竹"（曹松《桂江》），都是斑竹笋林之美。"萧飒风生斑竹林"（陈羽《湘妃》）、"斑竹冈连山雨暗"（韩翃《送故人赴江陵寻庾牧》）、"岸引绿芜春雨细，汀连斑竹晚风多"（齐己《怀潇湘即事寄友人》），都是风雨中的斑竹林。湖湘之地以及湘妃庙前之竹③，也能构成特定的地域风景。较早的如《述异记》："湘水去岸三十里许，有相思宫、望帝台。昔舜南巡而葬于苍梧之野，尧之二女娥皇、女英追之不及，相与恸哭，泪下沾竹，竹文

上为之斑斑然。"④《水经注·湘水》："湖水西流，径二妃庙南，世谓之黄陵庙也。言大舜之陟方也，二妃从征，溺于湘江，神游洞庭之渊，

---

① 《全唐诗》卷七八五，第 22 册第 8859 页。

② 《先秦汉魏晋南北朝诗》北周诗卷三，下册第 2374 页。

③ 本处采取相对宽泛的地理概念，因为湘妃竹的影响是呈辐射状的，后来又与巫山神女结合。二妃既未从舜南巡，死后也未与舜合葬。《史记·秦始皇本纪》记二十八年始皇"浮江，至湘山祠。逢大风，几不得渡。上问博士曰：'湘君何神？'博士对曰：'闻之，尧女，舜之妻，而葬此。'"知二妃死后葬于江湘之间。参考陈泳超《尧舜传说研究》，第 315—316 页。

④ 《述异记》卷上，《影印文渊阁四库全书》第 1047 册第 615 页。

出入潇湘之浦。"①可见其地早已建庙纪念湘妃。

湘妃庙前湘妃竹，传说与风景相结合，故能牵动诗人情思。如"东丛八茎疏且寒，忆曾湘妃庙里雨中看"（白居易《画竹歌》）、"竹暗湘妃庙，枫阴楚客船"（许浑《怀江南同志》）、"斑竹初成二妃庙，碧莲遥耸九疑峰"（元稹《奉和窦容州》），都是想象与描述湘妃庙前斑竹之美。李端《晚次巴陵》："雪后柳条新，巴陵城下人。烹鱼邀水客，载酒奠山神。云去低斑竹，波回动白蘋。不堪逢楚老，日暮正江春。"此诗未明言"山神"

图 49　斑竹笋箨。刘凤摄。（图片引自中国植物图像库，网址：http://www.plantphoto.cn/tu/3004）

是何神，总之是湖湘之地的风景。韩翃《寄赠衡州杨使君》："湘竹斑斑湘水春，衡阳太守虎符新。朝来笑向归鸿道，早晚南飞见主人。"李贺《湘妃》："筠竹千年老不死，长伴秦娥盖湘水。"此两诗中湘妃竹仅仅是特定地域的象征性的风景，别无他意。

三、别离与性别的象征：湘妃竹意象的象征内涵及其演变

湘妃竹传说自晋代形诸记载，历代文人创作了数不清的相关作品，湘妃竹因此成为文学中的重要意象之一。早期湘妃传说规定着湘妃竹的主要内涵及其接受情况。而早期湘妃竹传说的重点是相思与泪。"湘

———————————
① 《水经注校证》卷三八"湘水"，第 896 页。

妃泪、湘灵、斑竹、湘江、娥皇等组成泪的象喻系统"①。

由此典故派生出的词汇有：泣竹、二女垂泪、江娥啼竹、舜妃悲、湘妃泪、湘水泪、湘妃血、二妃愁、染竹啼、竹上泪、湘竹痕、湘川恨、女悲、斑竹、泪竹等。不仅歌咏舜、女英、娥皇的诗文会用到湘妃竹意象，更多的情况是，文人们创造性地利用湘妃竹意象来抒情达意。《广志绎》卷四："湘君湘夫人古今以尧女舜妃当之，唐人用以为怨思之诗，然计舜三十登庸，厘降二女于沩汭，即年二十，而舜以百十岁崩苍梧，二女亦皆百岁人矣。黄陵啼鹃，湘妃竹泪，至今以为口实，可笑也。"②这是昧于文学意象形成过程中踵事增华的特点而发出的陋见。古人称："欢愉之词难工，愁苦之音易好。"晚清刘鹗更以"哭"来描述中国文学的历史："《离骚》为屈大夫之哭泣，《庄子》为蒙叟之哭泣，《史记》为太史公之哭泣，《草堂诗集》为杜工部之哭泣，李后主以词哭，八大山人以画哭；王实甫寄哭泣于《西厢》，曹雪芹寄哭泣于《红楼梦》。"③湘妃竹是中国古典悲情文学意象之一，适足以表现其中情爱相思与苦痛别离。

自《博物志》成书至唐代，几百年间文学作品中的"湘妃竹"意象非常有限，出现相关表述的诗歌仅八首：

> 泪竹感湘别，弄珠怀汉游。（鲍照《登黄鹤矶诗》）④
> 故人有所赠，称以冒霜筠。定是湘妃泪，潜洒遂邻彬。（任

---

① 黄南珊《泪文学与情感表现》,《社会科学探索》1991年第2期。
② ［明］王士性著、吕景琳点校《广志绎》卷四,中华书局1981年版,第87页。
③ ［清］刘鹗著、钟夫校点《老残游记》卷首《自叙》,上海古籍出版社2000年版,第1页。
④ 《先秦汉魏晋南北朝诗》宋诗卷八,中册第1284页。

昉《答到建安饷杖诗》）①

湘川染别泪，衡岭拂仙坛。（阴铿《侍宴赋得夹池竹诗》）②

齐纨将楚竹，从来本相远。将申湘女悲，宜并班姬怨。（周弘正《咏班竹掩团扇诗》）③

湘妃拭泪洒贞筠，笑药浣衣何处人。（江总《宛转歌》）

啼枯湘水竹，哭坏杞梁城。（庾信《拟咏怀诗》二十七首其十一）④

竹泪垂秋笋，莲衣落夏蕖。（庾信《和宇文内史入重阳阁诗》）⑤

是以流恸所感，还崩杞梁之城；洒泪所沾，终变湘陵之竹。（庾信《拟连珠》四十四首其十四）⑥

我们可以看到，这些诗作大都仅是突出别泪，或表现湘妃的坚贞，较为平实地引用典故。而庾信的创作则显示出较强的创造性，"啼枯湘水竹""竹泪垂秋笋"等句都突破典故的原有内涵，而进行新的构思，以渲染悲情。斑竹与泪的联系在这一时期文中仅出现三次，如"南湘点泪，喻此未奇，东宫赤花，拟之非妙"（萧纲《答南平嗣王饷舞鼙书》）⑦、"泪沾虞后，龙还葛陂"（萧绎《玄览赋》）⑧、"城崩杞妇之哭，竹染湘妃之泪"

① 《先秦汉魏晋南北朝诗》梁诗卷五，中册第 1599 页。
② 《先秦汉魏晋南北朝诗》陈诗卷一，下册第 2459 页。
③ 《先秦汉魏晋南北朝诗》陈诗卷二，下册第 2464 页。
④ 《先秦汉魏晋南北朝诗》北周诗卷三，下册第 2368 页。
⑤ 《先秦汉魏晋南北朝诗》北周诗卷三，下册第 2374 页。
⑥ 《全上古三代秦汉三国六朝文》全后周文卷一一，第 4 册第 3938 页上栏左。
⑦ 《全上古三代秦汉三国六朝文》全梁文卷一一，第 3 册第 3012 页下栏右。
⑧ 《全上古三代秦汉三国六朝文》全梁文卷一五，第 3 册第 3037 页上栏右。

（庾信《哀江南赋》）①，没有明显特色。

到唐代，文学中湘妃竹意象的情感内涵与象征意义有了重要变化，生离死别的悲情逐步泛化为一般悲情如乡思等，湘妃竹的女性象征也逐渐明确起来。

（一）别离的悲情

传说中悲情可以感动天地万物，如"坟前之树，染泪先枯；庭际之禽，闻悲乃下"（阙名《晋平西将周处碑》）②。湘妃竹传说本指湘妃为舜之死而悲哭，洒泪于竹成斑。后代咏湘妃或湘妃竹的作品也多着眼于此。如鲍照《登黄鹤矶》："泪竹感湘别，弄珠怀汉游。"③如果说早期还未突出其情之悲，那么到唐代渲染悲情已成为一种定式。如湘妃庙《与崔渥冥会杂诗》其三："鸾舆昔日出蒲关，一去苍梧更不还。若是不留千古恨，湘江何事竹犹斑。"④此是咏本事而言悲情。

图50　顾炳鑫《湘君湘夫人》。

（立轴，纸本。纵96cm厘米，横59厘米。此画浙江鸿嘉 2014 年春季艺术品拍卖会，成交价人民币4.37万。顾炳鑫（1923— ），上海人。曾任中国美术家协会第二、三、四届理事。连环画《渡江侦察记》《红岩》分别获第一、二届全国连环画评选二等奖。出版有画辑《阿Q正传》，连环画《列宁在十月》《英雄小八路》，中国画《顾炳鑫画集》等）

---

① 《全上古三代秦汉三国六朝文》全后周文卷八，第4册第3924页上栏左。

② 《全上古三代秦汉三国六朝文》全晋文卷一四六，第3册第2307页上栏右。

③ 《先秦汉魏晋南北朝诗》宋诗卷八，中册第1284页。

④ 《全唐诗》卷八六四，第24册第9775页。

阙名《唐贝州永济县故马公郝氏二夫人墓志铭》:"先夫人松萝靡托，葛藟无依，结誓指于柏舟，空泪流于斑竹。"①以"柏舟""斑竹"并举，意在突出丧夫守节之志②，还是用典。

也有突破本事限制而借以自抒胸臆的，如孟郊《闲怨》:"妾恨比斑竹，下盘烦冤根。有笋未出土，中已含泪痕。"以笋未出土时已经含泪形容怨情之深。《湘川记》载:"舜巡狩苍梧而崩，二妃不从，以泪染竹，竹尽成班而死也。"③则通过竹枯来渲染湘妃的悲痛，所谓"啼枯湘水竹"（庾信《拟咏怀诗》二十七首其十一）④。再如庾信《拟连珠》四十四首其十四:"是以流恸所感，还崩杞梁之城；洒泪所沾，终变湘陵之竹。"⑤杨炯《原州百泉县令李君神道碑》:"琴前镜里，孤鸾别鹤之哀；竹死城崩，杞妇湘妃之怨。"⑥又与湘灵鼓瑟相附会以增加凄苦之情，如"不见湘妃鼓瑟时，至今斑竹临江活"（杜甫《奉先刘少府新画山水障歌》)，即用"湘灵鼓瑟"之典⑦。二妃洒泪是因舜帝崩殂，故湘妃竹常被用以形容丧夫之哀，如唐高宗武皇后《高宗天皇大帝哀册文》:"俯惟荧惑，

---

① 《全唐文》卷九九六，第 10 册第 10318 页下栏左。

② "柏舟"典出《诗·鄘风·柏舟序》:"柏舟，共姜自誓也。卫世子共伯蚤死，其妻守义，父母欲夺而嫁之，誓而弗许，故作是诗以绝之。"后因以谓夫死矢志不嫁。

③ 《白孔六帖》卷一七"竹死"条，《影印文渊阁四库全书》第 891 册第 285 页上栏右。

④ 《先秦汉魏晋南北朝诗》北周诗卷三，下册第 2368 页。

⑤ 《全上古三代秦汉三国六朝文》全后周文卷一一，第 4 册第 3938 页上栏左。

⑥ 《全唐文》卷一九四，第 2 册第 1967 页上栏左。

⑦ 陈泳超先生认为:"'湘灵鼓瑟'，原是指欢快的乐事，绝不是钱起诗中所谓的'苦调凄金石'。然而如此误用（或故意反用？）典故却获众赏，要非钱起一人之事。天宝年间以《湘灵鼓瑟》为题的进士试诗，《全唐诗》中另存有陈季、王邕、庄若讷、魏璀诸人之作，与钱起之作同一格调。说明这种篡用早已风行，难怪钱作甫传，便声誉鹊起。"见氏著《尧舜传说研究》第 324 页。

茶毒交侵,瞻白云而茹泣,望苍野而摧心。怆游冠之日远,哀坠剑之年深。泪有变于湘竹,恨方缠于谷林。念兹孤幼,哽咽荒襟,肠与肝而共断,忧与痛而相寻。"①

自《博物志》以来,笔记小说未言湘妃殉夫而死。但是好事者以为湘妃不死不足以表其哀痛、见其坚贞,于是不知从何时开始,湘妃沉湘殉夫了。陈泳超说:

> 早期的说法如《秦始皇本纪》、刘向《列女传》等只说二妃死于江湘之间,一笔带过。因何而死?王逸《楚辞章句》注谓二妃"没于湘水之渚",这一说法逐渐形成共识,以至郭璞注《山海经》时说:"说者皆以舜陟方而死,二妃从之,俱溺死于湘江,遂号为湘夫人。"后来的重要文献也大多如此。所谓溺死,这里是说二妃无意而失足落水,郭注中就反驳说二妃神通广大,何至落水而不能自救云云。后人可能理会到其中的不吻合处,更可能是要加剧其贞烈的悲剧性,故有效屈原故事而创二妃自沉之说。②

甚至有人将二妃自沉之说写进竹谱,如元代刘美之《续竹谱》:"世传二妃将沉湘水,望苍梧而泣,洒泪染竹成斑。"③文学中的表现则很早就有了,如唐代李频《寄远》:"化石早曾闻节妇,沉湘何必独灵妃。"④牛奂《琵琶行》:"二妃哭处山重重,二妃没后云溶溶。夜深霜露锁空庙,零落一丛斑竹风。"郎士元《湘夫人》:"蛾眉对湘水,遥哭苍梧间。万乘既已殁,孤舟谁忍还。至今楚山上,犹有泪痕斑。"朱梁末帝,唐庄

---

① 《全唐文》卷九六,第1册第992页。
② 陈泳超著《尧舜传说研究》,第317—318页。
③ 《说郛》卷一〇五,《影印文渊阁四库全书》第882册第130页下栏右。
④ 《全唐诗》卷五八七,第18册第6807—6808页。

宗纳其妃郭氏,许收葬末帝。段鹏作志文云:"七月有期,不见望陵之妾;九疑无色,空余泣竹之妃。"①也暗示了二妃殉夫的观念。后人因此将二妃之忠贞与屈原相比附②,如"二女竹上泪,孤臣水底魂"(韩愈《晚泊江口》)、"斑竹啼舜妇,清湘沈楚臣"(韩愈《送惠师》)、"湘竹旧斑思帝子,江蓠初绿怨骚人"(刘长卿《送马秀才落第归江南》)。湘妃竹也成了悼亡诗文中的常见意象,如"荆山鼎成日,湘浦竹斑时"(姚合《敬宗皇帝挽词三首》其二)。

文学中歌咏湘妃哭舜本事,泪无疑是重点,或借泪写竹,如"林间竹有湘妃泪"(谭用之《忆南中》)、"翠竹暗留珠泪怨"(张泌《临江仙》)、"芳丛翳湘竹,零露凝清华"(柳宗元《巽上人以竹闲自采新茶见赠酬之以诗》)、"风枝未飘吹,露粉先涵泪"(韩愈《新竹》);或从别恨写泪,如"苍梧恨不尽,染泪在丛筠"(杜甫《湘夫人祠(即黄陵庙)》)、"若是不留千古恨,湘江何事竹犹斑"(湘妃庙《与崔渥冥会杂诗》其三)、"已将怨泪流斑竹,又感悲风入白蘋"(罗隐《湘妃庙》);或写泪之多之深之广,如"崩城一恸,非无杞妇之哀;染竹千行,自有湘妃之泣"(阙名《对养侄承袭判》)③、"欲识湘妃怨,枝枝满泪痕"(刘长卿《斑竹》)、"斑斑竹泪连潇湘"(李涉《寄荆娘写真》);或写泪痕之不灭,如"竹上泪迹生不尽"(鲍溶《湘妃列女操》);或言当时泪多,如"当时珠泪垂多少,直到如今竹尚斑"(高骈《湘妃庙》);或言地下有泪,如"若道地中休下泪,不应新竹有啼痕"(周昙《唐虞门·再吟》);或以高

① 《类说校注》卷三一引《续世说》"末帝志文"条,下册第940页。
② 姚思彧从地缘、情感、行为、伦理等方面论述二妃与屈原并提的原因,似乎"伦理"一条最具说服力,见姚思彧《斑斑竹泪连潇湘——从唐诗中的斑竹意象浅窥神话的诗性重构》,《太原大学教育学院学报》2008年增刊,第51页左。
③ 《全唐文》卷九八〇,第10册第10144页上栏。

节衬托贞姿,如"何事泪痕偏在竹,贞姿应念节高人"(周昙《唐虞门·舜妃》);或以石衬托其坚贞,如"渺渺三湘万里程,泪篁幽石助芳贞"(湘妃庙《又湘妃诗四首》其一)①。

后来更与红泪相结合,如"翠华寂寞婵娟没,野筱空余红泪情"(刘言史《潇湘游》)、"因凭直节流红泪,图得千秋见血痕"(汪遵《斑竹祠》)、"殷痕苦雨洗不落,犹带湘娥泪血腥"(无名氏《斑竹》)②、"怅二妃之泪竹,圆红滴滴兮临乎潭沚"(刘蜕《哀湘竹》)③、"九疑山畔才雨过,斑竹作、血痕添色"(柳永《轮台子·雾敛澄江》)等。

图51 [清]改琦《红楼梦图咏·黛玉》。(红楼梦人物图册作于嘉庆二十一年(1816),是改琦成熟期的代表作)

在形成"斑竹红泪"意象的过程中,又结合了"杜鹃啼血"的悲情。"杜鹃(子规)啼血"典出《禽经》。《禽经》云:"《尔雅》曰:'巂周。'瓯越间曰怨鸟,夜啼达旦,血渍草木。"同样是死别的悲情,同样有泪且"渍草木",将两者联系到一起,倍增哀感。如"林间竹有湘妃泪,

---

① 《全唐诗》卷八六四,第24册第9775页。
② 《全唐诗》卷七八五,第22册第8860页。
③ 《全唐文》卷七八九,第8册第8265页上栏左。

窗外禽多杜宇魂"(谭用之《忆南中》)、"杜鹃声似哭,湘竹斑如血"(白
居易《江上送客》)、"有虞曾不有遗言,滴尽湘妃眼中血"(李咸用《铜
雀台》)。从神话传说中抽离出"悲啼"这一共同要素,"湘妃啼竹"就
这样与"杜鹃啼血"同生共感,从而产生"斑竹血泪"的意象①。

图52　北京大观园中的潇湘馆景点。图片由网友提供。

　　虚构湘妃殉夫情节已属添枝加叶,后人所作点化远不止此。湘妃
竹内涵由湘妃洒泪本事向爱情相思转化,由夫妇"死别"的悲情向"生离"

---

①　参考王青山《论〈红楼梦〉中绛珠草意象》,《内蒙古经济管理干部学院学报》
　　2002年Z1期,第121页;饶道庆《"绛珠"之意蕴及其与古代文学的关系》,
　　《红楼梦学刊》2007年第4期,第78—79页;王功绢《论唐诗中杜鹃意象及
　　其情感蕴涵》,《湖北师范学院学报(哲学社会科学版)》2009年第4期,第
　　32页左。杜鹃与竹的联系早在南朝就有,但并未明确是斑竹,如《子夜四时
　　歌》:"杜鹃竹里鸣,梅花落满道。燕女游春月,罗裳曳芳草。"据王功绢说:
　　"在唐诗中,杜鹃与湘妃的组合有5处。"

的相思转化。如"泪竹感湘别，弄珠怀汉游"（鲍照《登黄鹤矶诗》）[1]、"湘妃拭泪洒贞筠"（江总《宛转歌》）、"谁知湘水上，流泪独思君"（李峤《竹》）、"湘竹旧斑思帝子"（刘长卿《送马秀才落第归江南》）、"斑竹枝，斑竹枝，泪痕点点寄相思"（刘禹锡《潇湘神》）、"竹上斓斑，总是相思泪"（赵令時《蝶恋花》），我们不难感觉到其中所突出的相思之情。

到唐代，就用于表达情人间的相思离别、坚贞不渝之情，如骆宾王《艳情代郭氏答卢照邻》："离前吉梦成兰兆，别后啼痕上竹生。"李涉《寄荆娘写真》："如今憔悴不相似，恐君重见生悲伤。苍梧九疑在何处，斑斑竹泪连潇湘。"李益《山鹧鸪词》："湘江斑竹枝，锦翼鹧鸪飞。处处山阴合，郎从何处归。"这些都是写闺怨之情[2]。唐传奇《莺莺传》中女主人公致夫书："玉环一枚，是儿婴年所弄，寄充君子下体所佩。玉取其坚润不渝，环取其终始不绝。兼乱丝一绚、文竹茶碾子一枚。此数物不足见珍，意者欲君子如玉之真，弊志如环不解。泪痕在竹，愁绪萦丝，因物达情，永以为好耳。"[3]"泪痕在竹"表达坚贞不渝之意，也包含相思情绪。再如梅尧臣《古相思》："劈竹两分张，情知无合理。

---

① 《先秦汉魏晋南北朝诗》宋诗卷八，中册第 1284 页。

② 日本学者浅见洋二对此已有认识，他说："徐凝《山鹧鸪词》云'南越岭头山鹧鸪，传是当时守贞女。化为飞鸟怨何人，犹有啼声带蛮语'。栖居在'南越岭头'即潇湘南部连绵起伏的群山之中的鹧鸪，据说是为了坚守对男子的爱情而殉情的女子化身。潇湘与这一传说有着怎样的关系尚不清楚，但《乐府诗集》所收《山鹧鸪词》中，无名氏、李益诗均为描写独守空闺女性的作品。独守空闺的女性、潇湘以及鹧鸪，可以认为这三者在诗词中有着密切的联系。比如，李益《山鹧鸪词》云'湘江斑竹枝，锦翼鹧鸪飞。处处山阴合，郎从何处归'，可以说是表现三者密切关系的典型事例。"见［日］浅见洋二《闺房中的山水以及潇湘——晚唐五代词中的风景与绘画》，载［日］浅见洋二著，金程宇、［日］冈田千穗译《距离与想象——中国诗学的唐宋转型》，上海古籍出版社 2005 年版，第 101 页。

③ 张友鹤选注《唐宋传奇选》，第 148 页。

织作双纹簟，依然泪花紫。泪花虽复合，疑岫几千里。欲识舜娥悲，无穷似湘水。"①以劈竹两分、簟纹泪花等细节突出别离的内涵。

湘妃竹的情感意蕴又由丧偶之悲、情人相思泛化为一般悲情如友情、乡思等离别情绪，是湘妃竹别离象征意义的进一步发展②。如：

> 斑竹林边有古祠，鸟啼花发尽堪悲。当时惆怅同今日，南北行人可得知。（李涉《湘妃庙》）

> 一枝斑竹渡湘沅，万里行人感别魂。知是娥皇庙前物，远随风雨送啼痕。（元稹《斑竹（原注：得之湘流）》）

> 调瑟劝离酒，苦谙荆楚门。竹斑悲帝女，草绿怨王孙。潮落九疑迥，雨连三峡昏。同来不同去，迢递更伤魂。（许浑《送友人归荆楚》）

这几首诗都是由湘妃当时夫妻死别的悲感联系到眼下行人生离的惆怅，可见湘妃竹已成了"别感"的象征物。所以见湘妃竹即能引起离情别绪，如"前年湘竹里，风激绕离筵"（李咸用《早蝉》）、"公河映湘竹，水驿带青枫"（韩翃《送赵评事赴洪州使幕》）。

乡思也是别离悲情的一种，湘妃竹又可寄托客情乡思，如"唯余望乡泪，更染竹成斑"（宋之问《晚泊湘江》）、"客泪堪斑竹，离亭欲赠荃"（张说《伯奴边见归田赋因投赵侍御》）。有时诗人也会借助其他意象与湘妃竹一起以渲染情感，如"楚岫接乡思，茫茫归路迷。更堪斑竹驿，

---

① 《全宋诗》第5册第2801页。
② 濮擎红指出："在'竹'的这一环境背景之下，绛珠、神瑛相爱无果，巫山神女与'公子'好梦难真，湘妃与舜帝爱而不终。在竹'离别'原型意象下，形成一个充满哀怨、郁闷气氛的情境，传达出生离死别的凄惨气氛。"见濮擎红《与林黛玉形象塑造有关的一些原型、意象》，《明清小说研究》1998年第2期，第145页。他对竹子离别意蕴的理解先得我心，志之于此，以示不敢掠美。

初听鹧鸪啼"（司空图《松滋渡二首》其二），以鹧鸪结合斑竹，倍增乡思。斑竹是特定地域的植物，由于当地历史文化的投射，又与去国怀乡的贬谪之情相关，如"万点湘妃泪，三年贾谊心"（李嘉祐《裴侍御见赠斑竹杖》），以贾谊与湘妃并举。再如"夜泊湘川逐客心，月明猿苦血沾襟。湘妃旧竹痕犹浅，从此因君染更深"（刘禹锡《酬瑞州吴大夫夜泊湘川见寄一绝》），也是借湘妃竹渲染逐臣的悲哀心情。

由以上论述可知，湘妃竹意象蕴含的情感取向是朝着两个方向发展的：一方面是悲情的渲染加深，甚至出现二妃沉湘的情节，并与杜鹃啼血相结合而生"红泪"之说，都是为突出湘妃坚贞品格；另一方面，情感又在不断淡化和泛化，由死别到生离，再到友情、乡思等一般的思念情绪，神话传说在这里表现出更多的现实关怀。

（二）女性的象征

湘妃竹意象一经产生，即进入文学歌咏，唐以前作品中提到湘妃洒泪于竹，还未将竹子女性化，更没有将竹子作为湘妃形象的对象化，还未形成女性象征意义。如刘孝先《咏竹诗》："竹生荒野外，梢云耸百寻。无人赏高节，徒自抱贞心。耻染湘妃泪，羞入上宫琴。谁能制长笛，当为吐龙吟。"[1]从"耻染湘妃泪"一句可以看出，其时还未形成湘妃竹的女性象征内涵。这种情况到唐诗中已有改变。司空曙《送史泽之长沙》："谢朓怀西府，单车触火云。野蕉依戍客，庙竹映湘君。梦渚巴山断，长沙楚路分。一杯从别后，风月不相闻。"已经有将竹子比拟湘君的意味。湘妃竹意象的形成是否如同望夫石一样，是思妇化身为竹？上文已论述竹是帝舜的象征，湘妃是凤凰的化身，可见湘妃竹的形成不同于望夫石。

---

[1]《先秦汉魏晋南北朝诗》梁诗卷二六，下册第 2066 页。

314

竹子性别象征意义有一个逐渐女性化的过程。首先，湘妃竹意象逐渐女性化。竹子本是男性之象，《博物志》仅云二妃"以涕挥竹，竹尽斑"，竹子也还是二妃身外的植物。任昉《述异记》云："舜南巡，而葬于苍梧之野。尧之二女娥皇、女英追之不及，相与恸哭，泪下沾竹，竹文上为之斑斑然。"①"泪下沾竹"之语已经有将竹子隐喻为女性的倾向。严绍璗以为《述异记》所记"事实上是把'竹'与女性看成一体，其潜在的意义则在于隐喻'竹'即为女性的化身。既然'竹'为女性的化身，它便具有了怀孕生殖的功能"②。《异苑》载："建安有笒筜竹，节中有人长尺许，头足皆具。"③严绍璗先生认为："这里描写的便是'竹孕'（竹胎）现象，它显然就是'母胎'的隐喻。前述'竹生殖说'，便是此种'母胎说'的必然结果。此种对'竹'的隐喻与崇拜，与中国古代曾经流行的'桃崇拜''瓜崇拜''葫芦崇拜'等一样，都是原始的女性生殖器崇拜的延伸与演化。"④竹子女性象征意义的进一步明确，主要还是因为竹子与泪的结合，如"帝子无踪泪竹繁"（吴融《春晚书怀》）。

其次，以湘妃竹为湘妃坚贞品格的象征，如"湘妃拭泪洒贞筠，筮药浣衣何处人"（江总《宛转歌》），可见在由男性象征转为女性象征的过程中，突出坚贞等品格是重要一环。这又有许多细节支撑，产生竹上湘妃之泪、寄托湘妃之心等联想，如"点点留残泪，枝枝寄此心"（刘长卿《湘中纪行十首·斑竹岩》）。

---

① 《述异记》卷上，《影印文渊阁四库全书》第 1047 册第 615 页。
② 严绍璗、中西进主编《中日文化交流史大系·文学卷》，浙江人民出版社 1996 年版，第 189 页。
③ ［南朝宋］刘敬叔撰、范宁校点《异苑》，中华书局 1996 年版，第 10 页。
④ 严绍璗、中西进主编《中日文化交流史大系·文学卷》，第 190 页。

最后，吸收了帝女化草传说的影响，如皎然《赋得吴王送女潮歌送李判官之河中府》：“溪草何草号帝女，溪竹何竹号湘妃。”魏璀《湘灵鼓瑟》：“扁舟三楚客，蘩竹二妃灵。淅沥闻余响，依稀欲辨形。”以为二妃身化为竹。施肩吾《湘川怀古》：“湘水终日流，湘妃昔时哭。美色已成尘，泪痕犹在竹。”对“美色”的留恋，对“泪痕”的描写，使竹子更多地带有了女性化色彩，强化了湘妃竹的女性意蕴。正是基于湘妃竹的女性象征意义，清代李渔《笠翁对韵》以此训蒙：“湘竹含烟，腰下轻纱笼玳瑁；海棠经雨，脸边清泪湿胭脂。”①

在《红楼梦》中，湘妃竹成了林黛玉的象征。黛玉所作诗中自比湘妃，如《葬花吟》曰：“独倚花锄泪暗洒，洒上空枝见血痕。杜鹃无语正黄昏，荷锄归去掩重门。”写泪洒枝头化为血痕，如同湘妃洒泪成斑。在别人眼里湘妃竹也是黛玉的象征。黛玉居住在潇湘馆，起诗社时探春替黛玉想的别号是“潇湘妃子”，她解释说：“当日娥皇、女英洒泪在竹上成斑，故今斑竹又名湘妃竹。如今他住的是潇湘馆，他又爱哭，将来他想林姐夫，那些竹子也是要变成斑竹的。以后都叫他作‘潇湘妃子’就完了。”可见湘妃竹是黛玉的化身。刘上生认为：“潇湘——湘妃竹（斑竹）——娥皇女英等符号与黛玉的相关性，使‘潇湘妃子’的雅号负载着从远古神话民间传说到楚辞文学，从爱情悲剧到地域文化的丰富信息。”②到底承载了哪些文化信息，值得我们仔细分析。《红楼梦》中湘妃竹意象至少涉及两方面：一是“潇湘妃子”黛玉的原型，二是作为景物的湘妃竹意象描写。黛玉之名其实也关合了湘妃竹，“黛”

---

① ［清］李渔著《笠翁对韵》，［清］车万育等著《声律启蒙》，岳麓书社1987年版，第76页。

② 刘上生《〈红楼梦〉的形象符号与湘楚文化》，《湖南城市学院学报》2003年第5期，第12页右。

者，竹上之泪斑也；"玉"者，竹之美称也①。

有的学者认为："出现在我国文学作品里的'斑竹''泪竹'，由于传说的主人公（动作的行为者）是娥皇女英俩姐妹，所以它只用来表达女子失去男人的巨大悲痛……不能用来表示男子失去女人的伤心落魄。"②其实，如果明了以女子拟竹的特点，则表示男子失去女人的伤痛也是可能的，如毛泽东吊暗爱妻杨开慧："九疑山上白云飞，帝子乘风下翠微；班竹一枝千滴泪，红霞万朵百重衣。"(《七律·答友人》)

---

① 参考萧兵《通灵宝玉和绛珠仙草——〈红楼梦〉小品（二则)》,《红楼梦学刊》1980 年第 2 期，第 156 页。
② 马骏《"染筱""崩心"考》,《日语学习与研究》2004 年第 1 期，第 68—69 页。

结　论

　　我国古代竹子的自然分布与人工栽植互为补充，因而遍布大半个中国，南方自不必说，北方的黄河流域竹子也是常见植物。竹子生长迅速，栽种一年后可采笋，成材快，新竹四年后可采伐。竹子质轻而坚，又柔韧可屈，是经济价值极高的植物。竹子的物质利用在古代非常普遍，从日用到军事、礼乐等不同领域都可见竹子及竹制品的身影，仅举文人日常所用的竹制品为例，就有竹扇、簟席、竹杖、毛笔等。苏轼《记岭南竹》曾感慨："岭南人当有愧于竹。食者竹笋，庇者竹瓦，载者竹筏，爨者竹薪，衣者竹皮，书者竹纸，履者竹鞋，真可谓一日不可无此君也耶！"[①]竹笋的食用也很早就载于文献，文人士大夫与道士、僧徒等不同群体都喜食竹笋。竹子的经济利用必然形成相应的文化内涵，以食笋为例，不同阶层人群食笋就形成了不同内涵的笋文化，文人贵族食笋在唐代有"樱笋厨"之说，僧人食笋则表现于具有"蔬笋气"的文学创作，"蔬笋气"因此成为一类风格作品的代称。竹子在古代文化中应用之广是其他植物所难以企及的，这种极其普遍的物质应用，是竹文化发展的良好基础。

　　物质利用之外，竹子的物色美感也格外引人注目。竹子无花无果，四季青翠，一般认为其美感形态缺乏变化，但是竹子并非颜色单调、形态少变，而是以其他方面的独特优势弥补了这种不足，既有春笋、

---

① 《全宋文》第 91 册第 201 页。

新竹等形态美感的变化，也与风云雨雪等天气、山水庭院等环境相得益彰，竹子还以品种繁多著称，不乏姿态各异、颜色缤纷的奇品异类，因而极具观赏性，成为房前屋后乃至园林官舍普遍栽种的植物。这些优势是其他植物所不具备的，因此文学作品中积累了丰富的美感体验与审美认识。竹子又是花木中被寄寓了丰富的人格比德内涵的重要植物。竹子的很多特点，逐渐地被附会上众多的品格象征，如虚心、有节、凌寒、性直、坚韧等，既有竹子所独有的植物特点，也有与其他植物共有的。而且这种人格比德的内涵还在不断发展与丰富。如苏轼《墨君堂记》借竹赞文同："世之能寒燠人者，其气焰亦未至若雪霜风雨之切于肌肤也，而士鲜不以为欣戚丧其所守。自植物而言之，四时之变亦大矣，而君独不顾。虽微与可，天下其孰不贤之。然与可独能得君之深，而知君之所以贤，雍容谈笑，挥洒奋迅而尽君之德，稚壮枯老之容，披折偃仰之势。风雪凌厉以观其操，崖石荦确以致其节。得志，遂茂而不骄；不得志，瘁瘠而不辱。群居不倚，独立不惧。与可之于君，可谓得其情而尽其性矣。"① 在凌寒不凋的品格象征之外又发展出得意则茂而不骄、失意则瘁而不辱、群居不倚、独立不惧等新内涵，处处紧扣竹子的植物特点，又与文同的独特个性相结合。这已经不是一般的泛泛而论的品格象征，而是与具体的人生经历乃至品格德行相结合。人们对竹兴怀、见竹思贤，竹子几乎成了高尚与贤能的象征符号。

相对于其他植物，竹子在分布地域、物色美感、经济利用等方面的特色好像并不明显，但是如果整体考察，其整合优势就凸显出来了。如梅花（果）、莲荷有食用价值，但是制品少，也就缺乏产生相关文化内涵的机缘；杨柳、松柏可制器具，毕竟不是良材，所制成的器具也

---

① 《全宋文》第 90 册第 393 页。

较少人文内涵。综合食用、器用、美感三方面的价值,竹子在众多花木中无疑位于前列。竹子又是兼具儒、释、道与民俗文化内涵的少数植物之一。在漫长的封建社会,竹子物质形态的利用非常广泛,其精神形态资源也异常丰富,所以李约瑟说古代中国是"竹子文明"的社会。

竹题材文学属于广义的竹文化,也是内涵最为丰富的竹文化。本书各章在论述竹题材文学时也涉及竹文化意蕴,如关于"竹林七贤"与竹文化的讨论等。

对于文学中竹题材与意象的研究,本书没有采用纵向的史的视角,而是选取若干专题,以点带面地进行论述,所选取的专题都是竹题材文学中较为重要或影响较大的方面,如古代文学中的竹笋意象、竹林意象以及竹子的比德意义、相关传说等。通过这些专题研究,我们探讨了竹笋题材的文学地位、美感特点及象征意义,系统梳理了古代文学中竹林的美感特点与隐逸内涵,较为全面地阐述了竹子的植物特点、品种、材用等方面所形成的比德意义,发掘竹意象的离别内涵与性别象征意义,还考察了"竹叶羊车"、孟宗哭竹生笋、湘妃洒泪染竹成斑等相关传说的形成及影响。

本书共五章,阐述了古代文学中的竹题材与意象。具体而言,本书研究的结论可略述如下:

第一章关于文学中的竹笋题材与意象。竹笋品种与别名很多,竹笋题材文学创作历史悠久,既表现了竹笋的整体美感及笋鞭、笋芽、笋箨等各部分的美感,也有相关的文化应用,如比拟女性手足、象征生命力等。竹笋的食用涉及道士、僧人和文人等不同群体,从采摘到烹调形成一些文化现象,如"傍林鲜"的烧食方式、"樱笋厨"的说法与笋蕨的还乡隐逸内涵等。苦笋意象则形成苦境与苦节等象征意义。

第二章关于文学中的竹林题材与意象。古代竹林资源丰富，相关文学遗产丰厚，表现了竹林的整体美感与不同季节气候条件下的竹林美，以及竹坞、竹坡、竹溪、竹径等不同环境下的竹林美。笋成新竹既具有动态变化的物色美感与物候内涵，也具有成材与凌云之志的象征意义。孤竹、凤栖食于竹、竹林材美、竹子凌寒之性以及道教对竹子的利用都可能影响到竹子的隐逸内涵，渔隐、林隐、市朝之隐等不同的隐逸方式也都与竹子有关，因此逐渐形成竹子隐士形象与竹林隐逸之地的观念。"竹林七贤"称名与竹子的比德、隐逸内涵有关，这种称名反过来影响到人们意识中七贤的竹林饮酒、竹林弹琴等文化内涵的形成。

第三章论述了竹子的比德意义。竹既被尊为君子，也有恶竹、妒母草等恶谥。竹子的凌寒不凋、虚心有节、性直坚韧等植物特性与方竹、慈竹等品种，分别形成不同的比德意义，护笋、护竹也形成相应的识才、爱德等象征内涵。竹还与松、柏、梅等形成比德组合，松竹具有有节、凌寒不凋及隐逸内涵，竹柏除凌寒不凋外还具有象征男女异心的意蕴，梅竹双清则兼具美感气质与品格象征意义。

第四章论述了竹意象的离别内涵与性别意蕴。竹意象在比德意义之外还是表达别离情感的植物意象之一。先秦以及魏晋以前即已形成竹意象的离别内涵。竹意象的别离内涵，与散生竹离立的状态、春笋解箨的形态、空心的特征、四季一色的颜色等因素有关。湘妃竹与临窗竹是较为常见的两个与别离情感相关的文学意象。"临窗竹"意象是唐诗宋词中较为常见的意象，多表达相思怀人，具有性别象征及艳情内涵。"风动竹"则是"临窗竹"意象中的一个典型情境，不断出现于唐诗与后代的传奇戏剧中。

第五章考察了竹子相关传说。"竹叶羊车"传说是传闻入史，是竹叶与羊的生殖崇拜内涵附会于帝王荒淫生活的结果，成为表现帝王滥淫、宫女希宠的宫廷题材的常见意象之一。孟宗哭竹生笋故事是在宣扬孝文化的背景下逐渐丰富起来的孝感故事，情节不断增异、孝行更为感人，唐代成为著名的"二十四孝"故事之一。湘妃竹传说有着远古文化背景。竹为男性之象，象征帝舜；凤为女性之象，象征二妃。凤栖于竹，象征二妃与帝舜的爱情结合，又融合了远古竹林野合之风。洒泪于竹成斑的传说既糅合了竹子的别离象征内涵，也照顾了斑竹的植物特点。

以上研究涵盖了古代竹题材文学的一些主要方面，多数专题是首次进行研讨，如关于新竹意象的研究，就未见专篇论文。但由于时间与学力的限制，许多重要专题还未及讨论，如古代文学竹意象史、历代重要作家笔下的竹意象等。竹与其他植物之间的联系与比较也是本书的题中应有之义，涉及植物特性、形态美感以及象征意义等许多方面，本书未做系统梳理，未能设置专章专节以强调此点，只是论述不同专题时偶有涉及。更重要的是，对于竹题材文学创作的纵向梳理，即竹题材文学创作的历史演变，本书付之阙如。这些遗憾只能留待将来弥补了。

参考文献

一、著作类^①

B

1.《白孔六帖》，[唐]白居易原本、[宋]孔传续撰，《影印文渊阁四库全书》第891—892册。

2.《北户录》，[唐]段公路撰，《影印文渊阁四库全书》第589册。

3.《北史》，[唐]李延寿撰，北京：中华书局，1974年。

4.《鲍参军集注》，[南朝宋]鲍照著、钱仲联校，上海：上海古籍出版社，1980年。

5.《抱朴子内篇校释》，[晋]葛洪撰、王明校释，北京：中华书局，1980年。

6.《抱朴子外篇校笺》，[晋]葛洪撰、杨明照校笺，北京：中华书局，1997年。

7.《比较神话学》，[德]麦克斯·缪勒著、金泽译，上海：上海文艺出版社，1989年。

8.《避暑录话》，[宋]叶梦得撰、徐时仪整理，朱易安、傅璇琮等主编《全宋笔记》第二编第10册，郑州：大象出版社，2006年。

9.《博物志校证》，[晋]张华撰、范宁校证，北京：中华书局，1980年。

---

① 凡本书引用著作，以书名汉语拼音为序。凡《影印文渊阁四库全书》本皆上海古籍出版社1987年《影印文渊阁四库全书》本。

C

10.《草阁诗集》，[元]李昱撰，《影印文渊阁四库全书》第1232册。

11.《草堂雅集》，[元]顾瑛编，《影印文渊阁四库全书》第1369册。

12.《茶经述评》，吴觉农主编，北京：中国农业出版社，2005年。

13.《禅与诗学》增订版，张伯伟著，北京：人民文学出版社，2008年。

14.《长生殿》，[清]洪升著、徐朔方校注，北京：人民文学出版社，1983年。

15.《朝野佥载》，[唐]张鷟撰、赵守俨点校，北京：中华书局，1979年。

16.《陈检讨四六》，[清]陈维崧撰，《影印文渊阁四库全书》第1322册。

17.《陈书》，[唐]姚思廉撰，北京：中华书局，1972年。

18.《陈寅恪魏晋南北朝史讲演录》，万绳楠整理，合肥：黄山书社，2000年。

19.《重审风月鉴：性与中国古典文学》，康正果著，沈阳：辽宁教育出版社，1998年。

20.《初唐佛典词汇研究》，王绍峰著，合肥：安徽教育出版社，2004年。

21.《初学记》，[唐]徐坚等撰，北京：中华书局，1962年。

22.《楚辞的文化破译：一个微宏观互渗的研究》，萧兵著，武汉：湖北人民出版社，1991年。

23.《楚辞章句》，[汉]王逸撰，《影印文渊阁四库全书》第1062册。

24.《春秋繁露校释（校补本)》，钟肇鹏主编，石家庄：河北人民出版社，2005年。

25.《春秋左传正义》,《十三经注疏》整理委员会整理、李学勤主编,北京：北京大学出版社,1999年。

26.《辍耕录》,[元] 陶宗仪撰,北京：中华书局,1959年。

27.《词话丛编》,唐圭璋编,北京：中华书局,1986年。

D

28.《大正原版大藏经》,台北:新文丰出版股份有限公司,1983年。

29.《丹铅总录》,[明] 杨慎撰,《影印文渊阁四库全书》第855册。

30.《当代西方文艺理论》,朱立元著,上海:华东师范大学出版社,1997年。

31.《道教与仙学》,胡孚琛著,北京：新华出版社,1991年。

32.《东观汉记》,[汉] 班固等撰,北京:中华书局,1985年,《丛书集成初编》本。

33.《读书斋偶存稿》,[清] 叶方蔼撰,《影印文渊阁四库全书》第1316册。

34.《杜诗详注》,[唐] 杜甫著、[清] 仇兆鳌注,北京:中华书局,1979年。

35.《敦煌变文校注》,黄征、张涌泉校注,北京:中华书局,1997年。

36.《敦煌赋汇》,张锡厚辑校,南京：江苏古籍出版社,1996年。

E

37.《鹅湖集》,[明] 龚敩撰,《影印文渊阁四库全书》第1233册。

38.《尔雅义疏》,[清] 郝懿行撰,上海:上海古籍出版社,1983年。

39.《尔雅注疏》,《十三经注疏》整理委员会整理、李学勤主编,北京：北京大学出版社,1999年。

F

40.《方洲杂言》，[明]张宁撰，北京：中华书局，1985年，《丛书集成初编》本。

41.《冯梦龙民歌集三种注解》，[明]冯梦龙编纂、刘瑞明注解，北京：中华书局，2005年。

42.《佛经文学与古代小说母题比较研究》，王立著，北京：昆仑出版社，2006年。

G

43.《高僧传》，[梁]释慧皎撰、汤用彤校注，北京：中华书局，1992年。

44.《高士传》，[晋]皇甫谧撰，北京：中华书局，1985年，《丛书集成初编》本。

45.《高唐神女与维纳斯——中西文化中的爱与美主题》，叶舒宪著，北京：中国社会科学出版社，1997年。

46.《固原历史文物》，宁夏固原博物馆编著，北京：科学出版社，2004年。

47.《广东通志》，[清]郝玉麟等监修、[清]鲁曾煜等编纂，《影印文渊阁四库全书》第562—564册。

48.《广志绎》，[明]王士性著、吕景琳点校，北京：中华书局，1981年。

49.《癸巳类稿》，[清]俞正燮撰，涂小马、蔡建康、陈松泉校点，沈阳：辽宁教育出版社，2001年。

50.《国风集说》，张树波编著，石家庄：河北人民出版社，1993年。

51.《郭在贻文集》第四卷，郭在贻著，北京：中华书局，2002年。

H

52.《寒柳堂集》，陈寅恪著，北京:生活 · 读书 · 新知三联书店，2001 年。

53.《汉画考释和研究》，李发林著，北京:中国文联出版社，2000 年。

54.《汉书》，[汉] 班固撰、[唐] 颜师古注，北京:中华书局，1962 年。

55.《汉魏六朝笔记小说大观》，上海古籍出版社编，上海：上海古籍出版社，1999 年。

56.《汉魏南北朝墓志汇编》，赵超著，天津：天津古籍出版社，2008 年。

57.《汉语大词典》，《汉语大词典》编辑委员会、《汉语大词典》编纂处编纂，罗竹风主编，上海：汉语大词典出版社，2001 年。

58.《汉字密码》，唐汉著，上海：学林出版社，2002 年。

59.《翰林记》，[明] 黄佐撰，《影印文渊阁四库全书》第 596 册。

60.《杭州竹笋图考》，赵大川编著，杭州：杭州出版社，2012 年。

61.《鹤林玉露》，[宋] 罗大经撰、王瑞来点校，北京：中华书局，1983 年。

62.《红豆:女性情爱文学的文化心理透视》，王立、刘卫英著，北京：人民文学出版社，2002 年。

63.《红楼梦》，[清] 曹雪芹、[清] 高鹗著，上海:上海古籍出版社，2004 年。

64.《后汉书》，[晋] 司马彪撰、[南朝宋] 范晔撰、[唐] 李贤等注，北京：中华书局，1965 年。

65.《滹南集》，[金] 王若虚撰，《影印文渊阁四库全书》第 1190 册。

66.《华夏上古日神与母神崇拜》，何新著，北京：中国民主法制出版社，2008 年。

67.《华阳国志校注》，[晋] 常璩撰、刘琳校注，成都：巴蜀书社，
1984 年。

68.《还山遗稿》，[元] 杨奂撰，《影印文渊阁四库全书》第 1198 册。

69.《篁墩文集》，[明] 程敏政撰，《影印文渊阁四库全书》第
1252—1253 册。

J

70.《嵇康集校注》，戴明扬校注，北京：人民文学出版社，1962 年。

71.《嵇康评传》，童强著，南京：南京大学出版社，2006 年。

72.《记纂渊海》，[宋] 潘自牧撰，《影印文渊阁四库全书》第
930—932 册。

73.《甲骨学商史论丛初集》，胡厚宣著，石家庄：河北教育出版社，
2002 年。

74.《绛守居园池记》，[唐] 樊宗师撰，[元] 赵仁举注，[元] 吴师道、
[元] 许谦补正，《影印文渊阁四库全书》第 1078 册。

75.《椒邱文集》，[明] 何乔新撰，《影印文渊阁四库全书》第 1249 册。

76.《金楼子》，[南朝梁] 萧绎撰，北京：中华书局，1985 年，《丛
书集成初编》第 594 册。

77.《金明馆丛稿初编》，陈寅恪著，上海：上海古籍出版社，1980 年。

78.《晋书》，[唐] 房玄龄等撰，北京：中华书局，1974 年。

79.《〈九歌〉与沅湘民俗》，林河著，上海：三联书店上海分店，
1990 年。

80.《旧唐书》，[后晋] 刘昫等撰，北京：中华书局，1975 年。

81.《旧五代史》，[宋] 薛居正等撰，北京：中华书局，1976 年。

82.《距离与想象——中国诗学的唐宋转型》，[日]浅见洋二著，金程宇、[日]冈田千穗译，上海：上海古籍出版社，2005年。

K

83.《开元天宝遗事》，[五代]王仁裕等撰、丁如明辑校，上海：上海古籍出版社，1985年。

84.《考功集》，[明]薛蕙撰，《影印文渊阁四库全书》第1272册。

85.《孔子家语》，杨朝明注说，开封：河南大学出版社，2008年。

L

86.《老残游记》，[清]刘鹗著、钟夫校点，上海：上海古籍出版社，2000年。

87.《老学庵笔记》，[宋]陆游撰，李剑雄、刘德权点校，北京：中华书局，1979年。

88.《类说》，[宋]曾慥编纂，《影印文渊阁四库全书》第873册。

89.《类说校注》，[宋]曾慥编纂、王汝涛等校注，福州：福建人民出版社，1996年。

90.《冷斋夜话》，[宋]惠洪撰、陈新点校，北京：中华书局，1988年。

91.《理学·佛学·玄学》，汤用彤著，北京：北京大学出版社，1991年。

92.《历代笔记小说集成》，周光培编，石家庄：河北教育出版社，1994年。

93.《历代诗话》，[清]吴景旭撰，《影印文渊阁四库全书》第1483册。

94.《历史中的性》，[美]坦娜希尔著、童仁译，北京：光明日报出版社，1989年。

95.《梁辰鱼集》，[明]梁辰鱼撰，上海：上海古籍出版社，1998年。

96.《梁书》，[唐]姚思廉撰，北京：中华书局，1973 年。

97.《辽史》，[元]脱脱等撰，北京：中华书局，1974 年。

98.《列仙传》，[汉]刘向撰，《影印文渊阁四库全书》第 1058 册。

99.《临汉隐居诗话校注》，[宋]魏泰撰、陈应鸾校注，成都：巴蜀书社，2001 年。

100.《六帖补》，[宋]杨伯嵒撰，《影印文渊阁四库全书》第 948 册。

101.《龙凤文化》，王维堤著，上海：上海古籍出版社，2000 年。

102.《鲁迅全集》，鲁迅著，北京：人民文学出版社，1982 年。

103.《论"诗史"的定位及其他》，许德楠著，北京：学苑出版社，2004 年。

104.《洛阳伽蓝记校释今译》，[北魏]杨衒之撰、周振甫释译，北京：学苑出版社，2001 年。

105.《吕氏春秋译注》，张双棣等译注，长春：吉林文史出版社，1987 年。

M

106.《幔亭集》，[明]徐𤊹撰，《影印文渊阁四库全书》第 1296 册。

107.《毛诗正义》，《十三经注疏》整理委员会整理、李学勤主编，北京：北京大学出版社，1999 年。

108.《蠛蠓集》，[明]卢柟撰，《影印文渊阁四库全书》第 1289 册。

109.《明清民歌时调集》，[明]冯梦龙等编，上海：上海古籍出版社，1987 年。

110.《明夷待访录》，[清]黄宗羲撰，北京：中华书局，1981 年。

111.《名臣家训》，成晓军主编，武汉：湖北人民出版社，1995 年。

112.《名义考》，[明]周祈撰，《影印文渊阁四库全书》第 856 册。

N

113.《南部新书》，[宋]钱易撰，北京：中华书局，2002年。

114.《南齐书》，[梁]萧子显撰，北京：中华书局，1972年。

115.《南史》，[唐]李延寿撰，北京：中华书局，1975年。

116.《能改斋漫录》，[宋]吴曾撰，上海：上海古籍出版社，1979年。

117.《廿二史劄记》，[清]赵翼著，北京：商务印书馆，1987年。

P

118.《埤雅》，[宋]陆佃著、王敏红校点，杭州：浙江大学出版社，2008年。

Q

119.《耆旧续闻》，[宋]陈鹄撰，《影印文渊阁四库全书》第1039册。

120.《齐民要术校释》，[后魏]贾思勰著、缪启愉校释，北京：农业出版社，1982年。

121.《钦定周官义疏》，[清]爱新觉罗·弘历撰，《影印文渊阁四库全书》第98—99册。

122.《钦定四库全书总目》，四库全书研究所整理，北京：中华书局，1997年。

123.《清閟阁全集》，[元]倪瓒撰、[清]曹培廉编，《影印文渊阁四库全书》第1220册。

124.《清诗话续编》，郭绍虞编、富寿荪校点，上海：上海古籍出版社，1983年。

125.《全芳备祖》后集，[宋]陈景沂编辑，北京：农业出版社，1982年。

126.《全汉赋校注》，费振刚、仇仲谦、刘南平校注，广州：广东教育出版社，2005 年。

127.《全明诗话》，周维德集校，济南：齐鲁书社，2005 年。

128.《全上古三代秦汉三国六朝文》，[清] 严可均辑，北京：中华书局，1958 年。

129.《全宋词》，唐圭璋编，北京：中华书局，1965 年。

130.《全宋诗》，北京大学古文献研究所编、傅璇琮等主编，北京：北京大学出版社，1991—1998 年。

131.《全宋文》，曾枣庄、刘琳主编，上海、合肥：上海辞书出版社、安徽教育出版社，2006 年。

132.《全唐诗》，[清] 彭定求等编，北京：中华书局，1960 年。

133.《全唐文》，[清] 董诰等编，北京：中华书局，1983 年。

134.《全唐五代词》，曾昭岷等编著，北京：中华书局，1999 年。

R

135.《阮籍集校注》，[三国魏] 阮籍撰、陈伯君校注，北京：中华书局，1987 年。

136.《阮籍评传》，高晨阳著，南京：南京大学出版社，1994 年。

S

137.《三辅黄图校证》，陈直校证，西安：陕西人民出版社，1980 年。

138.《三国演义》，[明] 罗贯中著，上海：上海古籍出版社，2004 年。

139.《三国志》，[晋] 陈寿撰、[南朝宋] 裴松之注，吴金华标点，长沙：岳麓书社，1990 年。

140.《山东汉画像石选集》，山东省博物馆、山东省文物考古研究所编，济南：齐鲁书社，1982 年。

141.《〈山海经〉的文化寻踪："想象地理学"与东西文化碰触》，

叶舒宪、萧兵、[韩] 郑在书著，武汉：湖北人民出版社，2004 年。

142.《山海经校注》，袁珂校注，上海：上海古籍出版社，1980 年。

143.《山堂肆考》，[明] 彭大翼撰，《影印文渊阁四库全书》第 974—978 册。

144.《神异经》，[汉] 东方朔撰，《影印文渊阁四库全书》第 1042 册。

145.《声律启蒙》，[清] 车万育等著，长沙：岳麓书社，1987 年。

146.《生殖崇拜文化论》，赵国华著，北京：中国社会科学出版社，1990 年。

147.《升庵集》，[明] 杨慎撰，《影印文渊阁四库全书》第 1270 册。

148.《史记》，[汉] 司马迁撰、[南朝宋] 裴骃集解、[唐] 司马贞索隐、[唐] 张守节正义，北京：中华书局，1959 年。

149.《〈诗经〉文化人类学》，王政著，合肥：黄山书社，2010 年。

150.《诗经译注》，程俊英译注，上海：上海古籍出版社，1985 年。

151.《诗品集解》，[唐] 司空图著、郭绍虞集解，北京：人民文学出版社，1963 年。

152.《诗三家义集疏》，[清] 王先谦撰、吴格点校，北京：中华书局，1987 年。

153.《释名疏证补》，[清] 王先谦撰，上海：上海古籍出版社，1984 年。

154.《拾遗记》，[晋] 王嘉撰，孟庆祥、商微姝译注，哈尔滨：黑龙江人民出版社，1989 年。

155.《石仓历代诗选》，[明] 曹学佺编，《影印文渊阁四库全书》第 1387—1394 册。

156.《史通》，[唐] 刘知几撰、赵吕甫校注，重庆：重庆出版社，

1990 年。

157.《世说新语会评》,[南朝宋] 刘义庆撰、刘强会评辑校,南京:凤凰出版社,2007 年。

158.《述异记》,[南朝梁] 任昉撰,《影印文渊阁四库全书》第 1047 册。

159.《水经注校证》,[北魏] 郦道元著、陈桥驿校证,北京:中华书局,2007 年。

160.《说郛》,[明] 陶宗仪编,《影印文渊阁四库全书》第 876—882 册。

161.《说文解字注》,[汉] 许慎撰、[清] 段玉裁注,上海:上海古籍出版社 1981 年。

162.《宋史》,[元] 脱脱等撰,北京:中华书局,1977 年。

163.《宋书》,[南朝梁] 沈约撰,北京:中华书局,1974 年。

164.《宋玉辞赋》,曹文心著,合肥:安徽大学出版社,2006 年。

165.《搜神记》,[晋] 干宝撰、汪绍楹校注,北京:中华书局,1979 年。

166.《隋书》,[唐] 魏征、[唐] 令狐德棻撰,北京:中华书局,1973 年。

167.《随园诗话》,[清] 袁枚撰,北京:人民文学出版社,1982 年。

168.《岁时广记》,[宋] 陈元靓撰,《影印文渊阁四库全书》第 467 册。

169.《笋谱》,[宋] 赞宁撰,《影印文渊阁四库全书》第 845 册。

T

170.《太平广记》,[宋] 李昉等编,北京:中华书局,1961 年。

171.《太平经合校》,王明编,北京:中华书局,1960 年。

172.《太平御览》,[宋] 李昉等撰,《影印文渊阁四库全书》第 893—901 册。

173.《太平御览》，[宋]李昉等撰，北京：中华书局，1960年。

174.《唐传奇笺证》，周绍良著，北京：人民文学出版社，2000年。

175.《唐代文史论丛》，卞孝萱著，太原：山西人民出版社，1986年。

176.《唐六典》，[唐]张九龄等撰、[唐]李林甫等注，《影印文渊阁四库全书》第595册。

177.《唐人小说与政治》，卞孝萱著，厦门：鹭江出版社，2003年。

178.《唐诗类苑》，[明]张之象编、[日]中岛敏夫整理，上海：上海古籍出版社，2006年。

179.《唐诗语汇意象论》，[日]松浦友久著；陈植锷、王晓平译，北京：中华书局，1992年。

180.《唐宋传奇选》，张友鹤选注，北京：人民文学出版社，1998年。

181.《唐五代笔记小说大观》，上海古籍出版社编，丁如明、李宗为、李学颖等校点，上海：上海古籍出版社，2000年。

182.《唐五代文学编年史·初盛唐卷》，傅璇琮等著，沈阳：辽海出版社，1998年。

183.《苕溪渔隐丛话》前集，[宋]胡仔纂集、廖德明校点，北京：人民文学出版社，1981年。

W

184.《卍续藏经》，藏经书院编，台北：新文丰出版公司，1995年。

185.《宛陵群英集》，[元]汪泽民、[元]张师愚编，《影印文渊阁四库全书》第1366册。

186.《王国维文集》，[清]王国维著，北京：中国文史出版社，1997年。

187.《魏晋南北朝赋史》，程章灿著，南京：江苏古籍出版社，1992年。

188.《魏晋南北朝史札记》，周一良著，沈阳：辽宁教育出版社，

1998 年。

189.《文宪集》，[明]宋濂撰，《影印文渊阁四库全书》第 1223—
1224 册。

190.《文心雕龙注释》，周振甫注，北京：人民文学出版社，1981 年。

191.《文史通义校注》，[清]章学诚著、叶瑛校注，北京：中华书局，
1985 年。

192.《文学理论》，[美]雷·韦勒克、奥·沃伦撰，刘象愚等译，
北京：生活·读书·新知三联书店，1984 年。

193.《文苑英华》，[宋]李昉等编，《影印文渊阁四库全书》第
1333—1342 册。

194.《闻一多全集》，闻一多著，武汉：湖北人民出版社，1993 年。

195.《文选注》，[梁]萧统编、[唐]李善注，《影印文渊阁四库全书》
第 1329 册。

196.《梧溪集》，[元]王逢撰，《影印文渊阁四库全书》第 1218 册。

197.《吴越钱氏文人群体研究》，[日]池泽滋子著，上海：上海人
民出版社，2006 年。

198.《五杂俎》，[明]谢肇淛著，北京：中华书局，1959 年。

199.《五灯会元》，[宋]普济著、苏渊雷点校，北京：中华书局，
1984 年。

X

200.《西村诗集》，[明]朱朴撰，《影印文渊阁四库全书》第 1273 册。

201.《西河集》，[清]毛奇龄撰，《影印文渊阁四库全书》第
1320—1321 册。

202.《西厢记》，[元]王实甫著、王季思校注，上海：上海古籍出

版社，1978 年。

203.《西游记》，[明] 吴承恩著、曹松校点，上海：上海古籍出版社，2004 年。

204.《息园存稿诗》，[明] 顾璘撰，《影印文渊阁四库全书》第 1263 册。

205.《细说万物由来》，杨荫深著，北京：九州出版社，2005 年。

206.《先秦汉魏晋南北朝诗》，逯钦立辑校，北京：中华书局，1983 年。

207.《先秦两汉文学考古研究》，廖群著，北京：学习出版社，2007 年。

208.《襄毅文集》，[明] 韩雍撰，《影印文渊阁四库全书》第 1245 册。

209.《谢朓诗论》，魏耕原著，北京：中国社会科学出版社，2004 年。

210.《心灵的图景：文学意象的主题史研究》，王立著，上海：学林出版社，1992 年。

211.《新出魏晋南北朝墓志疏证》，罗新、叶炜著，北京：中华书局，2005 年。

212.《新校正梦溪笔谈》，[宋] 沈括撰、胡道静校注，北京：中华书局，1957 年。

213.《新唐书》，[宋] 欧阳修、[宋] 宋祁撰，北京：中华书局，1975 年。

214.《徐复语言文字学晚稿》，徐复著，南京：江苏教育出版社，2007 年。

215.《续博物志》，[宋] 李石撰，《影印文渊阁四库全书》第 1047 册。

216.《续后汉书》，[元] 郝经撰，《影印文渊阁四库全书》第

385—386 册。

217.《续墨客挥犀》(本书与《侯鲭录》、《续墨客挥犀》合刊),[宋] 彭□辑、孔凡礼点校,北京:中华书局,2002 年。

218.《宣室志》,[唐] 张读撰,北京:中华书局,1983 年。

Y

219.《弇州续稿》,[明] 王世贞撰,《影印文渊阁四库全书》第 1279—1284 册。

220.《俨山集》,[明] 陆深撰,《影印文渊阁四库全书》第 1268 册。

221.《尧舜传说研究》,陈泳超著,南京:南京师范大学出版社,2000 年。

222.《叶梦得诗话》,[宋] 叶梦得撰,见吴文治主编《宋诗话全编》,南京:江苏古籍出版社,1998 年。

223.《猗觉寮杂记》,[宋] 朱翌撰,北京:中华书局,1985 年,《丛书集成初编》本。

224.《遗山集》,[金] 元好问撰,《影印文渊阁四库全书》第 1191 册。

225.《仪礼注疏》,《十三经注疏》整理委员会整理、李学勤主编,北京:北京大学出版社,1999 年。

226.《异苑》,[南朝宋] 刘敬叔撰、范宁校点,北京:中华书局,1996 年。

227.《艺文类聚》,[唐] 欧阳询撰、汪绍楹校,上海:上海古籍出版社,1965 年。

228.《殷芸小说》,[南朝梁] 殷芸编纂、周楞伽辑注,上海:上海古籍出版社,1994 年。

229.《楹联漫话》,邓叙萍编,南宁:广西人民出版社,1987 年。

230.《玉山璞稿》，[元]顾阿瑛撰，《影印文渊阁四库全书》第1220册。

231.《御定历代赋汇》，[清]陈元龙编，《影印文渊阁四库全书》第1419—1422册。

232.《御定历代题画诗类》，[清]陈邦彦等编，《影印文渊阁四库全书》第1435—1436册。

233.《御定佩文斋广群芳谱》，[清]汪灏等撰，《影印文渊阁四库全书》第845—847册。

234.《袁宏道集笺校》，[明]袁宏道著、钱伯城笺校，上海：上海古籍出版社，1981年。

235.《元诗选》初集，[清]顾嗣立编，北京：中华书局，1987年。

236.《元音遗响》，[元]胡布撰，《影印文渊阁四库全书》第1369册。

237.《乐府指迷笺释》，[宋]沈义父著、蔡嵩云笺释，北京：人民文学出版社，1963年。

238.《越绝书》，[汉]袁康、吴平辑录，乐祖谋点校，上海：上海古籍出版社，1985年。

239.《云笈七签》，[宋]张君房撰，《影印文渊阁四库全书》第1060—1061册。

Z

240.《枣林杂俎》，[清]谈迁著，罗仲辉、胡明点校，北京：中华书局，2006年。

241.《湛然居士集》，[元]耶律楚材撰，《影印文渊阁四库全书》第1191册。

242.《浙江通志》，[清]嵇曾筠监修、[清]沈翼机编纂，《影印文渊阁四库全书》第 519—526 册。

243.《真诰》，[南朝梁] 陶弘景著，北京:中华书局，1985 年,《丛书集成初编》本。

244.《真诰校注》，[日] 吉川忠夫等编、朱越利译，北京：中国社会科学出版社，2006 年。

245.《郑州宋金壁画墓》，郑州市文物考古研究所编著，北京：科学出版社，2005 年。

246.《直斋书录解题》，[宋] 陈振孙撰，北京:中华书局，1985 年,《丛书集成初编》本。

247.《中国传统文学与经济生活》，许建平、祁志祥主编，郑州：河南人民出版社，2006 年。

248.《中国方术正考》，李零著，北京：中华书局，2006 年。

249.《中国古代的梦书》，刘文英编，北京：中华书局，1990 年。

250.《中国古代服饰研究》，沈从文著，北京:商务印书馆，2011 年。

251.《中国古代民间故事类型研究》，祁连休著，石家庄：河北教育出版社，2007 年。

252.《中国古代社会研究：外二种》，郭沫若著，石家庄：河北教育出版社，2000 年。

253.《中国古代神话的文化观照》，闫德亮著，北京：人民出版社，2008 年。

254.《中国古代宗教与神话考》，丁山著，上海：上海文艺出版社，1988 年影印本。

255.《中国古典诗歌主题研究》，陈向春著，北京:高等教育出版社，2008 年。

256.《中国科学技术典籍通汇·生物卷》，任继愈主编，郑州：河南教育出版社，1993 年。

257.《中国梦文化》，傅正谷著，北京：中国社会科学出版社，1993 年。

258.《中国生殖崇拜文化论》，傅道彬著，武汉：湖北人民出版社，1990 年。

259.《中国诗歌艺术研究》，袁行霈著，北京：北京大学出版社，2009 年。

260.《中国杨柳审美文化研究》，石志鸟著，成都：巴蜀书社，2009 年。

261.《中国早期思想与符号研究：关于四神的起源及其体系形成》，王小盾著，上海：上海人民出版社，2008 年。

262.《中国"中世纪"的终结：中唐文学文化论集》，[美]宇文所安著，陈引驰、陈磊译，北京：生活·读书·新知三联书店，2006 年。

263.《中国竹文化》，何明、廖国强著，北京：人民出版社，2007 年。

264.《中日文化交流史大系·文学卷》，严绍璗、中西进主编，杭州：浙江人民出版社，1996 年。

265.《中州集》，[金]元好问编，北京：中华书局，1959 年。

266.《周礼注疏》，《十三经注疏》整理委员会整理、李学勤主编，北京：北京大学出版社，1999 年。

267.《竹谱》，[晋]戴凯之撰，《影印文渊阁四库全书》第 845 册。

268.《竹谱详录》，[元]李衎述，北京：商务印书馆，1936 年，《丛书集成初编》第 1636 册。

269.《竹谱详录》，[元]李衎著，吴庆峰、张金霞整理，济南：山东画报出版社，2006 年。

270.《庄靖集》,[金]李俊民撰,《影印文渊阁四库全书》第1190册。

271.《资治通鉴》,[宋]司马光撰、[元]胡三省音注,《影印文渊阁四库全书》第304—310册。

272.《祖堂集》,[南唐]静、筠二禅师编撰,孙昌武、[日]衣川贤次、[日]西口芳男点校,北京:中华书局,2007年。

二、论文类①

(一)论文集论文

1.范景中《竹谱》,载范景中、曹意强主编《美术史与观念史》第Ⅶ辑,南京:南京师范大学出版社,2009年。

2.黄灵庚《〈九歌〉源流丛论》,载《文史》2004年第2辑,北京:中华书局,2004年。

3.文焕然《二千多年来华北西部经济栽培竹林之北界》,载《历史地理》第十一辑,上海:上海人民出版社,1993年。

4.[清]姚培谦撰、王雨霖整理《松桂读书堂诗话》,载蒋寅、张伯伟主编《中国诗学》第十二辑,北京:人民文学出版社,2008年。

(二)期刊论文

1.陈梦家《高禖郊社祖庙通考》,《清华大学学报(自然科学版)》1937年03期(第12卷第3期)。

2.程杰《"岁寒三友"缘起考》,《中国典籍与文化》2000年第3期。

3.程郁缀《古代送别诗中主要意象小议》,《名作欣赏》2003年第4期。

4.范子烨《论异型文化之合成品:"竹林七贤"的意蕴与背景》,《学

---

① 论文分论文集论文、期刊论文两类,按作者姓名拼音字母排列。

习与探索》1997 年第 2 期。

5. 高慎涛《僧诗之"蔬笋气"与"酸馅气"》,《古典文学知识》2008 年第 1 期。

6. 顾绍柏《从"(缦)""(缲)"二字谈起——〈辞源〉修订琐记之四》,《学术论坛》1981 年第 3 期。

7. 关传友《论先秦时期我国的竹资源及利用》,《竹子研究汇刊》2004 年第 2 期。

8. 韩格平《竹林七贤名义考辨》,《文学遗产》2003 年 2 期。

9. 何宝年《中国咏竹文学的形成和发展》,《文教资料》1999 年第 5 期。

10. 何薇《珠江三角洲咸水歌的起源与发展》,《广州大学学报(社会科学版)》2007 年第 1 期。

11. 何长江《湘妃故事的流变及其原型透视》,《中国文学研究》1993 年第 1 期。

12. 胡海义《关于"竹林七贤"名义的思考》,《贵州文史丛刊》2005 年第 2 期。

13. 胡俊《(南朝) 画像砖〈竹林七贤与荣启期〉何以无竹》,《南京艺术学院学报》2007 年第 3 期。

14. 黄伯惠、华锡奇、陈伯翔《不同笋用竹种笋期生长规律观察》,《竹子研究汇刊》1994 年第 3 期。

15. 黄金贵《"望羊"义考》,《辞书研究》2006 年第 4 期。

16. 黄南珊《泪文学与情感表现》,《社会科学探索》1991 年第 2 期。

17. 黄维华《"东方"时空观中的生育主题——兼议〈诗经〉东门情歌》,《民族艺术》2005 年第 2 期。

18. 江林昌《楚辞中所见远古婚俗考》,《中州学刊》1996 年第 3 期。

19. 李冀《舜帝与二妃——兼论湘妃神话之变异》,《民族论坛》1999 年第 1 期。

20. 李建《"女娲作笙簧"神话的文化解读》,《南通师范学院学报 (哲学社会科学版)》第 20 卷第 1 期 (2004 年 3 月)。

21. 李中华《"竹林之游"事迹考辨》,《江汉论坛》2001 年 1 期。

22. 刘康德《"竹林七贤"之有无与中古文化精神》,《复旦学报 (社会科学版)》1991 年第 5 期。

23. 刘力等《苦竹笋、叶营养成分分析》,《竹子研究汇刊》2005 年第 2 期。

24. 刘磐修《魏晋南北朝社会上层乘坐牛车风俗述论》,《中国典籍与文化》1998 年第 4 期。

25. 刘上生《〈红楼梦〉的形象符号与湘楚文化》,《湖南城市学院学报》2003 年第 5 期。

26. 马骏《"染筠""崩心"考》,《日语学习与研究》2004 年第 1 期。

27. 马乃训、陈光才、袁金玲《国产竹类植物生物多样性及保护策略》,《林业科学》2007 年第 4 期。

28. 马鹏翔《"竹林七贤"名号之流传与东晋中前期政局》,《中国哲学史》2008 年第 2 期。

29. 濮擎红《与林黛玉形象塑造有关的一些原型、意象》,《明清小说研究》1998 年第 2 期。

30. 饶道庆《"绛珠"之意蕴及其与古代文学的关系》,《红楼梦学刊》2007 年第 4 期。

31. 沈玉成《"竹林七贤"与"二十四友"》,《辽宁大学学报》1990

年第 6 期。

32. 宋鼎立《〈晋书〉采小说辨》，《史学史研究》2000 年第 1 期。

33. 宋公文《论先秦时期原始婚姻形态在楚国的遗存》，《社会学研究》1994 年第 4 期。

34. 唐君毅《说中华民族之花果飘零》，《祖国》(三十五卷一期)1961 年第 6 期。

35. 滕福海《"竹林七贤"称名依托佛书说质疑》，《温州师范学院学报 (哲学社会科学版)》2002 年第 2 期。

36. 王恩田《苍山元嘉元年汉画像石墓考》，《四川文物》，1989 年第 4 期。

37. 王功绢《论唐诗中杜鹃意象及其情感蕴涵》，《湖北师范学院学报 (哲学社会科学版)》2009 年第 4 期。

38. 王国安《读〈巽公院五咏〉兼论柳宗元的佛教信仰》，《湖南科技学院学报》2005 年第 3 期。

39. 王辉斌《王维开元行踪求是》，《山西大学学报 (哲学社会科学版)》2003 年第 4 期。

40. 王纪潮《屈赋中的楚婚俗》，《江汉论坛》1985 年第 3 期。

41. 王家祐《古代一娶二女婚俗起自蜀山》，《文史杂志》2000 年第 1 期。

42. 王青山《论〈红楼梦〉中绛珠草意象》，《内蒙古经济管理干部学院学报》2002 年 Z1 期。

43. 王晓毅《"竹林七贤"考》，载《历史研究》2001 年第 5 期。

44. 王英贤《〈诗经〉"东门"的象征意蕴》，《贵州文史丛刊》1998 年第 2 期。

45. 王志强《"西王母"神话的原型解读及民俗学意义》,《青海民族学院学报 (社会科学版)》2005 年第 1 期。

46. 卫绍生《竹林七贤若干问题考辨》,《中州学刊》1999 年 5 期。

47. 魏文斌、师彦灵、唐晓军《甘肃宋金墓"二十四孝"图与敦煌遗书〈孝子传〉》,《敦煌研究》1998 年第 3 期。

48. 萧兵《通灵宝玉和绛珠仙草——〈红楼梦〉小品 (二则)》,《红楼梦学刊》1980 年第 2 期。

49. 许红霞《"蔬笋气"意义面面观》,载《中国典籍与文化》2005 年第 4 期。

50. 杨树森《宗教礼仪 · 爱情图画 · 生命赞歌——对〈国风〉"东门"的文化人类学臆解》,《社会科学战线》1994 年第 3 期。

51. 杨先国《再议巴渝舞》,《民族艺术》1993 年第 3 期。

52. 姚思彧《斑斑竹泪连潇湘——从唐诗中的斑竹意象浅窥神话的诗性重构》,《太原大学教育学院学报》2008 年增刊。

53. 张福勋《送别寄物诗杂谈》,《名作欣赏》1998 年第 6 期。

54. 张明非《论李商隐诗的象征艺术》,《广西师范大学学报 (哲学社会科学版)》2008 年第 4 期。

55. 周凤章《"竹林七贤"称名始于东晋谢安说》,《学术研究》1996 年 6 期。

56. 竺可桢《中国近五千年来气候变迁的初步研究》,《考古学报》,1972 年第 1 期。

后 记

本书是我的博士学位论文。毕业将近四年，竟未能有所修正补充，实在惭愧。虽偶尔添加一些"枝叶"，却无暇全面修订。眼下交稿期限临近，这些零星的"枝叶"也不敢羼入，生怕理不顺而扰乱了原来的思路。这期间也整理部分内容，发表于《阅江学刊》，分别是《古代文学中竹笋的物色美感与文化意蕴》(2011 年第 1 期)、《论古代贬竹文学》(2012 年第 1 期)、《论竹意象的别离内涵及其形成原因》(2013 年第 1 期)。

学位论文末尾曾附《致谢》，交代论文写作经过以及接受帮助的情况，今仍附此：

六年前，我考上南京师范大学硕士研究生，有幸忝列程杰教授门下。三年前，蒙先生不弃，再列门墙，继续读博。对于我这样年龄偏大、学无积累、天资驽钝的学生，先生从未放弃，而是关爱有加，悉心指导。记得向先生提出想以竹子题材文学研究为博士论文选题时，先生的答复出乎我的意料。他几次都表示，我硕士论文选题是宋代作家研究，有些积累，博士论文接着做宋代文学研究相对容易些，并提出几个选题让我挑选。先生的体贴令人感动，但我最终选择竹子题材文学研究这个题目，既是对文学题材与意象研究抱有更多兴趣，也是想换一种研究思路与方法。确定选题后，就论文的章节设置，曾多次求教于先生，先生与我长谈，指示以宏观的史的研究与微观的专题研究相结合，纵、横互为补充，点、面交相结合，先做大块的面上的后做细节的局部的，先吃容易的好吃的再吃难啃的难嚼的。我是一个只见树木不见森林的人，也是容易被路边风景迷住而忘了前行的人，因此常对琐碎问题很感兴趣而疏于整体把握论题，未能将先生提出的治学原则贯彻下去，先生不以为忤，既能及时指出其弊，也常以自己的治学经历相启发。我至今未能完成关于竹子题材与意象的历时演变的研究，有负先生期望。上编三章是所花精力最多的部分，也是自己最不满意的部分，先生自然更不满意。到去年十月份，下编前三章还未动笔，我整日如热锅上蚂蚁一样着急，甚至产生了退而求其次的想法：只提交上编竹文化研究部分。是先生及时的开导与督促才使我得以完成下编竹子题材文学研究，其中关于竹笋、竹林等章节受先生启发最多。先生是蔼然长者，循循善诱，偶尔也有发怒的时候，那是因为我交上了粗制滥造的论文，事后先生多次语重心长地对我说，论文不求刊于何种杂志，但求无愧于心，写完后多读几遍，其弊自见。朴实的话语，道出了真理。每每想起，思之歉疚，我将永远记取先生的教诲。先生还每以读书所见竹子相关资料相告。所以本论文从选题、构思到最后完稿，都凝聚着先生的心血。如果说本论文还有可取之处，那是与先生的关怀与指导分不开的；而论文的不足，实在是因为我的偷懒懈怠和处理不当。先生同样关心我的生活，关心我的就业。这些关爱难以一一细述，但都点滴在心，无法忘怀。我无以为报，唯有今后不断努力，方不负先生厚爱。

感谢张采民教授、钟振振教授、邓红梅教授等各位老师在开题及预答辩时的宝贵建议。感谢参与论文盲审的三位专家，感谢参加论文答辩的莫砺锋教授、武秀成教授、钟振振教授、邓红梅教授，感谢他们对论文的肯定与所提的宝贵意见。感谢曹辛华老师给我的教诲与帮助。任群、石志鸟、渠红岩、张荣东、施常州、卢晓辉、黄浩然等同门都给过我不少帮助，苏芃、张瑞芳、郑虹霓、冯青、高平等各位博士都以不同方式提供资料，也在此致以谢忱。随园西山图书馆大厅形如天井，二、三、四层提供免费上网插口，我们常常在三楼围绕天井读书上网，遂戏称"井观会"，取坐井观天之意也。毕业在即，大家将分处各地，如林竹离立，井观之盛不复再有。我将经常怀念西山图书馆与我们的"井观会"。

最后感谢我的妻子葛永青。我连续读书六年，多亏她操持家务、辅导孩子，使我能够安心完成学业。

王三毛

2010 年 5 月于随园

再次感谢导师程杰教授，先生不仅于我在校期间耳提面命、督促有加，在我毕业离校后也继续关心学位论文的修订与出版。希望今后能够有时间进行详细修订，并就先生所指示的笋文化等领域继续探索。

王三毛

2014 年 4 月于恩施

修订版后记

本书是我的博士学位论文，2010 年提交答辩，获得博士学位。2014 年由台湾花木兰文化出版社出版繁体字本。今蒙程杰老师和曹辛华老师、王强先生厚爱，使本书得以忝列其主编《中国花卉审美文化研究丛书》，在此深表感谢。

本书当初作为博士学位论文的题名是《中国古代文学竹子题材与意象研究》，花木兰文化出版社出版时仍用该书名。但是该书名有点"名不副实"，因为上编内容主要是关于古代竹文化的研究。现经考虑，将原上下编分为两书，根据内容分别命名为《古代竹文化研究》《古代文学竹意象研究》。

本次修订工作，大致如下：首先是对目录有所调整，使得书名与目录、内容更为一致。原书的绪论、参考文献、结论等也已重新撰写。其次是将发表于《阅江学刊》的三篇论文①，整理编入本书。最后，通校全书，对个别错误及不当之处稍作增删。同时，精选插图，适当配以说明文字。为了与丛书保持体例一致，对脚注也略有改动。

在此特别感谢程老师的指导和建议，使本书从体例、格式到插图等细节做到更好。同时要感谢王功绢、张晓蕾、张晓东、邢琳佳等同

---

① 分别是：《古代文学中竹笋的物色美感与文化意蕴》，《阅江学刊》2011 年第 1 期；《论历代贬竹文学》，《阅江学刊》2012 年第 1 期；《论竹意象的别离内涵及其形成原因》，《阅江学刊》2013 年第 1 期。

门师弟师妹,为本书提供了不少精彩的图片。还要感谢我的爱人葛永青,她为本书提供了部分图片及照片,并帮我编辑、管理图片。

本次对局部稍作改订,仍难称全面修订,加上时间仓促,旧错可能添上新误,敬希方家不吝赐教。近期精力又花在竹文化经典选注以及竹文化史研究方面。全面的修改,仍期待将来。

王三毛

2017 年 1 月于恩施

程杰老师、曹辛华老师和王强先生主编的《中国花卉审美文化研究丛书》得以在北京燕山出版社再版,本书忝列其中,因又再校一过。

四川大学出版社编辑庄剑、袁捷曾指出不少问题,又蒙北京燕山出版社李涛编辑认真审读,为书稿提出详细审读意见,纠正了不少谬误错漏,在此并志谢忱。本次对第二章第四节《"竹林七贤"与竹文化》多有增订。限于时间精力,对于书稿其他部分的内容则基本保持原貌,未作较大的更改或补充。

王三毛

2018 年 4 月于恩施怡嘉苑